Dierk Raabe

Morde, Macht, Moneten

Erlebnis Wissenschaft bei WILEY-VCH

P. Ball
Chemie der Zukunft – Magie oder Design?
1996, ISBN 3-527-29387-6

J. Emsley
Parfum, Portwein, PVC ...
Chemie im Alltag I
1997, ISBN 3-527-29423-6

J. Emsley
Sonne, Sex und Schokolade
Chemie im Alltag II
1999, ISBN 3-527-29774-X

J. Emsley, P. Fell
Wenn Essen krank macht
2000, ISBN 3-527-30261-1

H. Genz
Gedankenexperimente
1999, 3-527-28882-1

H. Hellman
Zoff im Elfenbeinturm
Große Wissenschaftsdispute
2000, ISBN 3-527-29984-X

R. Hoffmann
Sein und Schein
Reflexionen über die Chemie
1997, ISBN 3-527-29418-X

B. H. Kaye
Mit der Wissenschaft auf
Verbrecherjagd
1997, ISBN 3-527-29472-4

F. Krafft
Vorstoß ins Unerkannte
Lexikon großer Naturwissenschaftler
1999, ISBN 3-527-29656-5

O. Krätz
Das Rätselkabinett des Doktor Krätz
1996, ISBN 3-527-29391-4

G. Kreysa
Fusionsfieber
1998, ISBN 3-527-29627-1

J. Koolman, H. Moeller, K.-H. Röhm
(Hrsg.)
Kaffee, Käse, Karies ...
Biochemie im Alltag
1998, ISBN 3-527-29530-5

T. E. Podschun
Sie nannten sie Dolly
Von Klonen, Genen und unserer
Verantwortung
1999, ISBN 3-527-29866-5

H.-J. Quadbeck-Seeger,
A. Fischer (Hrsg.)
Die Babywindel
und 34 andere Chemiegeschichten
2000, ISBN 3-527-30262-X

E. Unger
Auweia Chemie
1998, ISBN 3-527-29538-0

B. Werth
Das Milliarden-Dollar-Molekül
1996, ISBN 3-527-29373-6

K. Wöhrmann, J. Tomiuk, A. Sentker
Früchte der Zukunft?
Grüne Gentechnik
1999, ISBN 3-527-29624-7

Dierk Raabe

Morde, Macht, Moneten

Metalle zwischen Mythos und High-Tech

Weinheim · New York · Chichester · Brisbane · Singapore · Toronto

Prof. Dr.-Ing. Habil. Dierk Raabe
Max-Planck-Institut für Eisenforschung GmbH
Abteilung Mikrostrukturphysik und Umformtechnik
Max-Planck-Straße 1
40237 Düsseldorf

Das vorliegende Werk wurde sorgfältig erarbeitet. Dennoch übernehmen Autor und Verlag für die Richtigkeit von Angaben, Hinweisen und Ratschlägen sowie für eventuelle Druckfehler keine Haftung.

Die Deutsche Bibliothek – CIP-Einheitsaufnahme
Ein Titeldatensatz für diese Publikation
ist bei Der Deutschen Bibliothek erhältlich
ISBN 3-527-30419-3

© WILEY-VCH Verlag GmbH, D-69469 Weinheim (Federal Republic of Germany), 2001

Gedruckt auf säurefreiem Papier.

Umschlaggestaltung: Grafik-Design Schulz, D-67136 Fußgönnheim
Druck und Bindung: Franz Spiegel Buch GmbH, D-89081 Ulm
Printed in the Federal Republic of Germany

Dierk Raabe studierte am Institut für
Metallkunde und Metallphysik der
Rheinisch-Westfälischen
Technischen Hochschule
Aachen. Im Anschluß an die
Dissertation 1992 war er in
Aachen auf den Gebieten
Computersimulation, Textu-
ren und Verbundwerkstoffe
tätig. Nach seiner Habilitation
1997 in den Fächern Metall-
kunde und Metallphysik
wechselte er mit einem

Heisenberg-Stipendium der Deutschen
Forschungsgemeinschaft ans Department of Materials Science and Engineering der Carnegie Mellon Universität in Pittsburgh. Ein weiterer Forschungsaufenthalt führte ihn in das
amerikanische National High Magnetic
Field Laboratory in Florida. 1998
erhielt er unter anderem einen Ruf der
Max-Planck-Gesellschaft, ist seit 1999
als Wissenschaftliches Mitglied und
Direktor am Max-Planck-Institut für
Eisenforschung in Düsseldorf tätig
und leitet dort die Abteilung für Mikrostrukturphysik und Umformtechnik.
Dierk Raabe lehrt an der Rheinisch-
Westfälischen Technischen Hochschule
Aachen und an der Carnegie Mellon
Universität in den Bereichen Metall-
kunde und Metallphysik. Er erhielt
diverse nationale und internationale
Auszeichnungen. Dierk Raabe ist unter
raabe@mpie.de zu erreichen.

Vorwort

Irgendwann bemerkte ich, daß sich die mittlere Verweildauer von Studierenden in einer Vorlesung über Metalle steigern läßt, wenn man die Zuhörerschaft mit Hintergrundanekdoten unterhält. Aus meiner Sammlung solcher Geschichten habe ich dieses Buch zusammengestellt. Es soll dem Leser die Welt der Metalle zwischen Mythos und Hochtechnologie näherbringen und einen Einblick in ihre kulturgeschichtliche und technische Bedeutung als uralte Begleiter des Menschen geben.

Die große Breite des Gebietes gestattet es kaum, ein wissenschaftlich erschöpfendes Werk zu diesem Thema zu verfassen. Dies ist auch nicht das Anliegen dieses Buches, da die naturwissenschaftlichen und geschichtlichen Grundlagen der Metalle durch die einschlägige Fachliteratur gut abgedeckt sind. Das Ziel liegt eher darin, ein bibliophiles Büchlein über Metalle zum Schmökern anzubieten, in dem das Augenmerk auf Querverbindungen zwischen Geschichte und Naturwissenschaften liegt.

Die Geschichtsschreibung teilt die frühen Entwicklungsepochen der Menschheit in Materialklassen ein, die Steinzeit, die Bronzezeit und die Eisenzeit. Obwohl Geschichtsbücher nicht von Metallkundlern geschrieben werden, kommt hier der Stellenwert der Werkstoffe, also der Art von Materie, die der Mensch für sein Überleben und seine Entwicklung vornehmlich nutzte, zum Ausdruck.

Heute tritt die Bedeutung der Materialien für unser Leben in unserer Wahrnehmung oft in den Hintergrund. Wer denkt schon im Flugzeug an das Metall in den Turbinenschaufeln der Triebwerke, das auch rotglühend noch genügend Festigkeit besitzen muß, um über Stunden den Anforderungen zu entsprechen? Das Dreiliter–Auto erfordert den Einsatz neuster Leichtbaumaterialien, um bei gleichbleibendem Sicherheitsstandard den Energieverbrauch zu verringern. Auch hätten weder der Mondflug von Apollo 11, der Aufstieg der ägyptischen Pharaonen, die Herstellung künstlicher Gelenke, der Bau des Eifelturms, die Entdeckung des Meissner Porzellans noch der Bau der Atombombe ohne die Wissenschaft von den Metallen stattgefunden.

Die große volkswirtschaftliche Bedeutung von Materialwissenschaft und Materialproduktion wird häufig unterschätzt, da sich die heutigen High–Tech–Werkstoffe fast immer hinter dem eigentlichen Endprodukt verbergen und die Kosten für die Herstellung von Materialien oft gering sind gegenüber der gesamten Wertschöpfung des daraus gefertigten Bauteils. Die meisten modernen Produkte würden allerdings ohne neue Materialien schlichtweg nicht existieren.

Metalle sind aber viel mehr als nüchterne Naturwissenschaft und Technik. Sie sind Namensgeber geschichtlicher Epochen und Länder, Gegenstand von Invasion und Krieg, Basis großer Kunstwerke und sinnliche Begleiter so manches schönen Körpers. Auch gibt es unzählige mystische und geheimnisvolle Geschichten über Metalle. Im Buch werden uns so unterschiedliche Dinge wie die Künste der Goldmacher, die Schwerter von Raufbolden wie Siegfried und Artus, das verschollene Gold der Tempelritter, die Waffen von Scharfrichtern, der Nimbus mittelalterlicher Waffenschmiede, das Gold der Nibelungen oder der Untergang der Titanic beschäftigen.

Vor diesem Hintergrund erklärt sich auch der Titel des Buches *Morde, Macht, Moneten*. Bei *Mord* denke man an berüchtigte Waffen wie das japanische Katana oder das arabische Damastschwert. Auch zahlreiche Piratengeschichten gehören in diese Rubrik. Bei *Macht* denke man an die blutrünstigen Feldzüge der Conquistadores oder das Gold der Pharaonen. Bei *Moneten* denke man an die Dynastien Krupp, Thyssen oder Borsig, die aus kleinsten Unternehmen riesige Stahlimperien schufen oder auch an moderne Schatzsucher.

Neben der Darstellung einer kleinen Kultur– und Technikgeschichte der Metalle möchte dieses Buch aber auch den Elfenbeinturm der Wissenschaft verlassen, um Metallen mittels anschaulicher Hintergrundinformation ein wenig aus ihrem Schattendasein herauszuhelfen und sie als stille, aber zentrale Stars unserer Hochtechnologie–Gesellschaft ins rechte Licht zu rücken. Möglicherweise gewinnt es sogar neue Interessenten für das Studienfach der Werkstoffwissenschaften. Denn obwohl die Wissenschaft von den Metallen sicherlich zu den ältesten naturwissenschaftlich–technischen Disziplinen zählt, ist gerade heute der Bedarf an kreativen Forschern und Ingenieuren in diesem Zweig hoch, da die Metalle durch ihre außergewöhnliche Kombination mechanischer und elektrischer Eigenschaften nach wie vor die Basis der meisten technischen Innovationen bilden.

Düsseldorf, im Mai 2001
Dierk Raabe

Danksagung

Mein besonderer Dank geht an Frau Dipl.-Ing. Susanne Draeger, Herrn Dipl.-Ing. Christian Klüber, Herrn Dipl.-Ing. Hermann Lücken, Herrn Dr. Volker Marx, Herrn Dr. Dirk Ponge, Herrn Dipl.-Ing. Dietrich Raabe, Herrn Dr. Franz Roters, Herrn Dipl.-Ing. Michael Sachtleber, Herrn Dipl.-Ing. Georg Scheele, Herrn Pfarrer Hermann Vorwerg sowie Herrn Dr. Stefan Zaefferer für zahlreiche Anregungen. Frau Dr. Gudrun Walter, Frau Maike Petersen, Frau Dr. Anna Schleitzer und Herrn Dr. Jörn Ritterbusch vom Wiley–VCH Verlag danke ich für ihre wertvollen Ratschläge bei der Erstellung des Manuskriptes.

Über den Autor

Dierk Raabe studierte am Institut für Metallkunde und Metallphysik der Rheinisch-Westfälischen Technischen Hochschule Aachen. Im Anschluß an die Dissertation 1992 war er in Aachen auf den Gebieten Computersimulation, Texturen und Verbundwerkstoffe tätig. Nach seiner Habilitation 1997 in den Fächern Metallkunde und Metallphysik wechselte er ans Department of Materials Science and Engineering der Carnegie Mellon Universität in Pittsburgh. Ein weiterer Forschungsaufenthalt führte ihn in das amerikanische National High Magnetic Field Laboratory in Florida. Seit 1999 ist er als Direktor am Max-Planck–Institut für Eisenforschung in Düsseldorf tätig. Dierk Raabe lehrt an der Rheinisch-Westfälischen Technischen Hochschule Aachen und an der Carnegie Mellon Universität in den Bereichen Metallkunde und Metallphysik. Der Autor ist unter raabe@mpie.de zu erreichen.

Inhaltsverzeichnis

Kapitel 1

Was ist eigentlich ein Metall?

1.1 Von Autowracks und Omas Porzellan

Im täglichen Gebrauch erkennen wir Metalle zumeist an ihrem Glanz, ihrer guten Leitfähigkeit für Strom, Schall und Wärme, an der hohen Festigkeit sowie ihrer beträchtlichen Verformbarkeit. Bei Raumtemperatur sind darüber hinaus alle Metalle außer Quecksilber fest. Ihre Schmelzpunkte liegen zwischen $-39\,°C$ (Quecksilber) und $3410\,°C$ (Wolfram).

Zugegeben, bei verrosteten Autowracks ist der metallische Glanz nicht gerade eine hervorstechende Eigenschaft. Dies liegt allerdings daran, daß Eisen an Luft auf der Oberfläche rostrote nichtmetallische Oxide bildet. Der Edelstahltopf in der Küche jedoch ist ein gutes Beispiel für unsere Eingangsbehauptung. Er glänzt, und man kann sich wegen seiner guten Wärmeleitfähigkeit auch prima die Finger an ihm verbrennen.

Der typische Metallglanz wird durch die hohe Lichtreflexion an der Metalloberfläche verursacht. Die gute Strom- und Wärmeleitfähigkeit der Metalle ist auf die hohe Beweglichkeit ihrer Leitungselektronen zurückzuführen. Metalle sind fast immer farblos. Nur Kupfer und Gold absorbieren Strahlung aus dem sichtbaren Bereich des Spektrums und erscheinen farbig. Unter der Festigkeit eines Metalls versteht man die zum Versagen einer Probe benötigte Kraft pro Querschnittsfläche (Spannung). Mit Verformbarkeit ist die überaus wichtige Eigenschaft der Metalle gemeint, bei einem Stoß nicht spröde zu zerspringen, sondern eine bleibende Formänderung anzunehmen. Die Besonderheit der Metalle ist dabei, daß ihre Festigkeit bei einer solchen *plastischen*, d.h. bleibenden Verformung in der Regel sogar zunimmt. Das bedeutet, bei einer Formänderung ist in jedem Schritt eine höhere Kraft für die weitere Verformung erforderlich, als für den vorausgegangenen Schritt. Ausnahmen stellen die sogenannten superplastischen Legierungen dar, die bei fast gleichbleibender Festigkeit sehr hohe Dehnungen erreichen können, ähnlich wie Honig.

Bild 1.1: Berliner Schmiedebetrieb zur Gründerzeit. Die Möglichkeit zur plastischen, d.h. zur bleibenden Umformung gehört zu den wichtigsten Eigenschaften der Metalle.

Die Fähigkeit zur bleibenden Verformung und dem damit einhergehenden Anstieg ihrer Festigkeit ist eine der wichtigsten technischen Eigenschaften der Metalle. Sie ist maßgebend für so wesentliche Bearbeitungsschritte wie Walzen, Schmieden, Pressen oder Drahtziehen. Gold beispielsweise läßt sich so gut verformen, daß durch Walzen Folien von unter einem zehntausendstel Millimeter Dicke hergestellt werden können. Die gute Duktilität der Metalle weiß jeder zu schätzen, der schon einmal das Bruchverhalten von Metallbechern mit dem von Omas Sonntagsporzellan verglichen hat. Dieser Vergleich ist übrigens gar nicht so abwegig, denn es waren die sächsischen Alchimisten und vermeintlichen Goldmacher von Tschirnhaus und Böttger, die auf ihrer vergeblichen Suche nach synthetischem Gold für ihren Auftraggeber, den sächsischen Kurfürsten August der Starke, als Nebenprodukt ihrer Untersuchungen das Meissner Porzellan erfanden. Seit 1687 gelang es zunächst Ehrenfried Walter von Tschirnhaus, mit Hilfe von Brennspiegeln und Linsen feingemahlene Aluminium– und Magnesiumsilikate bei hoher Hitze in eine porzellanartige Masse zu verwandeln.

Er schlug August vor, die Herstellung dieser dem Porzellan vermutlich bereits sehr ähnlichen Masse zu versuchen und konstruierte auch die ersten Brennöfen dazu. Nach Tschirnhaus' Tod erfand der von ihm als Gehilfe angenommene Apothekerlehrling und Alchimist Johann Friedrich Böttger das erste Porzellan Europas[1]. Er entwickelte zunächst rötliches Steinzeug, später gelbliches und erst um 1717 herum auch weißes Porzellan.

Bild 1.2: Die Erfinder des Meissner Porzellans. Links der Physiker Ehrenfried Walter von Tschirnhaus, rechts der Apotheker und Alchimist Johann Friedrich Böttger.

Viele Metalle lassen sich auch hervorragend miteinander mischen. Man erhält dabei entweder eine Legierung (z.B. die Kupfer–Zink–Legierung Messing oder die Kupfer–Zinn–Legierung Bronze), in der die verschiedenen Atomsorten statistisch über das Gitter verteilt sind, oder man gelangt zu intermetallischen Phasen mit einer geordneten Struktur und definierten Zusammensetzung (z.B. den Phasen $CuAu$ oder Cu_3Au). Die physikalischen Eigenschaften der Legierungen unterscheiden sich meist beträchtlich von denen der reinen Elemente. So ist die Leitfähigkeit in der Regel herabgesetzt, die Härte meist höher (z.B. wird Gold durch das Zusetzen von Silber härter) und die Korrosionsbeständigkeit in einigen Legierungen besser (z.B. im nichtrostenden Stahl, der hauptsächlich aus Eisen, Kohlenstoff, Nickel und Chrom besteht). Durch geeignete Zusammensetzung läßt sich daher eine unüberschaubare Menge neuer metallischer Werkstoffe mit unterschiedlichsten Eigenschaften herstellen.

---

[1] Im Gegensatz zu seinem Gehilfen Böttger war Tschirnhaus (1651–1708) ein Naturwissenschaftler und Philosoph von hohem Rang, der mit Spinoza, Boyle, Leibniz und Huygens verkehrte.

Derzeit sind über 100 Elemente bekannt, wovon etwa 80 zu den Metallen gehören. Die meisten Metalle begegnen uns allerdings kaum im täglichen Gebrauch, zumindest nicht in einer Form, in der man sie als solche wahrnimmt. Vertrauter sind da schon die metallischen Rohstoffe, die in größeren Mengen industriell erzeugt und verbraucht werden, für die also ein gewisser Markt besteht. Dazu zählen etwa 50 Metalle. Einige der wichtigsten dieser Industriemetalle, etwa nach der jährlichen Produktion oder der wirtschaftlich–strategischen Bedeutung betrachtet, sind das Eisen, die konstruktiven Leichtmetalle Aluminium, Magnesium, Beryllium und Titan, die Stahl– bzw. Aluminiumveredler Chrom, Kobalt, Mangan, Niob, Vanadium, Molybdän, Lithium, Zirconium, Wolfram und Nickel, die Schwermetalle Blei, Kupfer, Zink, Zinn, Cadmium, Quecksilber und Tantal, die Edelmetalle Gold, Silber, Platin und Iridium sowie die radioaktiven Metalle Thorium, Uran und Plutonium. Die technisch relevanten Metalle sind mit stark unterschiedlicher Häufigkeit zu finden. Den Aufbau der äußeren Erdkruste bestreiten hauptsächlich weniger als 10 Elemente, und zwar Sauerstoff mit 46%, Silicium mit 28%, Aluminium mit 8%, Eisen mit 5%, Calcium mit 4%, Natrium mit 3%, Kalium mit 3%, Magnesium mit 2% und Titan mit 0,4%.

Abgesehen von wenigen Beispielen wie Gold, Silber und Quecksilber kommen die Metalle in der Natur meist nicht in reiner (gediegener) Form vor, sondern als chemische Verbindungen beispielsweise mit Sauerstoff oder Schwefel. Zur technischen Nutzung müssen die mit diesen Verbindungen angereicherten Gesteine (Erze) zunächst abgebaut und aus ihnen dann das reine Metall gewonnen werden. Diesen Zweig der Metallherstellung bezeichnet man als Verhüttung. Positiv geladene Ionen der Metalle sind in geringen Mengen aber

Bild 1.3: Gold gehört zu den wenigen Metallen, die gediegen vorkommen.

auch in unserer sonstigen Umgebung enthalten, so in den Gewässern, im Boden, in Pflanzen und im tierischen und menschlichen Organismus. Dort werden sie als Spurenmetalle bezeichnet. Mit der Zeit zeigen viele Metalle die Tendenz, sich wieder in Oxide oder Sulfide umzuwandeln. Kupfermünzen bekommen zum Beispiel durch den Schweiß einen schwarzbraunen Überzug aus Kupferoxid. Auf Kupferdächern entsteht eine grünliche Rostschicht, die man als Patina kennt.

Trotz ihrer überaus großen Vielfalt an Eigenschaften sind die *reinen* Metalle für die meisten Anwendungen vollkommen nutzlos. Beispielsweise würde kein Ehering lange halten, wenn er aus hochreinem Gold wäre. Das ist nämlich kaum härter als Schokolade. Schon geringste Berührungen mit einem anderem Material würden die Oberfläche zerkratzen. Außerdem wäre der Ring dauernd verbogen. Erst durch geeignete Behandlungen wie das Umformen oder das Mischen mit anderen Elementen (Legieren) entstehen Werkstoffe, also *brauchbare* Materialien. Eheringe enthalten deshalb stets zumindest geringe Beimengungen anderer Elemente, die die Härte erhöhen. Stahl beispielsweise ist in seiner einfachsten Form eine Legierung aus Eisen und Kohlenstoff.

Metalle spielen aber auch eine wichtige Rolle in unserem Organismus. So sind Natrium und Kalium an der Erregungsleitung im Nerv beteiligt. Calcium übernimmt wichtige Funktionen bei der Muskelbewegung, im Stoffwechsel und im Knochenaufbau. Viele Enzyme enthalten Metall–Ionen wie Magnesium, Eisen, Zink und Kupfer. Das Häm–Molekül beispielsweise bindet als Zentralmolekül des Hämoglobins den Sauerstoff an Eisen.

Die beste elektrische Leitfähigkeit aller Metalle bei Raumtemperatur besitzen Silber, Kupfer, Gold und Aluminium in dieser Reihenfolge. Einige Metalle weisen bei sehr geringen Temperaturen auch die erstaunliche Eigenschaft des vollkommen widerstandslosen Stromtransportes auf. Dieser als Supraleitung bezeichnete Effekt erfordert für Metalle allerdings mindestens eine Kühlung mit flüssigem Helium[2]

Taucht man zwei Elektroden (Drähte), die aus unterschiedlichen Metallen bestehen, in ein Gefäß mit einem Elektrolyt (wäßrige saure oder basische Lösung), so entsteht durch eine chemische Reaktion der Elektrodenmaterialien eine elektrische Spannung. Das edlere Metall (z.B. Platin) wird dabei zum Pluspol und das unedlere Metall (z.B. Magnesium) zum Minuspol.

Nach der elektrochemischen Spannungsreihe kann man zwischen unedlen, halbedlen und edlen Metallen unterscheiden. Unedle Metalle sind sehr leicht oxidierbar und wirken als starke Reduktionsmittel (z.B. Lithium, Magnesium, Mangan, Zink und Eisen). Edle Metalle stehen am unteren Ende der Spannungsreihe und sind nur schwer zu oxidieren (z.B. Silber, Palladium, Platin und Gold). Edelmetall–Kationen wirken daher als starke Oxidationsmittel. Halbedle Metalle sind z.B. Nickel, Zinn und Kupfer. Unedles Magnesium verbrennt in

---

[2]Helium verflüssigt unter Normaldruck bei einer Temperatur von $-269\,^{\circ}C$ (4 Kelvin).

einer Flamme spontan zu Magnesiumoxid, während edles Platin in der Flamme
nur zum Glühen gebracht, aber nicht oxidiert werden kann. Desweiteren lassen
sich Metalle nach ihrer Dichte einteilen. Dabei gelten Metalle mit Dichten unter
$5\,\mathrm{g/cm^3}$ als Leichtmetalle (z.B. Magnesium, Aluminium, Beryllium) und solche
mit Dichten über $5\,\mathrm{g/cm^3}$ als Schwermetalle (z.B. Osmium, Blei, Tantal).

1.2   Vom Metall zum Werkstoff —
Die Wissenschaft vom Fehler

Die meisten Metalle des täglichen Lebens bestehen in fester Form aus vielen
winzigen Kristallen, die oft nur mit aufwendigen Licht– und elektronenopti-
schen Methoden erkennbar werden. Auf verzinkten Geländern oder Straßenla-
ternen kann man die unterschiedlich schimmernden Kristalle auch ohne Mikroskop gut erkennen. Kristalle sind Gebilde, in denen die Atome auf regelmäßigen
gedachten Gittern angeordnet sind. Im Fall der Metalle besitzen diese Kristalle zumeist hohe Symmetrie, ähnlich der eines Würfels (kubische Symmetrie)
oder einer Bienenwabe (hexagonale Symmetrie), bei denen die entsprechenden
Eckpunkte mit Atomen belegt sind.

Was im üblichen Sprachgebrauch als Kristall bezeichnet wird, etwa der
Bergkristall oder ein Schmuckdiamant, ist häufig eine besondere Art von Kristall, nämlich ein sogenannter *Einkristall*. Metalle liegen jedoch meist als Viel-
kristallansammlung (Polykristall) vor, so daß man ihnen ihre kristalline Natur
oft nicht ansieht.

An diesem Beispiel wird bereits ein wichtiges Prinzip metallischer Werkstoffe angesprochen, nämlich ihre Abweichung von der Perfektion. Metalle sind
ein wenig wie Menschen — sie werden technologisch gesehen erst durch ihre
Fehler interessant. Beispielsweise stellen die Grenzflächen zwischen benachbarten Kristallen (Korngrenzen) einen wichtigen Defekttyp dar, der mechanische
Eigenschaften wie Härte und Sprödigkeit des Metalls maßgeblich beeinflussen
kann. Teilweise fehlende atomare Ebenen im ansonsten regelmäßigen Kristall-
aufbau führen zu sogenannten Versetzungen. Die Bewegung einer Versetzung
im Kristall erleichtert die Verformung eines Kristalls etwa so, wie die Ver-
schiebung eines Teppichs mittels einer weiterwandernden Teppichfalte bewerk-
stelligt werden kann. Versuchen Sie beispielsweise, einen großen Perserteppich
ohne eine durchwandernde Falte über einen Teppichboden zu ziehen. Es wird
Ihnen nur unter beträchtlichem Krafteinsatz gelingen. Die Bewegung und Ver-
vielfältigung solcher Versetzungen im Kristall bewirken erst die Verformbarkeit
und Verfestigung der Metalle. Wenn man sich klarmachen möchte, was mit Verfestigung gemeint ist, nehme man einen dicken Stahldraht, biege ihn zunächst

in eine Richtung und versuche dann, ihn in seine ursprüngliche Form zurückzu-
biegen. Man stellt fest, daß der erste Verformungsschritt einfacher war als der
zweite. Dieses Phänomen wird als Verfestigung bezeichnet.

Bild 1.4: Turbinenschaufeln aus einer Nickellegierung. Die Teile bestehen aus einem
Polykristall mit vielen kleinen Kristallen ähnlicher Größe (links), einem Polykristall
mit einer kleinen Anzahl von Stengelkristallen (Mitte) und einem Einkristall (rechts).

Bereits bei der ersten Verformung hat sich der Widerstand des Materials gegen eine weitere Formänderung aufgrund der Wechselwirkung der inneren Spannungsfelder um die Versetzungen und deren zahlreiche wechselseitige Karam-
bolagen im Metall stark erhöht. Dies äußert sich auf atomarer Ebene darin, daß
die weitere Bewegung der Versetzungen, durch die Plastizität erst ermöglicht
wird, nun gegen die Spannungsfelder dieser zahlreichen bereits vorhandenen
Baufehler erfolgen muß.

Wiederholen Sie das gleiche Experiment mit einem dünnen Stahldraht und
biegen diesen einige Male hin und her, so ergibt sich ein noch verzwickteres
Bild: Der Draht wird an der Biegestelle warm, und nach einer Weile zerreißt
er. Sie haben einen sogenannten Ermüdungsbruch herbeigeführt, der schon so
manche Stahlkonstruktion frühzeitig das Leben gekostet hat. Die Erwärmung
des Drahtes erfolgt natürlich nur bei rascher Wechselbeanspruchung. Bei lang-
samem Biegen kann das Metall die Wärme aufgrund seiner guten Leitfähigkeit
schneller abführen, als sie erzeugt wird. Die Wärmeentwicklung ist auf die Rei-
bung der Versetzungen im Kristall zurückzuführen. Das Auftreten des Bruchs

ist durch die Anhäufung solcher Versetzungen zu erklären, die sich gegenseitig behindern, verhaken und schließlich in Knäueln so hohe innere Spannungen verursachen, daß der Kristall versagt. Falls Sie demnächst im Flugzeug auf die heftig schwankende Tragfläche hinausschauen und dabei an diesen Versuch denken, sollten Sie jedoch Ruhe bewahren. Sie können davon ausgehen, daß die Kunstgriffe der Werkstoffwissenschaftler zur Vermeidung solcher Brüche in die Konstruktion eingeflossen sind.

Metalle, die aus nur einem Kristall bestehen (Einkristalle), sind für technische Anwendungen meist unerwünscht, da sie sehr weich sind. Beispielsweise hat ein Einkristall aus reinem Kupfer eine Zugfestigkeit[3] von nur etwa einem Newton pro Quadratmillimeter – dieser Wert kommt verdächtig in die Nähe der Festigkeit eines Kaugummis. Wer möchte daraus schon ein Bauteil fertigen? Verändert man jedoch die mikroskopische Struktur des Kupfers, also die Dichte und Verteilung der Kristallbaufehler, in geschickter Weise, so läßt sich die Festigkeit um ein Tausendfaches steigern. Solche Werkstoffe kommen beispielsweise bei Marsexpeditionen oder bei der Erzeugung hoher Magnetfelder zum Einsatz. Die gesamte Metallindustrie lebt letztendlich von der gezielten Erzeugung und Manipulation von Defekten in den Metallkristallen. Es gibt aber auch eine spezielle Art solcher Einkristalle, die sogenannten Whisker, die ganz besonders hohe Festigkeiten aufweisen. Whisker heißt übersetzt *Barthaar*, womit die Form sehr gut beschrieben ist. Die besagten Kristalle sind nämlich in der Regel nur in den Abmessungen einer Stoppelbehaarung herstellbar. Der Grund für ihre ganz besonders hohe Härte liegt darin, daß sie keine oder nur eine einzige unbewegliche Versetzung enthalten. Auch im Fall von Turbinenschaufeln sind Einkristalle erwünscht, da man bei hohen Betriebstemperaturen Korngrenzen als potentielle Schwachstellen im Bauteil vermeiden möchte.

Schaut man einmal einem Damaszenerschmied über die Schulter, leuchtet die Bedeutung der Mikrostruktur, also der Gesamtheit all dieser Kristallbaufehler, für die mechanischen Eigenschaften eines metallischen Produktes sofort ein (siehe auch Seite 217). Der Fachmann mischt zunächst eine Schmelze aus Eisen und einigen Begleitelementen und vergießt dann den Rohling zu einer Schwertform. Wir können das Eisen dabei auch gegen Bronze austauschen – das Prinzip bleibt gleich. Nach dem Abkühlen der Schmelze (Erstarren) könnte das Schwert eigentlich bereits fertig sein. Allerdings würde es bei sofortiger Benutzung im Zweikampf dem Feind keineswegs üble Wunden zufügen, sondern vermutlich beim ersten Hieb abbrechen. Selbst ein sehr gewissenhafter Chemiker würde bei einer Analyse des Schwertes keinen Grund für das Fehlverhalten der Waffe entdecken können, da er alle erforderlichen Bestandteile wie Eisen, Kohlenstoff, Mangan und noch ein paar andere Elemente sicherlich zweifelsfrei nachweisen könnte.

---

[3]Zugfestigkeit ist diejenige Kraft pro Fläche, bei der eine Probe zerreißt.

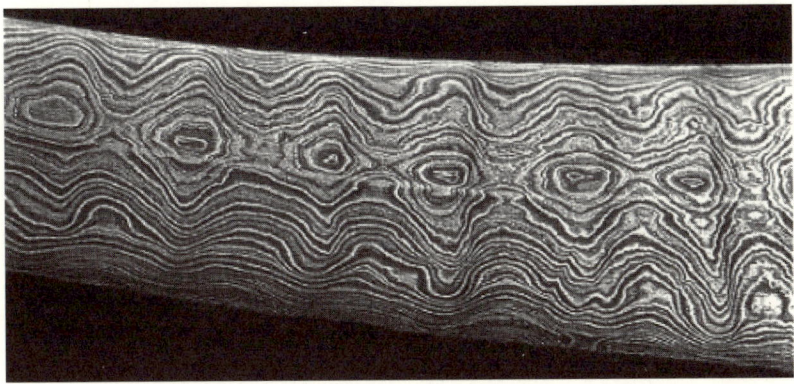

Bild 1.5: Angeätzte Mikrostruktur in einem Schmiedestück aus Damaststahl.

Der eigentliche Mangel jedoch, die fehlende Härte und Zähigkeit, kommt eben nicht nur durch die Elementzusammensetzung, sondern durch die Dichte und Anordnung der atomaren Baufehler, also die zunächst unvollkommene Mikrostruktur, zustande. Genau diese beeinflußt und optimiert der Schmied nun, wenn er den glühenden Schwertrohling mit dem Hammer bearbeitet, das verbreiterte Material faltet, es erneut verformt und das Werkstück ab und zu in Wasser taucht. Ein Damaszenerschmied ganz alter Schule würde diesen Vorgang nicht nur sehr häufig wiederholen, sondern statt Wasser auch frisches Ochsenblut mit Hühnerdung verwenden, dabei allerlei magische Dinge murmeln und überhaupt enorm finster dreinblicken. Würde besagter Chemiker nun nach diesem Prozedere erneut eine chemische Elementanalyse durchführen, würde er kaum einen Unterschied zur ursprünglichen Gußprobe wahrnehmen, obwohl sich die Eigenschaften des Schwertes beträchtlich verbessert hätten.

Der Werkstoffwissenschaftler ahnt natürlich, daß die durch das häufige Hämmern und Falten entstandenen Grenzflächen und Versetzungen sowie die durch das Abkühlen und Wiederaufheizen entstanden Phasenumwandlungen zum Ansteigen der Härte und Zähigkeit geführt haben. Insofern ist das beharrliche Bearbeiten des Gußrohlings durch den Schmied keineswegs ein überflüssiges Ritual, sondern gezielte Ingenieursarbeit auf der Basis der wissenschaftlichen Kenntnis vom atomaren Aufbau der Metalle. Übrigens ist auch der Einsatz des Ochsenblutes zur Abschreckung eines glühenden Metalls eine vernünftige Maßnahme, da der hohe Salzgehalt des Blutes den Siedepunkt erhöht und somit die Dampfisolation um das eintauchende Schwert und damit die Verzögerung der Abkühlung verhindert oder zumindest vermindert[4].

---

[4] Die Bildung einer Isolationsschicht aus Wasserdampf um ein ins Wasser getauchtes glühendes Metall wird nach Johann Gottlob Leidenfrost (1715–1794) als *Leidenfrost-Effekt* bezeichnet.

Auch der Hühnerkot hat seine Bedeutung. Der darin enthaltene gebundene Stickstoff kann bei ausreichender Temperatur und Zeitdauer in das Eisenschwert atomar hineinwandern (diffundieren) und im Oberflächenbereich der Waffe zu einer außerordentlichen Erhöhung der Härte der Klinge beitragen, ohne dessen Zähigkeit im Inneren herabzusetzen. Der Grund dafür liegt in der Ausbildung harter stickstoffhaltiger Bereiche und hoher Eigenspannungen, die ohne Stickstoff nicht entstehen würden.

Eine ähnliche Methode wird z.B. in der Sage von Wieland dem Schmied beschrieben, als er sein Schwert Mimung herstellte. Er verwendete dazu eine für seine Ansprüche nicht ausreichend scharfe Klinge und feilte sie zu Eisenspänen. Diese Späne verknetete er zu einem Teig, den er an Hühner verfütterte. Deren Kot sammelte er, schmolz das Eisen aus und schmiedete aus dem so gewonnenen Rohstoff sein Meisterwerk. Daß diese so abwegig erscheinende Prozedur in Wirklichkeit ein wirksames Mittel zur Entschlackung und Stickstoffanreicherung durch die Magensäfte der Hühner war, ist in Versuchen tatsächlich nachgewiesen worden.

Man sollte allerdings eine grausame Tatsache in diesem Zusammenhang nicht unterschlagen: Es ist überliefert, daß es im Römischen Reich sowie in der japanischen Feudalzeit bisweilen vorkam, daß ein Schwert dadurch abgekühlt und gehärtet wurde, daß es einem Verurteilten glühend in den Leib gerammt wurde. Hintergrund dieser grausamen Methode könnte dabei nicht nur der Effekt der raschen Abkühlung, sondern auch der in biologischen Geweben vorhandene Stickstoff und dessen Eindringen in das Metall sein. Allerdings ist der Erfolg dieser grauenhaften Methode äußerst zweifelhaft, da die Temperaturen und Zeiten für eine Diffusion des Stickstoffs kaum ausreichen.

Das einzige, was also letztendlich an der Tätigkeit unseres Schmiedes mystisch bleibt, sind die Zaubersprüche und die finstere Miene. Natürlich waren den alten Metallurgen die naturwissenschaftlichen Grundlagen ihres Tuns völlig unklar. Die Schmiedekunst wurde über Jahrtausende hinweg daher als rein empirische, also durch Erfahrungen getragene, bisweilen auch alchimistisch geprägte Technik betrieben.

Erst seit dem Beginn des 20sten Jahrhunderts gelang um 1914 die endgültige Aufklärung der kristallinen Struktur der Metalle durch von Laue, Friedrich und Knipping mittels Beugung der 1895 von Röntgen entdeckten X–Strahlen an Kristallproben. Erst mit dieser neuen Untersuchungsmethode konnte man die strukturellen Ursachen der technischen Eigenschaften metallischer Werkstoffe systematisch erforschen.

In den 1930er Jahren setzte sich der naturwissenschaftliche Ansatz bei der Untersuchung der Metalle mit der Entwicklung des ersten Elektronenmikroskops und dessen Anwendung auf Metalle durch die Ingenieure Ernst Ruska und Max Knoll in Berlin weiter fort.

Bild 1.6: Ernst Ruska und Max Knoll bei Arbeiten am ersten Elektronenmikroskop.

In der modernen Werkstoffwissenschaft wird heute meist zwischen Struktur-materialien und Funktionsmaterialien unterschieden. Strukturmaterialien sind in erster Linie durch ihre besonderen mechanischen Eigenschaften gekennzeich-net. Hierzu zählen Festigkeit, elastische Steifigkeit, Verschleißbeständigkeit, Dichte, Härte sowie Beständigkeit gegenüber Umwelteinflüssen. Aufgrund die-ser Eigenschaften finden Strukturwerkstoffe ihre Anwendung vornehmlich in Konstruktionen, Maschinen und im Anlagenbau.

Zur Gruppe der Funktionswerkstoffe gehören Materialien, die sich vornehm-lich durch ihre elektrischen, magnetischen, akustischen, optischen oder biologi-schen Eigenschaften auszeichnen. Wichtige Charakteristika von Funktionswerk-stoffen sind z.B. elektrische Leitfähigkeit, Supraleitung, Isolationseigenschaf-ten, Gewebeverträglichkeit sowie Übertragungs– und Absorptionsfähigkeit. Vor allem die Anforderungen der Informations– und Kommunikationstechnologie, aber auch der Energie–, Verkehrs– und Medizintechnik erfordern die Entwick-lung von neuen Hochleistungs–Funktionswerkstoffen. Bei Funktionswerkstoffen ist der jeweilige Materialwert oft gering gegenüber dem Bauteilwert, da die größte Wertschöpfung erst im Endprodukt erfolgt, das den Funktionswerkstoff oft nur in minimalen Mengen enthält. Als Beispiel sei auf hochempfindliche Fotolacke verwiesen, die in kleinsten Mengen, nämlich in Bruchteilen von Mil-ligramm, auf den Halbleiter aufgetragen werden, aber die Funktionsfähigkeit des daraus hergestellten teuren Endproduktes, z.B. eines Computerchips, ent-scheidend bestimmen.

Bis in die jüngere Vergangenheit hinein ist die Werkstoffwissenschaft der empirischen Herstellung neuer Produkte mittels *Try and Error* oft nur hinterhergeeilt. Erst mit den Methoden der modernen naturwissenschaftlich geprägten Werkstoffwissenschaften kommt die Theorie der Praxis manchmal zuvor, und das bisweilen sogar mit zutreffenden Voraussagen neuer Werkstoffe und Verfahren. Grundlage ist dabei die strenge Anwendung physikalisch, chemisch und mathematisch geprägter atomistischer oder kontinuumsmechanischer Theorien. Die Anstrengungen gehen dabei zunehmend in die Richtung, gänzlich neue Werkstoffe mit einem ganz bestimmten Anforderungsprofil am Computer maßzuschneidern. Eine solche Arbeitsweise wird heute zunehmend auch aus industrieller Sicht nötig. Komplexe Materialien, wie sie etwa in Düsentriebwerken, Karosserien, Unterseebooten, Transistoren, Solarzellen oder Raumfahrzeugen eingesetzt werden, müssen in immer kürzeren Zeiten möglichst kostengünstig zur Fertigungsreife gebracht und in der Qualität verbessert werden. Vor diesem Hintergrund erscheint der Einsatz langwieriger Probiertechniken immer weniger finanzierbar. Ein wichtiges Ziel gegenwärtiger Forschungen besteht deshalb darin, Try–and–Error–Methoden zumindest teilweise durch Computersimulationen zu ersetzen.

Kapitel 2

Omen est Nomen

Eine kleine Namens– und Metallkunde

2.1 Verwirrung in der Wissenschaft?

Die Beschäftigung mit dem Namensursprung der Metalle und Legierungen gleicht einem Streifzug durch die abendländische Wissenschaftsgeschichte. Zahlreiche Metalle bilden Gruppen mit verwandten Namen, weil sie zur gleichen Zeit entdeckt oder von denselben Wissenschaftlern getauft wurden. Dies führte dazu, daß geradezu Familien–Clans entstanden, in denen sich jeweils eine Gruppe von Metallen unter einem Motto zusammenfassen läßt. Zugegeben, dies ergibt eine andere als die von Mendelejew und Meyer im Periodensystem der Elemente erdachte Ordnung, aber gerade die Betrachtung der Metalle unter historischen Gesichtspunkten gewährt unvermutete Einblicke. Denn wie Goethe bereits bemerkte, ist die Einordnung zumindest der Mineralien auch ein wenig Sache des Geschmacks: *„Die Herren Geognosten sind wahrscheinlich froh, wenn sie irgendein eigentümliches Gestein einigermaßen schicklich untergebracht haben, wogegen aber die Natur ihr freies Spiel treibt und sich um die von beschränkten Menschen gemachten Fächer wenig kümmert."* Immerhin war Goethe selbst ein wissenschaftlich tätiger Mineraloge und hat diese Bemerkung vermutlich nicht ohne Grund fallen lassen. Dabei ist die Entdeckungsgeschichte der Metalle ja noch keineswegs abgeschlossen – ab und zu werden nämlich von Wissenschaftlern neue Metalle durch Teilchenkollision künstlich erschaffen. Diese Leute sind sozusagen unsere modernen Alchimisten. Allerdings ist es unwahrscheinlich, daß diese neuen Elemente so großen Einfluß auf unser Leben erlangen werden wie Eisen, Kupfer, Gold oder Aluminium, da sie nach kürzester Zeit schon wieder in leichtere Metalle und Elementarteilchen zerfallen.

Bild 2.1: J. L. Meyer und D. I. Mendelejew, die Väter des Periodensystems.

Aber zurück zu den Namen: Zu Verwirrung gibt manchmal schon die Änderung von Namen im Lauf der Zeit Anlaß. Bei manchen Metallen gerieten frühere
Entdeckungen und Namensgebungen wieder in Vergessenheit, und später fand
eine zweite Taufe statt. In anderen Fällen wurden die ursprünglichen Namen
aufgrund weitergehender Erkenntnisse geändert. Bisweilen stellte sich nämlich
das aus einem Erz gewonnene metallische Material später als Gemisch verschiedener Metalle heraus. Oder haben Sie zum Beispiel schon von Actinium–K, Aldebaranium, Austrium, Cassiopeium, Columbium, Didymium, Erythronium,
Florentinum, Glucinium, Helvetium, Illinium, Klaprothium, Krokoit, Magnium, Masurium, Menachit, Plumbum Album, Plumbum Candidum, Plumbum
Nigrum, Rotem Blei, Thoron oder gar Unnilpentium gehört?

Das Wort Metall selbst ist seit dem 13. Jahrhundert im mittelhochdeutschen
Sprachschatz belegt. Es geht auf das lateinische Wort *metallum* für Grube oder
Bergwerk zurück. Dieses wiederum entstammt dem altgriechischen Wort *me-
tallon* für Mine, Erzader, Grube, Schacht oder Metall. An der Herkunft und
Mehrdeutigkeit des Namens ist auch die ursprüngliche Dominanz des Bergbaus
bei der Herstellung von Metallen zu erkennen. Während in der Frühzeit der
Metallforschung der Erzabbau und später die Metallurgie die größten Heraus-
forderungen darstellten, sind Forscher heute zumeist mit der Neuentwicklung
und Optimierung der Eigenschaften von Legierungen befaßt.

2.2 Ein Spiel der Farben

Ein besonders buntes Beispiel für Namensgebungen bei Metallen ist die Familie der *Farbenfrohen*. Dies sind Metalle, die man aufgrund bestimmter farblicher Merkmale und ihrer daraus abgeleiteten Namen zusammenfassen kann. Das trifft zunächst auf eine Reihe von Elementen zu, die Bunsen und Kirchhoff durch die Spektralanalyse entdeckten und nach den Farben ihrer intensivsten Spektrallinien benannten. Bei der Spektralanalyse wird bei hoher Temperatur, zum Beispiel in einer Gasflamme, ein Übergang von Elektronen von einem Energieniveau auf ein höheres Niveau angeregt. Beim Rückfall der Elektronen auf ihre ursprüngliche Energieschale wird aufgrund des festen Abstands der benachbarten Elektronenschalen Strahlung mit einer charakteristischen Wellenlänge abgegeben. Liegt diese Wellenlänge im sichtbaren Bereich, so ist die Strahlung mit bloßem Auge je nach Frequenz als blaues, rotes oder grünes Licht zu erkennen. Zum Zweig der *Farb–Familie* gehören Metalle wie Indium, Rubidium, Cäsium, Chrom, Rhodium, Thallium und Iridium.

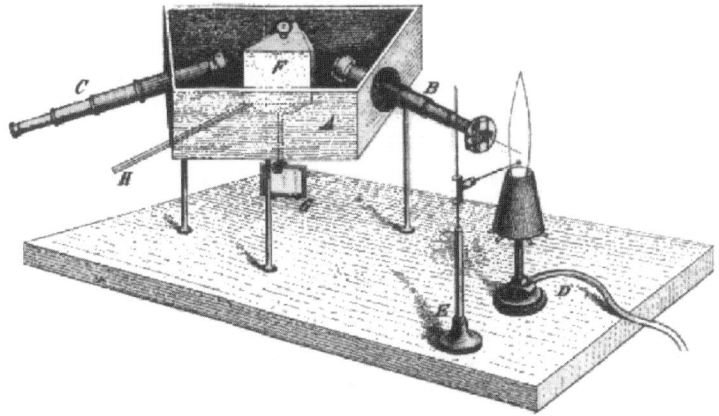

Bild 2.2: Darstellung des von Bunsen und Kirchhoff um das Jahr 1860 verwendeten Spektroskops mit Teleskop, Gasflamme und Prisma.

Indium erbte seinen Namen vom Indigo entsprechend dem tiefen Blau seiner intensivsten Spektrallinie. Indium wurde 1863 von Reich und Richter entdeckt. Heute erfreut es sich großer Beliebtheit bei Halbleiterdesignern.

Das von Bunsen und Kirchhoff 1861 gefundene Rubidium heißt nach dem lateinischen Wort *rubidus* für Dunkelrot nach seiner roten Linie. Rubidium ist ein wachsweiches, silberweißes Metall, das sich an der Luft entzündet. Cäsium ist nach dem lateinischen Wort *caesius* für Azurblau benannt worden, da es von Bunsen und Kirchhoff aufgrund seiner blauen Spektrallinie identifiziert wurde. Cäsium versieht seinen Dienst heute überwiegend bei der Herstellung von Spezialgläsern, in der Radiologie und als Katalysator. Besondere Bedeutung kommt diesem Element als Standardzeitmaß für Atomuhren zu.

Bild 2.3: Für Manche ist Chrom der eindeutige Spitzenreiter unter den Metallen.

Zur farbenprächtigen Familie paßt auch das Chrom. Dieses Metall wurde nach dem griechischen Wort *chroma* (Farbe) benannt. Der Grund für die Namenswahl liegt in der Vielfarbigkeit seiner Verbindungen. Bereits Mitte des 18. Jahrhunderts hatten Mineralogen in Uranerzen ein neues Mineral isoliert, das sie aufgrund seiner roten Färbung Krokoit oder auch rotes Blei tauften. Der Name Krokoit geht auf das griechische Wort *krokos* (safranfarben) zurück. 1766 untersuchte der preußische Bergwerkdirektor Johann G. Lehmann eine solche Probe, die er von einer Exkursion aus Sibirien mitgebracht hatte. Er konnte allerdings nur Blei nachweisen. Erst mehr als drei Jahrzehnte später entdeckte schließlich Louis–Nicholas Vauquelin 1797 Chromoxid in den Krokoitproben und im darauffolgenden Jahr auch das Element selbst durch Reduktion von Krokoit mit Tierkohle. 1854 erhielt Bunsen das reine Metall mittels Elektrolyse aus einer Chromchloridlösung. Größere Bedeutung erlangte Chrom um die Jahrhundertwende, nachdem Goldschmidt ein Verfahren entwickelt hatte, das sich zur großtechnischen Herstellung eignete. Der Siegeszug des Chroms begann später mit der Erfindung der rostfreien Edelstähle, die bis zu 20%[1] Chrom enthalten können. Der Physiker Benno Strauss und der Metallurge Edoard Maurer entdeckten im Jahre 1912 die rostfreien austenitischen Edelstähle in den Forschungslaboratorien der Firma Krupp in Essen. Aber auch reines Chrom hat seinen Charme. Denn mal ehrlich: Wo wäre heute so mancher Rockerclub oder Autonarr ohne dieses harte und blauschimmernde Metall?

---

[1]Legierungsgehalte werden bei Metallen üblicherweise in Gewichtsprozent angegeben.

Ein weiterer Kandidat aus dem Clan der *farbigen* Metalle ist das 1803 von Wollaston entdeckte Rhodium. Es ist das seltenste aller natürlich vorkommenden Metalle. Weltweit werden nur etwa drei Tonnen jährlich für katalytische Verwendungen gefördert. Es erhielt seinen Namen von dem griechischen *rhodeos* für rosenfarbig, bzw. *rhodon* für Rose, da wässrige Lösungen von Rhodiumsalzen häufig rosafarben sind. Das 1861 von Crookes entdeckte Thallium wurde nach dem griechischen Wort *thallos* für grüner Zweig benannt, da es eine grüne Linie in seinem Spektrum aufweist. Während Thallium früher für so charmante Aufgaben wie Rattenvergiftung und Haarentfernung eingesetzt wurde, ist es heute wegen seiner Giftigkeit aus den meisten Anwendungen verbannt.

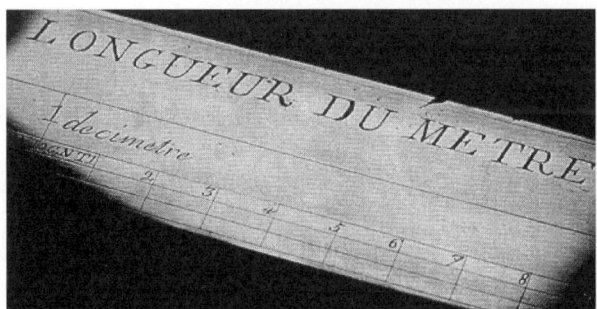 

Bild 2.4: Das Urmeter und das Urkilogramm aus Platin mit 10% Iridium.

Iridium erhielt seinen Namen nach dem griechischen Wort *irideios* für irisierend oder regenbogenfarbig. Zahlreiche seiner Verbindungen, insbesondere die Salze, sind in der Tat sehr bunt. Smithon Tennant entdeckte das Metall 1803 als Begleitelement in Platin. Iridium ist das korrosionsbeständigste aller Metalle. Nicht zuletzt aus diesem Grunde ist der in Paris als Einheitsmaß lagernde Standardmeterbarren, das sogenannte Urmeter, aus einer Legierung von 90% Platin und 10% Iridium gefertigt. Auch der Prototyp des Standard–Kilogramms besteht aus diesem Material.

Bei seiner Suche nach einer preiswerteren Alternative zum Urmeter aus Platin und Iridium machte der Physiker Charles Edouard Guillaume übrigens schon vor über 100 Jahren eine aufregende Entdeckung. Er fand heraus, daß eine ferromagnetische[2] Legierung aus 65% Eisen und 35% Nickel fast keine thermische Ausdehnung aufweist. Die meisten Metalle dehnen sich immerhin um etwa einen Zentimeter pro laufenden Meter zwischen Raumtemperatur und ihrem Schmelzpunkt aus. Da das Volumen seines neuen Materials bei Tempe-

---

[2]Ferromagnetismus ist eine Erscheinung, bei der eine Probe durch die weitgehende Parallelausrichtung seiner Elementarmagnete nach außen ein spontanes magnetisches Feld aufweisen kann.

raturänderung nahezu gleich blieb, nannte Guillaume die Legierung *Invar*. Für seine Entdeckung erhielt er 1920 den Nobelpreis. Invar erlangte rasch große Bedeutung für technische Bauteile, bei denen es auf Maßhaltigkeit bei starken Temperaturschwankungen ankommt, etwa bei astronomischen und seismografischen Apparaten. Heute ist Invar ein wichtiges Material für Tanks von Flüssiggasschiffen, Chip–Basisplatten, Lasergehäuse, Bi–Metalle und Schattenmasken von Fernsehröhren. Allein der hohe Preis der Hauptlegierungselemente Nickel und Kobalt hemmt die noch breitere technische Verwendung.

Bild 2.5: Tankinnenraum aus Invar zum Transport verflüssigter Gase.

2.3   Home sweet home

Viele Forscher verewigten ihre wissenschaftliche Wirkungsstätte im Namen des von ihnen entdeckten Metalls. Zu dieser Familie der *Städter* gehört eine Reihe weniger bekannter Metalle wie Berkelium, Strontium, Dubnium, Holmium, Lutetium, Hafnium, Yttrium, Terbium, Erbium und Ytterbium.

Der Name Berkelium erinnert an die US–amerikanische Universitätsstadt Berkeley, wo das Element 1949 von Thompson entdeckt wurde. Die Stadt Berkeley selbst wurde übrigens nach dem englischen Theologen Thomas Berkeley benannt, dem allerdings keine Beziehung zur Werkstoffwissenschaft nachzuweisen ist. Berkelium fällt in Mengen von nur wenigen Gramm jährlich überwiegend in Atomreaktoren an.

Strontium erhielt seinen Namen von der schottischen Kleinstadt Strontian, wo erstmals Strontiumerz gefunden wurde. Das Metall, das 1790 von Crawford in Edinburgh entdeckt wurde, hat eine sehr unterhaltsame, aber auch eine sehr schaurige Seite: Zum einen wird Strontium als Salz oft und reichlich in Feuerwerksraketen verfüllt, um zum Neujahr mit leuchtend roter Farbe zu verglühen. Auf der anderen Seite ist das beim atomaren Fallout und bei Atomkraftwerksunfällen auftretende radioaktive Isotop Strontium–90 besonders heimtückisch, da es sich im menschlichen Körper ansammelt, und zwar besonders in den Knochen kleiner Kinder.

Das Metall Dubnium wurde nach dem russischen Kernforschungszentrum Dubna benannt, wo es im Jahre 1970 entdeckt wurde. Es handelt sich um ein sehr instabiles Kunstprodukt, von dem bisher nur wenige Atome das Licht der Welt erblickten. Das 1878 entdeckte Holmium leitet sich von *Holmia*, dem lateinischen Namen Stockholms, ab. Diese Wahl wurde von dem schwedischen Entdecker des Metalls von Cleve getroffen, der gleichzeitig mit und unabhängig von den Schweizern Delafontaine und Soret das Metall isolieren konnte. Die wenigen Anwendungen von Holmium liegen überwiegend in der Herstellung von Magnetwerkstoffen.

Wer die Abenteuer von Asterix und Obelix kennt, errät natürlich sofort, daß der Name des Elements Lutetium sich von *Lutetia* ableitet, dem römischen Namen von Paris. Im Jahre 1878 hatte Marignac in dem Erz Erbia eine Substanz entdeckt, die er Ytterbia nannte. 1907 zeigten Urbain, von Welsbach und James, daß dieses Material aus zwei unterschiedlichen Oxiden bestand. Urbain taufte diese Oxide Neoytterbia und Lutecia und die neuen Elemente darin Ytterbium und Lutetium. Von Welsbach nannte die Elemente hingegen Aldebaranium und Cassiopeium. Die Namen von Urbain haben sich später durchgesetzt.

Der Name Hafnium stammt von *Hafnia*, dem lateinischen Namen der dänischen Hauptstadt Kopenhagen, wo das Element 1923 von dem Ungarn von Hevesy und dem Niederländer Coster entdeckt wurde. Der Däne Bohr hatte die Existenz von Hafnium vorhergesagt. Yttrium erhielt seinen Namen von der schwedischen Stadt Ytterby, ebendso wie auch die Metalle Terbium, Erbium und Ytterbium. Ytterby ist Spitzenreiter bei der Namenspatenschaft von Metallen, da hier einige der äußerst seltenen Erze, aus denen diese Metall gewonnen werden, erstmals gefunden wurden. Yttrium wurde 1794 von dem Finnen Gadolin aus Ytterby in dem nach ihm benannten Erz Gadolinit entdeckt. Wöhler isolierte es 1828 in unreiner Form durch Reduktion seines Chlorids. Es wird in Fernsehschirmen zur Erzeugung der roten Farbe verwendet. Einen besonderen Popularitätsschub erhielt es 1980 als einer der Hauptdarsteller in den ersten Hochtemperatursupraleitern aus Yttrium–Barium–Kupferoxid. Solche Substanzen sind bei der bis dahin unerreicht hohen Temperatur von 77 Kelvin ($-196\,°C$) noch supraleitend, das heißt, sie transportieren elektrischen Strom ohne Widerstand. Gadolinium ist das einzigste der 81 stabilen chemischen Elemente, das nach einem Menschen benannt wurde.

2.4 Regionalpatrioten

In der Gruppe der *Regionalpatrioten* finden sich verschiedene Metalle, die den Namen einer bestimmten geographischen Region tragen. Dazu gehören etwa Scandium, Thulium, Rhenium und Californium. Aber auch Magnesium, Mangan und Kupfer lassen sich hier einordnen.

Das Metall Scandium wurde nach Skandinavien benannt. Der schwedische Chemiker Lars Fredrik Nilson entdeckte 1879 dieses Element. Vermutlich wählte er den Namen daher nach dem lateinischen Wort *scandia* zu Ehren seiner Heimat. Scandium wurde zunächst deshalb bekannt, weil man in 120 Jahren Forschung kaum eine technische Verwendungen für dieses Material hatte finden können. Seit einigen Jahren hat sich dies geändert. Insbesondere angetrieben durch jetzt bekannt gewordene russische Militärforschungen aus der Zeit des kalten Krieges werden gegenwärtig einst hochgeheime russische Aluminium–Scandium–Legierungen für Anwendungen in der Luft- und Raumfahrt sowie für Hochleistungs–Sportgeräte untersucht. In der zivilen Industrie sind einige der neuen leichten Rennradrahmen, die jüngst auf den Messen erschienen, aus solchen Werkstoffen hergestellt. Scandium wird dem Aluminium dabei nur in geringen Mengen von bis zu 2% beigemischt. Seine Aufgabe besteht darin, das Gefüge des Aluminiums zu verfeinern und Grobkornbildung als mögliche Schwachstelle im Material zu unterbinden. Die Scandium–Beimischungen erhöhen die Festigkeit des Aluminiums um etwa 10%. Scandium ist ein sehr seltenes Metall. Das ergiebigste Vorkommen liegt in der Ukraine. Nur 100 Gramm Scandium sind dort in einer Tonne Erde enthalten. Der Gesamtvorrat wird auf 740.000 Tonnen geschätzt.

Das 1879 von Cleve entdeckte sehr weiche Schwermetall Thulium erhielt seinen Namen von *Thule*, der alten Bezeichnung Skandinaviens. Interessanterweise wurde als zweiter Buchstabe des chemischen Symbols Tm das *m* gewählt, das im Lateinischen zur Endung gehört und daher für die Bedeutung unwichtig ist, während die eigentlich logischere Kombination Tu frei ist. Das Symbol Th war bereits durch das Thorium belegt.

Das Metall Rhenium ist nach dem lateinischen Namen *rhenus* für den Fluß Rhein benannt. Es wurde 1925 gleichzeitig von Tacke, Berg und dem Wissenschaftlerpaar Noddack sowohl in Platinerzen als auch im Tantal- und Nioberz Columbit entdeckt. Das seltene Element wird im Schmelzpunkt nur von

Wolfram übertroffen. Das Isotop Rhenium 220 entsteht als Zerfallsprodukt des natürlich auftretenden Isotops Thorium 232. Früher wurde Rhenium daher auch als Thoron bezeichnet. Industriell findet Rhenium für Katalysezwecke und in Raketenantriebssystemen Verwendung. In einem Forschungsprogramm der NASA werden Rheniumlegierungen mit Iridiumbeschichtungen für den Einsatz bei Temperaturen bis zu 2200 °C entwickelt. Der Name des Metalls Kalifornium erinnert ganz offensichtlich an den amerikanischen Bundesstaat, wo es 1950 von Thompson, Street, Ghiorso und Seaborg entdeckt wurde.

Auch die Metalle Magnesium und Mangan gehören zur Familie der Regionalpatrioten. Bereits 1755 beschrieb der schottische Chemiker Joseph Black erstmals Magnesiumsalze. Die Reindarstellung der Elemente gelang aber erst dem Engländer Davy 1808. Die noch stark verunreinigte metallische Form nannte er zunächst Magnium. Erst später erhielt das Element seinen heute gültigen Namen, um eventuellen Verwechslungen mit Mangan vorzubeugen. Namenspatron war das Magnesiumerz Magnesit. Dieses erhielt seinen Namen wiederum von der Region Magnesia in Tessalien, Griechenland. In Form von Dolomit, einem Calcium– und Magnesiumcarbonat, kommt Magnesium allerorten in Gebirgszügen vor. Aber auch weniger erfreuliche Magnesiummineralien, wie etwa das Magnesiumsilikat Asbest, haben ihren Platz in unserer Technikgeschichte. Die größte Rohstoffkammer für Magnesium sind übrigens unsere Weltmeere – immerhin befinden sich in nur einem Kubikmeter Meereswasser im Durchschnitt 1,27 Kilogramm Magnesium.

Mangan erhielt seinen Namen, genau wie das Magnesium, nach dem lateinischen Namen des Manganoxids *magnesia nigra* (schwarzes Magnesia). Dieses Mineral wird ebenfalls bei Magnesia in Griechenland gefunden. Mangan erlangte besondere Bekanntheit durch sein Vorkommen in sogenannten Manganknollen. Dies sind metallreiche Erzvorkommen, die sich am Meeresboden gebildet haben. Die kleinen kartoffelähnlichen Brocken mit einem Durchmesser von maximal 10 Zentimetern sind mittlerweile in vielen Ozeanen entdeckt worden. Die Knollen sind nicht nur reich an Mangan, sondern weisen auch hohe Gehalte der noch teureren Metalle Kobalt und Nickel auf.

Die Entstehung der 1803 erstmals von Forschern beschriebenen Manganknollen ist noch nicht eindeutig geklärt. Nach der gängigen Theorie lagern sich die im Wasser gelösten Mineralien mit der Zeit um einen Keim ab. Dieser kann zum Beispiel ein winziger Felsbrocken sein. Die Forscher gingen zunächst davon aus, daß Manganknollen Millionen Jahre zur Entstehung benötigen. Jüngst entdeckte Teile von Bierdosen in solchen Knollen lassen jedoch offensichtlich auf einen kürzeren Bildungszeitraum schließen. Quadratkilometer große Manganknollenfelder sind kürzlich in 5000 Meter Tiefe vor der Küste Perus entdeckt worden. Viel haben sich Forscher bisher einfallen lassen, um diese Vorkommen auszubeuten. Aber weder Schleppkörbe, die von Schiffen aus über den Meeresboden gezogen und dann nach oben gehievt werden, noch mit Staubsaugern bewaffnete Roboter, die die Manganknollen einsammeln und dann über ein Rohrleitungssystem an Bord der Spezialschiffe pumpen, konnten kostendeckend arbeiten. Zu gering sind zur Zeit noch die Weltmarktpreise und zu groß der technische Aufwand.

Bild 2.6: Bronzezeitlicher Sonnenwagen aus Kupfer und Gold aus Trundolm, Dänemark (links); Tributbringer mit Kupferbarren auf dem Weg zum Pharao (rechts).

Kupfer ist seit Alters her eines der wichtigsten technischen Metalle des Menschen. Es ist mindestens seit 6000 v. Chr. in Benutzung und vermutlich das älteste Gebrauchsmetall der Menschheit. Immerhin ist die Bronzezeit nach einer Legierung des Kupfers benannt. Möglicherweise ist es das erste Metall, das durch einen metallurgischen Prozeß, und zwar durch die Reduktion von Malachiterzen, gewonnen wurde. Man nimmt an, daß diese Techniken im heutigen Anatolien und Persien entwickelt wurden.

Kupfer leitet sich vom lateinischen Namen *cuprum* für die Insel Zypern ab. Dort wurde bereits in der Antike in großem Umfang Kupfererz abgebaut, verhüttet und in die gesamte antike Welt verschifft. Kupfer- und Bronzebarren, die in einigen der damals gesunkenen Handelsschiffe gefunden wurden, lassen heute bisweilen noch eine Bestimmung des ursprünglichen Abbauortes zu. Kupfer ist, ähnlich wie Eisen, stets ein sehr ökologisches Material gewesen. Von Beginn an wurden Kupfer und seine Legierungen wieder dem Bearbeitungsprozeß zugeführt, d.h. bei Bedarf erneut eingeschmolzen. Heute liegt der Anteil des in den Wertstoffkreislauf zurückgeführten Altmetalls bei etwa 45% der globalen Jahresproduktion.

Viele Erfindungen der Menschheit basieren auf Kupfer und seinen Legierungen, vom Kupferstich Albrecht Dürers bis hin zum Fernsehapparat. Auch moderne Kommunikation wie Telefon, E–mail oder Fax wären ohne Kupfer kaum möglich. Elektrotechnik und Elektronik benötigen Leitungen aus Kupfer, die für den Transfer von Energie und Daten sorgen. In der Mikrochip–Herstellung

Bild 2.7: Blick in die größte Kupfermine der Welt in Chile.

wird Kupfer zunehmend dem Aluminium vorgezogen, da es eine höhere elektrische Leitfähigkeit besitzt. Damit steigen nicht nur die Schaltgeschwindigkeiten, sondern es ergibt sich auch eine Absenkung des Energieverbrauchs und der Jouleschen Erwärmung aktiver Bauelemente. Folgen des Kupfereinsatzes sind höhere Integration und schnellere Prozessoren. Kupfer gilt als die Muse unter den Metallen. Die Astrologen verglichen Kupfer mit dem Planeten Venus. Entsprechend verbindet der abergläubische Mensch die Venuskraft des Kupfers mit den eher musischen Bereichen Kunst und Musik.

Bild 2.8: Ägyptisches Leitungsrohr aus Kupfer, in Stein verlegt (2500 v. Chr.).

Auch aus biologischer Sicht hat Kupfer eine große Bedeutung. Es ist beispielsweise im blauen Blut der Tintenfische, Schnecken und Spinnen enthalten. Die blaue Farbe kommt daher, daß das Kupferatom als Baustein des Hämocyanins in diesen Blutsorten für den Sauerstofftransport im Körper sorgt, ganz analog zum Hämoglobin mit seinem Eisenatom, welches diese Aufgabe bei Säugetieren übernimmt.

2.5   Die Landesliste

Zahlreiche Metalle wurden nach Ländern benannt, so etwa Polonium, Francium, Ruthenium, Gallium und Germanium[3]. Auch Silber gehört mit Einschränkungen in diese Rubrik. Einige andere Metalle wurden sogar in kontinentalen Rang erhoben, so beispielsweise Europium und Americium.

Polonium heißt nach *Polonia*, dem lateinischen Namen Polens. Das Element wurde 1898 von dem polnisch–französischen Wissenschaftlerpaar Pierre Curie und Marie Sklodowska–Curie entdeckt. Es war das erste radioaktive Element, das durch radiochemische Analyse gefunden wurde.

Francium wurde nach Frankreich benannt. Das 1939 von der französischen Wissenschaftlerin Marguerite Perey entdeckte Element wurde gelegentlich auch als Actinium–K bezeichnet. Es ist in diesem Zusammenhang bemerkenswert, daß nur in Frankreich Wissenschaftlerinnen zur Entdeckung von Metallen in einer ansonsten von Männern dominierten Disziplin maßgeblich beigetragen haben. Ruthenium wurde nach dem lateinischen Namen *Ruthenia* für Rußland benannt. Es wurde bereits 1808 von Snaidecki gefunden und wieder vergessen. Im Jahre 1828 wurde es dann von Osann in Rußland wiederentdeckt. Ruthenium ist eines der seltensten Metalle auf der Erde und kommt genau wie Gold in gediegener, also reiner Form in der Natur vor. Technisch dient es vor allem zur Härtung von Platin– und Palladiumlegierungen.

Der Name Gallium entstammt der lateinischen Bezeichnung *Gallia* (Frankreich). Das Element wurde von Mendelejew vorhergesagt und 1875 von dem Franzosen Lecoq de Boisbaudran entdeckt. Nach Meinung von Sven Silow könnte Lecoq sich auch selbst verewigt haben, denn *Le coq* ist das französische Wort für *Hahn*, ins Lateinische übersetzt *gallus*. Das niedrigschmelzende Gallium (Schmelzpunkt $29,8\,°C$) ist in reiner Form metallisch, dient heute aber vor allem der Herstellung von Halbleitern auf der Basis von Galliumarsenid. Das Halbmetall Germanium trägt den lateinischen Namen von Deutschland. Es wurde 1885 in Freiberg von Winkler entdeckt, und zwar in Form eines Germanium–Silbersulfids. Mendelejew hatte es nach seinem Periodensystem vorhergesagt, mit Eigenschaften, die denen des Siliciums ähneln sollten.

---

[3]Festes Germanium ist eher den Halbleitern als den Metallen zuzuordnen.

Silber ist den Menschen vermutlich seit mehr als 5000 Jahren bekannt. Es ist das einzige Element in dieser Namensfamilie, welches einem Land den Namen gab und nicht umgekehrt. Der lateinische Name für Silber ist nämlich *argentum*, wovon sich Argentinien ableitet. Der Name Silber beziehungsweise *silver* im Englischen leitet sich vom angelsächsischen Wort *seolfur* ab. Während Gold das Symbol der Sonne ist, steht Silber seit den Zeiten der Alchimisten im Zeichen des Mondes. Reines Silber ist in der Natur sehr selten.

Bild 2.9: Thrakischer Silberhelm aus dem Jahre 400 v. Chr.; rechts: Detail

Silbererzbergbau ist schon von den frühen minoischen, mykenischen und anatolischen Kulturen Kleinasiens belegt. Auch die Griechen betrieben ihn bereits zu mykenischer Zeit. Besonders nach dem Niedergang der minoischen Kultur auf Kreta um 1600 v.Chr. und der mykenischen Kultur um 1200 v. Chr. wurde Laurium in der Nähe von Athen das Hauptproduktionszentrum für Silber. Die Förderquote betrug dort zur Blütezeit zwischen 300 und 600 v. Chr. immerhin etwa eine Million Trojanischer Unzen pro Jahr. Die ab etwa 650 v. Chr. aus Lydien kommend in Griechenland eingeführte Münze ließ die Nachfrage nach Silber als Währungsgrundlage stetig ansteigen. Neben der Nutzung der eigenen Silbererzvorkommen wurde das Silber aus Sizilien, Sardinien und auch aus Spanien nach Griechenland importiert, wo Bergleute bereits seit 1000 v. Chr. Silbererze abzubauen gelernt hatten. Auch aus dem Kupferland Zypern, in dem man Kupfermünzen mit einem Silberkern herstellte, wurde Silber eingeführt.

Besonders verschwenderisch gingen Münzen wie das Silbertalent mit einem Gewicht von immerhin 3,7 kg mit den Silbervorräten um. Die Silberdrachme mit einem Gewicht von nur 6,2 g nahm sich als gebräuchlichste griechische Münze daneben recht bescheiden aus.

Bild 2.10: Mittelalterlicher Silberbrenner. Er überwachte für den Fürsten das Ausschmelzen des Silbererzes, untersuchte das Feinsilber und legte den Wert fest. Er achtete darauf, daß niemand zum Schaden des Landesherren heimlich Silber ausschmolz.

In der Nachfolge der Griechen wurde Spanien für die folgenden tausend Jahre erst unter den Karthagern und später unter den Römern bis um 476 n. Chr. das Hauptfördergebiet für Silber. Im Mittelalter wurden ab etwa 750 n. Chr. zentraleuropäische Förderstätten im Harz und im Erzgebirge bedeutsam. Ein starker Anstieg deutlich über die bereits zu antiken Zeiten geförderten Silbermengen fand erst um die erste Jahrtausendwende statt.

Das 1901 von Demarcay entdeckte Europium erhielt seinen Namen vom alten Kontinent und somit auch von der sagenhaften Königstochter Europa, die von Zeus entführt worden war und ihrerseits unserem Kontinent den Namen gab. Einer solchen Namenstaufe durften die Amerikaner natürlich nicht nachstehen und benannten das Metall Americium nach ihrem heimischen Kontinent. Americium wurde 1944 von dem US–amerikanischen Wissenschaftler Glenn Seaborg entdeckt.

2.6 Götterdämmerung

Auch diverse griechische Gottheiten und ähnliche Sagenakteure verhalfen man-
chem Element zu seinem Namen, zum Beispiel dem Titan, Vanadium, Thorium,
Selen, Tellur, Cer, Palladium, Promethium und Gold. Auch die Metalle Tantal und Niob lassen sich in weiterem Sinne hier einordnen, denn sie tragen die
Namen von Helden, die sich mit den Göttern angelegt (und den kürzeren gezogen) haben. Einige radioaktive Metalle erbten indirekt ebenfalls Götternamen,
allerdings auf dem Umweg über die Namen von Planeten oder Planetoiden, so
etwa Uran, Plutonium und Neptunium.

Bild 2.11: Zwei Ansichten von Frank O. Gehrys Guggenheim–Museum (Eröffnung
1997). Das Gebäude steht in Bilbao und hat eine Verkleidung aus Titan.

Das Metall Titan wurde nach den Titanen benannt, unter denen Hyperion,
Iapetos, Okeanos, Koios, Krios, Rhea und Kronos die vielleicht bekanntesten
sind. Die Titanen sind in der griechischen Mythologie die sechs Söhne und
sechs Töchter aus der Verbindung der Urmutter Gaja und des Urvaters Uranos
(griech.: Erde und Himmel). Für einen so urgewaltigen Bezug also entschied
sich im Jahre 1795 der Berliner Chemiker Klaproth bei der Taufe des neuen
Metalls Titan. Möglicherweise wurde er dazu durch die hohe Festigkeit, Härte
und geringe Dichte des neu entdeckten Elements verleitet.

Das Metall Vanadium wurde nach Vanadis benannt, der nordischen Chef-
göttin. Entdeckt wurde es von dem schwedischen Chemiker Sefström. Im Jahr
1801 hatte der Mexikaner del Rio den Stoff bereits in einem Erz aus Zimapan
gefunden und auf den Namen Erythronium getauft. Später widerrief er seine

Bild 2.12: Der Rumpf der russischen Atomunterseeboote der OSCAR II Klasse ist aus einer Titanlegierung gefertigt. Auch die im August 2000 vor Murmansk gesunkene 18.000 Tonnen schwere und 155 Meter lange *Kursk* gehörte dieser Klasse an.

eigene Entdeckung jedoch. Er dachte bei seiner zweiten Analyse fälschlicherweise, daß es sich bei dem Material nur um eine Abart des zu dieser Zeit bereits bekannten Chroms handelte. Wöhler hatte 1830 jedoch in einer neuen Analyse Vanadinit isoliert und geschlußfolgert, daß das neue Element identisch mit Sefströms Vanadium sei. Er konnte seine Entdeckung aber nicht mehr publizieren, da er zuvor an einer Vergiftung durch Flußsäuredampf verstarb. Metallisches Vanadium wurde erst 1867 von Enfield Roscoe reduziert.

Das radioaktive Metall Thorium wurde nach dem nordischen Kriegsgott Thor benannt. Berzelius hat das Element 1828 entdeckt. Passend zu seinem Namen erwies sich Thorium später tatsächlich als wahrer *Kraftprotz*. Als Brennstoff in Atomkraftwerken verwendet, übertreffen die derzeit vorhandenen Thoriumvorräte die Energiereserven aller weltweit bekannten fossilen und Uranbrennstoffvorräte. Die meisten technischen Projekte zur Nutzung dieser enormen Energie ruhen allerdings zur Zeit aufgrund technischer Probleme beim Betrieb dieser Art von Reaktoren. Die 27 bekannten Isotope des Thoriums mit Atommassen zwischen 212 und 237 sind alle instabil. Das natürlich auftretende Thorium 232 hat eine Halbwertszeit von immerhin mehr als 10^{10} Jahren. Dies entspricht, wie auch bei den natürlich auftretenden Isotopen Uran 238 und Uran 235, ungefähr dem Alter der Elemente selbst. In anderen Worten bestehen diese radioaktiven Atome bereits seit Entstehung des Universums.

Das Halbmetall Selen erhielt seinen Namen von der griechischen Mondgöttin Selene, die später auch auf den römischen Namen Luna hörte. Wie Helios fuhr sie in einem Wagen über den Himmel, allerdings wurde ihrer nur von zwei Pferden gezogen. Das Element Selen wurde zuerst zusammen mit dem Halbmetall Tellur entdeckt und erhielt erst danach seinen eigenen Namen. Der Name des Tellurs leitet sich vom lateinischen Wort *tellus* für Erde ab. Die römische Göttin für die Erde und die Fruchtbarkeit trägt ebenfalls diesen Namen. Cer wurde 1803 von Berzelius und Hisinger nach der römischen Fruchtbarkeitsgöttin Ceres benannt. Obwohl Cer ein sehr häufiges Element ist und beinahe so oft vorkommt wie Zink, wird es technisch nur wenig, zumeist als Legierungselement in Gläsern und Metallen, eingesetzt. Reines Cer reagiert stark mit Wasser und ist sehr korrosionsanfällig.

Palladium wurde nach Pallas benannt, einem Beinamen der Göttin Athene, die sich in der griechischen Mythologie besondere Verdienste als persönliche Beschützerin des Troja–Helden und Seefahrers Odysseus erworben hat. Gleichzeitig ist Pallas auch der Name eines großen Asteroiden, eines sogenannten Planetoiden. Das Metall wurde 1803 von Wollaston entdeckt. Das silberglänzende Palladium ist sehr korrosionsbeständig und wird als Katalysatormaterial in der chemischen Industrie verwendet.

Der Name des Metalls Promethium erinnert an den Titanensohn Prometheus aus der griechischen Mythologie. Nachdem die Götter die Schöpfung erfolgreich bewältigt hatten, fiel ihnen auf, daß es noch an einem Geschöpf fehlte, dessen Leib so beschaffen war, daß der Geist in ihn einziehen und von ihm die Erdenwelt beherrscht werden konnte. Da betrat Prometheus die Erde. Er war ein Sprößling des alten Göttergeschlechtes der Titanen, vermutlich der Sohn des Titanen Iapetos und der Nymphe Klymene. Seine Brüder hießen Epimetheus, Atlas und Menoitios. Im Krieg der olympischen Herrscher gegen die Titanen verbündete er sich mit Zeus und wurde bei der Geburt der Athene aus dem Haupte des Zeus zum Geburtshelfer. Aus Dankbarkeit lehrte ihn die Göttin alle nützlichen Künste. Damit war Prometheus zum Kulturbringer prädestiniert und nahm sich alsbald der Erfindung des Menschen mit reichlich Modellierkunst an. Er formte sie als Ebenbild der Götter. Um seine Tonfiguren zu beleben, entlehnte er von den Tierseelen gute und böse Eigenschaften und schloß sie in die Brust des Menschen ein. Athene, die Göttin der Weisheit, blies diesem halbbeseelten Golem schließlich den Geist ein. So entstanden die ersten Menschen und füllten bald die Erde. Nach einer Weile der Beobachtung der zunächst ziellosen Aktivitäten seiner Schöpfung lehrte Prometheus den Men-

Bild 2.13: Der von Hephaistos an die Klippen geschmiedete Prometheus.

schen schließlich die Künste der Astronomie, der Mathematik, der Schrift sowie andere brauchbare Fertigkeiten. Ferner leitete er sie unter die Erde und ließ sie sozusagen als erster Wegbereiter der Metallforschung Eisen, Silber und Gold entdecken. Im Himmel herrschte nun aber seit kurzem Zeus, der seinen eigenen Vater Kronos entthront und das alte Göttergeschlecht der Titanen, von welchem ja auch Prometheus abstammte, entmachtet hatte. Die neue Götterdynastie wurde nun auf das soeben entstandene Menschenvolk aufmerksam. Nach dem gewonnenen Krieg zwischen den beiden Göttergeschlechtern versagte Zeus als der neue Chef im Olymp den Sterblichen als letzte wichtige Gabe das Feuer. Doch Prometheus nahm sich erneut der Menschen an. Mit einer Fackel aus einem Stengel des Riesenfenchels, die er an einem der Schlote des Schmiedes

Hephaistos entzündet hatte (siehe auch Seite 150), näherte er sich dem auf die Erde niederfahrenden Sonnenwagen und setzte ihn in Brand. Mit dieser Flamme brachte er den Menschen das Feuer. Prometheus wurde so zum Sinnbild der Herausforderung der Götter durch den Menschen und zum Symbol seiner technischen Fertigkeiten. Der weitere Verlauf des Streits ist hinlänglich bekannt: Zeus bestrafte Prometheus, indem er ihn von Hephaistos an einen Felsen im Kaukasus ketten ließ, wobei ihm ein Adler langsam die Leber auffraß. Erst Herakles konnte ihn später von seinen Leiden befreien.

Aber zurück zur Wissenschaft: Promethium ist ein künstliches Element, dessen Existenz man nach Spektralanalysen bereits 1926 vermutete. Damals schlug man zunächst die lateinischen Namen Illinium und Florentinum vor. Da Promethium beim Zerfall des Urans entsteht, wurde es erst im Verlauf der US–amerikanischen Atombombenforschung 1945 von Marinsky endgültig identifiziert und getauft.

Bild 2.14: Rekonstruktion eines Gemäldes von Polygnot zu den Leiden des Tantalos.

Tantal schließlich wurde nach dem Helden Tantalos benannt, der in der griechischen Mythologie Vater der Niobe ist. Tantal wurde 1802 entdeckt, Niob erst 1844. Beide Elemente kommen im Erz oft gemeinsam vor und sind chemisch schwierig zu trennen. Daher hat man auch lange Zeit angenommen, daß der metallische Bestandteil des in Amerika entdeckten Erzes Columbit nur ein einziges Element enthält, nämlich Columbium. Erst später wurde erkannt, daß es sich um zwei verschiedene Elemente handelte. Das Oxid Ta_2O_5 ist in Säuren unlöslich, kann also *seinen Durst nicht löschen*. Der Entdecker Ekeberg benannte das neue Metall also folgerichtig nach dem mythologischen Tantalos, der im Hades ein ganz ähnliches Problem hatte: Tantalos, immerhin ein Sohn des Zeus, herrschte zu Sipylos in Phrygien und genoß wie kaum ein Sterblicher die Gunst der olympischen Götter, so daß er sogar an ihrer Tafel speisen durfte. Der eitle Mann aber vermochte das überirdische Glück nicht zu tragen, und er begann, gegen die Götter zu freveln. Er verriet den Sterblichen die Geheimnisse der Himmlischen und stahl von ihrer Tafel Nektar und Ambrosia. Er versteckte sogar den goldenen Hund, den ein anderer zuvor aus dem Tempel des Zeus auf Kreta entwendet hatte. Als Zeus ihn zurückforderte, leugnete er unter Eid, ihn erhalten zu haben. Schließlich lud er im Übermut die Götter zu einem Gastmahl ein und ließ ihnen seinen eigenen Sohn Pelops schlachten und zurichten, um ihre Allwissenheit auf die Probe zu setzen. Nur Demeter verzehrte von dem gräßlichen Mahl ein Schulterblatt, die übrigen Götter aber merkten den Greuel, warfen die zerstückelten Glieder des Kindes in einen Kessel, und die Parze Klotho[4] zog den Knaben mit erneuter Schönheit hervor. Anstatt der verzehrten Schulter wurde eine elfenbeinerne eingesetzt. Nun war das Maß voll. Tantalos wurde von den Göttern in den Hades verstoßen. Hier wurde er von quälenden Leiden gepeinigt. Er stand in einem Teich, dessen Wasser ihm bis zum Kinn reichte, konnte seinen Durst jedoch nicht stillen. Wenn er sich bückte, um den Mund ans Wasser zu bringen, sank der Wasserspiegel. Gleichzeitig litt er peinigenden Hunger. Vom Ufer her hingen herrliche Früchte über ihm. Sooft er sich jedoch streckte, um an das Obst zu gelangen, wurde es von einem plötzlich aufkommenden Wind hinweggerissen. Zu dieser Pein gesellte sich dauernde Todesangst, denn ein großer Felsbrocken genau über ihm drohte ständig herabzustürzen. Das Metall Niob wurde dann später konsequenterweise nach Niobe, der Königin in Theben, benannt, da sie in der griechischen Mythologie die Tochter des Tantalos ist. Ihr erging es übrigens nicht viel besser als ihrem Vater. Niobe hatte sich gegenüber Leto ihres Kinderreichtums gerühmt. Apollon und Artemis, die Kinder Letos, töteten mit ihren Geschossen die sieben Söhne und sieben Töchter der Niobe und verwandelten sie selbst in Stein.

Gold kann ebenfalls in dieser Rubrik behandelt werden. Die lateinische Bezeichnung für Gold ist Aurum, was möglicherweise auf die römische Göttin der Morgenröte Aurora zurückgeht. Für die meisten alten Hochkulturen sowie auch unsere mittelalterlichen Alchimisten war das edle Metall das Symbol für die Sonne. Der germanische Name Gold stammt aus dem Angelsächsischen. Gold ist dem Menschen vermutlich seit vielen tausend Jahren als reines Metal bekannt. In den 5000 Jahre alten Königsgräbern der Stadt Ur im Irak und in den zum Teil ebenso alten Gräbern der ägyptischen Hochkultur dieser Zeit finden sich bereits einzigartige Kunstgegenstände aus kaltgetriebener Goldfolie sowie komplexe Legierungen auf der Basis von Gold.

Nimmt man die gesamte bis zum heutigen Tage geförderte Menge Goldes zusammen, so ergibt sich ein Würfel mit einer Kantenlänge von 18,3 Metern. Dies entspricht gerade dem Fundament des Eifelturms. Die erste bekannte Zahlungseinheit mit immerhin mehr als zwei Dritteln Goldanteil ist der bereits 1500

---

[4]Die drei Parzen (ursprünglich Moiren) sind in der griechisch–römischen Mythologie die Göttinnen der Geburt und des Schicksals. Sie spinnen die Lebensfäden der Menschen.

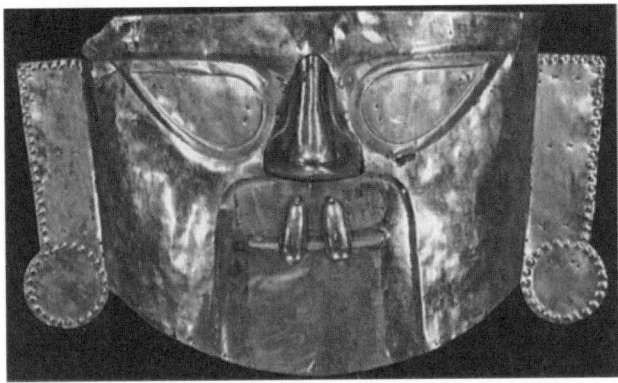

Bild 2.15: Altamerikanisches Gold: Chimu–Goldmaske (links); Inka–Statue (rechts).

Jahre v. Chr. eingeführte Gewichts–Shekel. Auch die Chinesen führten im Jahre 1091 v. Chr. die Goldmünze als alternatives Zahlungsmittel zur Seidenwährung ein. Dieses Metall, welches bereits von Hesiod und später Ovid mit den edelsten Eigenschaften des Menschen verglichen wurde, wird uns im Verlauf des Buches noch öfters begegnen.

Einige radioaktive Metalle erbten die Namen griechischer Götter auf dem Umweg über Planeten: Uran von Uranus, Neptunium von Neptun und Plutonium von Pluto. Uran wurde bereits 1789 von Martin Heinrich Klaproth benannt, die beiden anderen 1940 bzw. 1941 von US–amerikanischen Wissenschaftlern[5]. In einem Brief an die Berliner Akademie der Wissenschaften beschrieb Klaproth seine Entdeckung mit den Worten „...Der bis dahin als selbständig anerkannten metallischen Substanzen sind siebenzehn. Es geht aber der Zweck der gegenwärtigen Abhandlung dahin, diese Zahl mit einer neuen zu vermehren." Die neue Nummer achtzehn benannte Klaproth nach dem siebenten der großen Planeten, den der Astronom Herschel acht Jahre vorher entdeckt und nach dem Vater der Titanen benannt hatte. Der Chemiker Leonhardi schlug später vor, Uran nach seinem Entdecker in Klaprothium umzubenennen. Diese Idee hat sich allerdings bekanntermaßen nicht durchgesetzt.

Uran hatte zunächst eine geringe Bedeutung. Bis auf die Nutzung von Uranmineralen für die Farbenherstellung ab etwa 1825 und die Bedeutung radioaktiver Heilwässerchen für die touristische Entwicklung alter Bergbauorte wie Joachimsthal oder Oberschlema zu Kurorten blieben die Uranerze bis zur Nutzung von Radioaktivität und Kernspaltung für die Industrie unbedeutend.

---

[5] Tatsächlich hatte Klaproth 1789 zunächst eine Uran–Sauerstoff Verbindung und noch nicht reines Uran isoliert

Bild 2.16: Gold aus drei Kulturen: vermeintliche Maske des Agamemnon (links); Schliemann fand diese Maske in Mykene und nahm an, es handele sich um das Anlitz des sagenhaften Troja–Veteranen Agamemnon. Spätere Forschungen ergaben, daß das Bildnis lange vor dem Fall Trojas um etwa 1600–1500 v. Chr. entstand; sumerischer Goldhelm (Mitte); Goldamulett der Monte–Alban–Kultur aus Mexiko (rechts).

Kaum ein anderes Metall hat allerdings die größten Geister der Wissenschaft so beschäftigt wie das Uran. Bei seinen Experimenten an Uranpräparaten entdeckte der Physiker Henri Becquerel, daß diese Fotoplatten schwärzten. So kam man der Radioaktivität, dem natürlichen Zerfall von Atomen unter Aussendung verschiedener Strahlungsarten ($\alpha-$, $\beta-$ und $\gamma-$Strahlen), auf die Spur. Später folgte die experimentelle Entdeckung der Kernspaltung am Uran durch Otto Hahn und Fritz Straßmann und deren physikalische Erklärung durch Lise Meitner. Dem Bau des ersten Kernreaktors durch Enrico Fermi folgte dann, durch den zweiten Weltkrieg beschleunigt, der traurige Höhepunkt mit dem sogenannten *Manhattan–Projekt*. Dahinter verbarg sich die Entwicklung und der Abwurf der ersten Atombomben über Hiroshima und Nagasaki.

Anfang 1940 gelang McMillian und Abelson in Berkeley der Nachweis, daß es bei der Neutronenbestrahlung von Uran nicht nur zur Kernspaltung, sondern auch zur Erzeugung eines Transurans kommt. Das erste solchermaßen hergestellte künstliche Element war das Neptunium. Bei dessen Zerfall wiederum bildete sich das auf der Erde nicht natürlich vorkommende Plutonium.

Dem Uran verdanken wir übrigens auch den Siegeszug der Teflonpfanne (Teflon ist der Kurzname von Poly–Tetrafluorethylen). Lange vor dem oft angeführten ersten Triumph des Teflons in der Raumfahrt wurde das bereits in den dreißiger Jahren entdeckte Material im Manhattan–Projekt eingesetzt. Die Erbauer der Atombombe um Oppenheimer baten seinerzeit die amerikanischen Chemiekonzerne um Hilfe, da die für die Kernspaltung nötigen Uranverbindun-

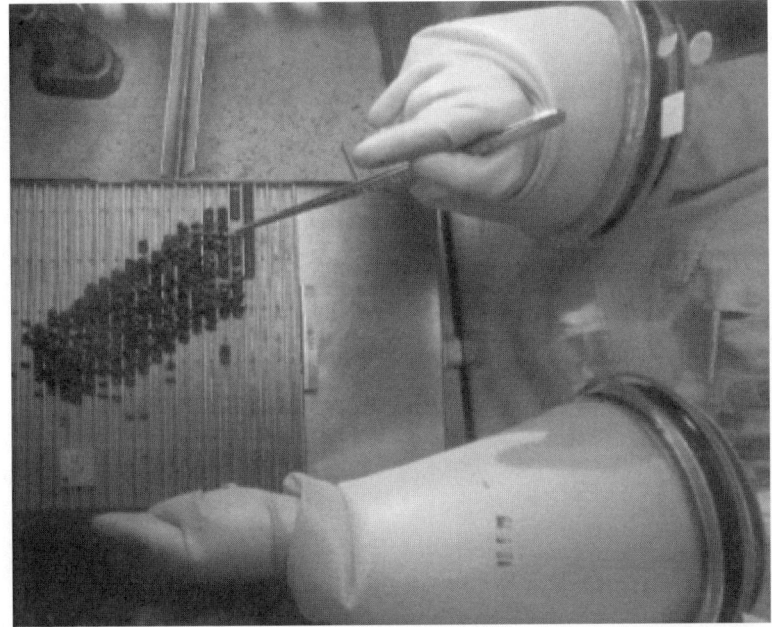

Bild 2.17: Der Umgang mit Plutonium erfordert eine ruhige Hand.

gen so korrosiv waren, daß sie alle bekannten Materialien schnell zerstörten. Bei der Firma DuPont erinnerte man sich des zuvor zufällig entdeckten Materials, und bald sorgte eine Teflonschicht für wirksamen Schutz der Uranbehälter.

2.7 Geisterbeschwörung

Auch bösartige Geister, finstere Kobolde und sonstige Dämonen haben ihren Anteil an der Namensgebung der Metalle, so etwa im Falle des Nickels und des Kobalts. Der Titel Geisterbeschwörung ist in diesem Zusammenhang gar nicht so abwegig. Immerhin war es bis zum Spätmittelalter für die Metallurgen absolut üblich, für das Gelingen eines Glockengusses (was bis heute ein sehr schwieriges Geschäft ist) oder für das erfolgreiche Härten eines Schwertes die Geister und entsprechende Gehilfen um Unterstützung anzurufen. Es war für die Wissenschaftler dieser Zeit vollkommen klar, daß das Mißlingen eines Auftrags nur auf das Wirken dunkler Kräfte zurückzuführen sein konnte und nicht etwa auf eigene Inkompetenz.

Beispielsweise geht die Benennung des 1735 von Brandt entdeckten Metalls Kobalt auf das Wort Kobold zurück. Diese kleinen, bisweilen recht umtriebigen Zeitgenossen wurden in der Frühzeit der Eisenverhüttung mitunter für Sabotageakte verantwortlich gemacht, die die Reduktion des Eisenerzes erschweren sollten. Später wurde geklärt, daß die Kobolde ganz unschuldig waren und vielmehr die Vermischung des Eisenerzes mit dem ähnlich aussehenden Kobalterz die Verhüttung erschwerte.

Bild 2.18: Prominente Beispiele für den Einsatz von Nickel–Legierungen: Innenauskleidung eines Kernfusionsreaktors (links); von der Firma Krupp Ende der 1920er Jahre gefertigte Spitze des Chrysler–Gebäudes in New York (rechts).

Auch das Nickel gehört in diese Kategorie. Es erhielt seinen Namen im erzgebirgischen Bergbau und Hüttenwesen. Nickel bedeutet soviel wie Berggeist, Bergwichtel oder Bergteufel. Nickel war früher als eigenständiges Metall noch nicht bekannt, kam aber oft in Erzen anderer Metalle vor. Mit dem Schimpfwort *Kupfernickel* belegten im Mittelalter sächsische Bergleute beispielsweise ein Mineral, das sie wegen seiner roten Farbe zunächst für ein Kupfererz hielten. Doch es wollte ihnen nicht gelingen, daraus Kupfer zu gewinnen, ergo mußte das Erz durch einen Bergnickel verzaubert worden sein. Heute wissen wir, daß es sich dabei lediglich um das Mineral Rotnickelkies (Nickelarsenid) handelte. Neben diesem Begriff entstanden für diese vermeintlich verhexten Kupfererze auch Wörter wie Kupferteufel, St.-Nicholaus-Kupfer oder Teufelskupfer.

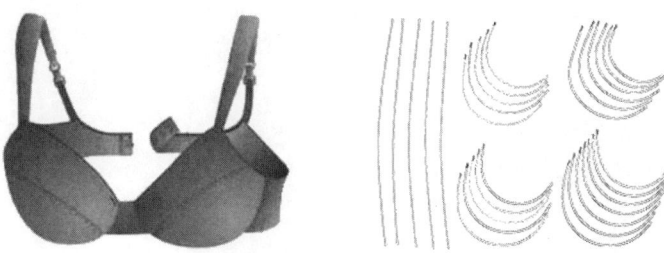

Bild 2.19: Drähte aus Formgedächtnislegierungen werden zur Herstellung von Büsten-haltern verwendet, die sich beim Waschen an ihre ursprüngliche Form *erinnern.*

Das 1751 von Cronstedt entdeckte Nickel ist heute für zahlreiche Gebrauchs–und Hochtechnologie–Werkstoffe von großer Bedeutung. Viele der deutschen Münzlegierungen haben hohe Nickelanteile, so etwa die bundesdeutschen Fünf-zigpfennig– und Markstücke (25%).

Die sogenannten VA–Stähle sind rostfreie Edelstähle mit Nickelgehalten von zumeist über 8%. Der hohe Nickelanteil im Eisen erhöht insbesondere dessen Beständigkeit gegenüber vielen Säuren und Laugen. Nickelhaltige Edelstähle werden daher häufig in Küchengeräten verarbeitet.

Legierungen auf der Basis von Nickel und Titan sind die zur Zeit wichtigsten Vertreter der sogenannten Formgedächtnis– oder Memorylegierungen. Ein ver-formtes Memorymetall–Bauteil nimmt nach Erwärmung bei einer bestimmten Temperatur seine ursprüngliche Form wieder an. Erklären läßt sich der tempe-raturabhängige Effekt durch ein schlagartiges Umklappen des Atomgitters in eine andere Kristallstruktur. Nach außen zeigt sich dieser Übergang in einer Änderung von Länge, Volumen oder elektrischem Widerstand.

Auch in der Luft– und Raumfahrtindustrie gibt es zahlreiche Beispiele für den Einsatz von Nickellegierungen. Die größte Bedeutung hat Nickel als Ba-sismetall in Legierungen mit Chrom, Kobalt, Molybdän und Titan für Tur-binenschaufeln in Strahltriebwerken, und zwar als hochtemperaturbeständi-ger Werkstoff in der Brennkammer und im Niederdruckbereich sowie bei den Landeklappen–Führungssystemen für Großflugzeuge. In der Europarakete Aria-ne 4 sind beispielsweise die Flüssigkeitstreibstofftanks, in der Ariane 5 auch die Triebwerksdüsen aus hochnickelhaltigen Legierungen.

Bild 2.20: Die europäische Trägerrakete Ariane 5 beim Start.

2.8 Die Stimme seines Herrn

In jüngerer Zeit gab man den Metallen zunehmend auch die Namen berühmter Wissenschaftler, so wie bei Curium, Gadolinium, Fermium, Mendelevium, Samarium, Einsteinium, Nobelium, Lawrencium, Rutherfordium, Bohrium und Meitnerium. Auch das Metall Samarium kann hier eingeordnet werden.

Das von Glenn Seaborg 1944 entdeckte Curium erhielt seinen Namen ganz offensichtlich zu Ehren des berühmten Forscherehepaares Pierre Curie und Marie Sklodowska–Curie. Im August 1898 entdeckte Marie Curie, daß das Element Thorium, wie auch das von Henri Becquerel als strahlend erkannte Metal Uran, radioaktiv ist. In Forschungsarbeiten mit ihrem Gatten Pierre gelang Marie Curie 1898 in Pechblende der Nachweis zweier neuer Elemente: Polonium und Radium. Den entscheidenden Hinweis lieferte die zu starke Radioaktivität der Pechblende gemessen an ihrem Urangehalt. Ein Jahr später wurde ein weiteres Element in der Uranpechblende entdeckt: Actinium.

Die Briefe und Tagebuchaufzeichnungen der Marie Sklodowska–Curie sind auch allgemein eine unterhaltsame Quelle zur Wissenschaft insbesondere der radioaktiven Metalle. Beispielsweise kommentiert sie die Entdeckung der Radioaktivität in ihrem Tagebuch gleichberechtigt neben den ersten Milchzähnen ihrer Tochter. Wie aus Briefen und Vortragsmanuskripten aber auch hervorgeht, hat sie die Gefährlichkeit radioaktiver Strahlung für lebende Organismen unterschätzt, ganz im Gegensatz zu Röntgen, der bereits vergleichsweise früh vor Gefahren hochfrequenter elektromagnetischer Strahlung warnte. Das 1880 von Galissard de Marignac entdeckte Gadolinium erbte den Namen von dem Mineralogen Johan Gadolin. Das seltene Metall ist übrigens eines der wenigen Elemente mit einem ferromagnetischen Zustand im Festen, ähnlich wie Eisen, Nickel, Kobalt, Dysprosium, Terbium und Curium.

Die anderen Namen bedürfen kaum einer Erläuterung, wie zum Beispiel Albert Einstein, Enrico Fermi, Dmitri Iwanowitsch Mendelejew, Alfred Nobel, Ernest Orlando Lawrence, Ernest Rutherford, Glenn Seaborg, Nils Bohr oder Lise Meitner. Samarium wurde zunächst einfach nach seinem Mineral Samarskit benannt, welches aber seinerseits auf den Namen des russischen Mineralogen Samarski zurückgeht.

2.9 Charakterdarsteller

Einige wichtige Metalle sind weder nach ihrem Entdecker noch nach einer bestimmten Region benannt worden, sondern haben sich ihren Namen sozusagen selbst zuzuschreiben. Dies sind all jene Metalle, die durch eine besonders hervorstechende Eigenschaft aufgefallen sind. Hier sind insbesondere Quecksilber, Beryllium, Zink, Zinn, Bismut, Technetium, Wolfram, Antimon, Osmium, Barium, Blei, Lanthan, Dysprosium, Astat, Radium, Actinium und Protactinium zu nennen. Einige weitere Metalle wurden zugegebenermaßen etwas phantasielos einfach nach einer ihrer Mineralien benannt, wie zum Beispiel Zirconium oder Cadmium. Aber auch hinter diesen Mineraliennamen stecken erzählenswerte Geschichten.

Quecksilber ist mindestens seit 1500 v. Chr. bekannt und wurde bisweilen als Beigabe in Gräbern aus dieser Zeit gefunden. Es zählt somit zu den sogenannten sieben *antiken* Metallen[6]. Der bekannte römische Chronist Plinius benannte bereits ein Verfahren zur Verbesserung der Reinheit des Quecksilbers. Er beschrieb einen Vorgang, bei dem das bei Raumtemperatur flüssige Metall durch Leder gedrückt und dabei gesäubert wird. Er erwähnte in seinen Aufzeichnungen auch schon die Giftigkeit der Substanz.

Quecksilber könnte seinen Namen vom Begriff *flinkes Silber* erhalten haben, was im Englischen *quick silver* heißt. Dies ist ähnlich dem lateinischen Namen *hydrargyrum*, was flüssiges Silber oder Wassersilber bedeutet. Das englische Wort *mercury* für Quecksilber leitet sich vom Planeten Merkur ab. Quecksilber ist eines der wenigen Metalle, die gediegen in der Natur vorkommen. Allerdings wird es in der Regel aus Erzen, wie etwa aus Livingstonit gewonnen.

Wichtige Anwendungen von Quecksilber liegen im Bereich der Edelmetallgewinnung, der Thermometerherstellung und der Amalgamverfüllung unserer Zähne. Für die Gewinnung von Gold und Silber war Quecksilber schon seit

---

[6]Zu den *antiken* Metallen zählen Eisen, Gold, Silber, Blei, Quecksilber, Kupfer und Zinn.

Alters her von großer Bedeutung, sowohl bei der Goldgewinnung für die Pharaonen als auch bei der Anhäufung unseres heimischen Nibelungenschatzes aus Rheingold. Quecksilber hat eine sehr hohe Löslichkeit für Silber und Gold. Den Vorgang der Lösung nennt man Amalgamierung und die entstehenden Legierungen Amalgame. Quecksilberamalgame wurden 1826 von Taveau in Paris entwickelt. Sie entstehen durch Vermischen von Metalllegierungen in Pulverform mit dem bei Raumtemperatur flüssigen Quecksilber. Konventionelle zahnmedizinische Amalgame enthalten 53% metallisches Quecksilber. Zusätzlich existieren verschiedene Formen verbesserter Amalgame mit unterschiedlichen Anteilen an Silber und Kupfer, die korrosionsbeständiger sind.

Quecksilber ist in zahlreichen Verbindungen und auch als Metall giftig. Besonders toxisch sind organische Quecksilberverbindungen. Ein berüchtigtes Beispiel einer Massenvergiftung mit solchen Chemikalien ist das Unglück von Minamata. Im Jahre 1953 erkrankten in Japan 121 Küstenbewohner an der Minamata–Bucht bei Tokyo an Lähmungen, Seh- und Hörstörungen. Diese Erkrankung, die unter dem Begriff Minamata–Krankheit in die Literatur einging, verlief bei einem Drittel der Patienten tödlich. Nachforschungen ergaben, daß unbrauchbar gewordenes Quecksilber aus einer Acetylenfabrik in einen Fluß abgelassen worden war, der in die Minamata–Bucht mündet. Dieses Quecksilber wurde mikrobiell in Methylquecksilber überführt, das schließlich jene Menschen erreichte, die sich von Fischen und Muscheln aus den Küstengewässern ernährten. Das Quecksilber wurde in der Nahrungskette der betroffenen Menschen so lange angereichert, bis eine toxisch wirkende Konzentration erreicht war. Bis Ende 1972 wurden nachweislich 292 Krankheitsfälle gezählt, davon 92 mit tödlichem Ausgang.

Beryllium erhielt seinen Namen von einem Beryllium–Aluminium–Silicat mit dem Namen Beryll, welches als Smaragd oder Amethysts bereits den alten Ägyptern bekannt war. Beryllium wurde im Jahr 1797 als Oxid von dem Französischen Chemiker Nicolas–Louis Vauquelin entdeckt. In seiner Publikation gab er der entdeckten Substanz, die zuvor einfach als Beryllerde bezeichnet worden war, den neuen Namen *glucinium* wegen des süßen Geschmacks des Oxids. Die lateinischen Wörter *glucinium* und *glucinum* stammen von den älteren griechischen Wörtern *glykys* oder *glycos* ab, welche süß bedeuten. In der Tat schmecken viele chemische Verbindungen mit Beryllium süß. Dazu muß man wissen, daß es in der Zunft der Mineralogen und Geologen bis heute üblich ist, den Geschmack eines Minerals zu testen und zu charakterisieren. Prinzipiell muß vor dieser Form der Analyse allerdings gewarnt werden, da es eine Reihe giftiger mineralischer Substanzen gibt, von deren Genuß abzuraten ist. Dazu zählen auch zahlreiche Berylliumverbindungen. Später schlug der deutsche Chemiker Klaproth vor, den Namen von Glucinium in Beryllium zu ändern. Dieses Wort leitet sich aus dem griechischen *beryllos* ab, was ebenfalls soviel

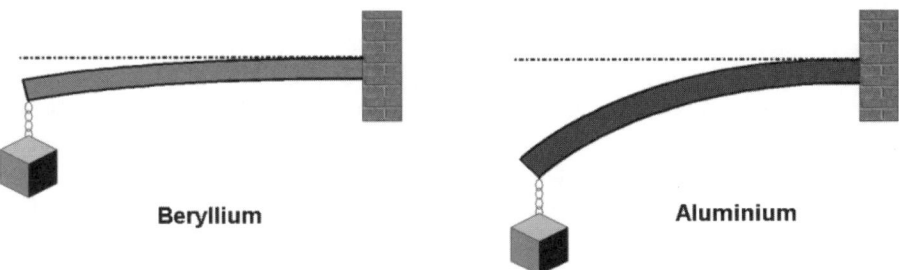

Beryllium   **Aluminium**

Bild 2.21: Beryllium ist mit seiner geringen Dichte, hohen Festigkeit sowie hohen elastischen Steifigkeit ein ideales Konstruktionsmaterial. Nachteilig sind allerdings seine toxischen Wirkungen auf den Menschen.

bedeutet wie süß oder süß schmeckend. Beryllium als reines Metall wurde erst im Jahr 1828 unabhängig voneinander von Wöhler und Bussy mittels Reaktion von Kaliumcarbonat mit Berylliumchlorid in einer Platinkokille hergestellt.

Dem Namen Beryll soll nach manchen Quellen unsere *Brille* auch ihren Namen verdanken. In der römischen Antike wurden Smaragde angeblich als eine Art schillerndes Brillenglas bisweilen zum Betrachten der Gladiatorenkämpfe verwendet. Zu diesen ersten *Brillenträgern* gehörte möglicherweise auch Kaiser Nero, über dessen Geisteszustand sich die Geschichtsschreibung ja recht einig ist. Beryllium findet sich heute als Legierungselement in Werkstoffen für Getriebe, Federn und Kabel. Wegen seines hohen Schmelzpunktes wird es auch beim Bau von Raketenteilen verwendet.

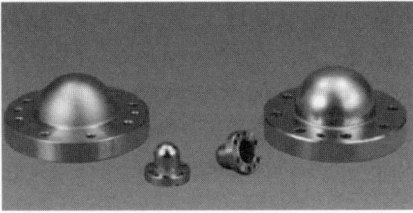

Bild 2.22: Bauteile aus Beryllium–Legierungen aus russischer Produktion.

Der Name Zink stammt vom altgermanischen Wort *Zinke* ab, welches seinerseits auf den lateinischen Begriff *zincum* (kantig, stachelig) zurückgeführt wird. Als Grund für die Namensgebung wird meist die typisch stachelige Form einiger Zinkerze angegeben. Das niedrigschmelzende Metall war den Indern und Chinesen schon 1500 v. Chr. bekannt. Die Griechen und Römer verwendeten bereits Jahrzehnte vor der Zeitenwende unterschiedliche Messinglegierungen, die auf einer Mischung aus Kupfer und Zink beruhen. Erst 1738 fand Zink auch als reines Metall technische Verbreitung. William Champion meldete in jenem Jahr ein Verfahren zur industriell umsetzbaren Zink–Destillation an. Zink ist ein unscheinbares Metall, im Alltag bemerkt man es kaum und hat es doch ständig um sich. Zink ist das wichtige Korrosionsschutzmetall für Stähle. Allerorten bedeckt es Autoblech und Geländer in Form dünner Schichten. Unseren Kindern streichen wir täglich Zinkoxid in Form von Cremes auf die Haut, oder wir waschen mit Zinkverbindungen unsere Haare gegen Schuppen.

Der Name des Zinns entspringt dem angelsächsischen Wort *tin*. Sein lateinischer Name *stannum* entstammt dem Wort *stagnum*, was tropfend bedeutet. Dieser Name sollte sicherlich auf den geringen Schmelzpunkt von nur 232 °C hinweisen. Zinn ist eines der sieben *antiken* Metalle, und ist dem Menschen schon seit etwa 4000 Jahren bekannt. Seine große Bedeutung erwuchs schon früh aus seiner härtenden Wirkung auf Kupfer. Legierungen aus Kupfer und Zinn werden als Zinnbronzen oder einfach als Bronzen bezeichnet.

Bild 2.23: Liebevoll hergestelltes Kinderspielzeug des 19. Jahrhunderts aus Zinn.

Für die frühen Metallforscher war Zinn ein recht skurriles Metall mit vermeintlich merkwürdigen Eigenschaften. Bei Raumtemperatur und darüber ist es sehr weich, wie jeder weiß, der einmal Zinnfiguren oder Lötzinn verbogen hat. Unterhalb von 13 °C jedoch ändert Zinn seine kristalline Struktur und beansprucht ein höheres Volumen aufgrund der loseren Anordnung der Atome im Kristallverbund. Infolge der Beschränkung der Volumenzunahme durch das umgebende, noch nicht umgewandelte Zinn ändern jedoch nur bestimmte Bereiche der Probe ihre Struktur. Frühe Forscher nahmen daher an, daß die Probe *erkrankt* sei und eine Art Ausschlag aufweise. Auf diese Annahme geht der Begriff der *Zinn–Pest* zurück. Eine weitere merkwürdige Angewohnheit des Zinns ist sein sogenannter *Zinn–Schrei*, der bei der plastischen Formänderung bestimmter Zinnkristalle auftreten kann. Während man ursprünglich davon ausging, daß die Berggeister beim Versuch der Verformung ihren Protest kundtaten, wissen wir heute, daß es sich um Schallemission bei der spontanen Bildung von kristallographischen Zwillingsstrukturen handelt.

Größere Zinnmengen werden heute bei der Weißblechherstellung und für Lötverbindungen verbraucht. Weißblech ist gewalzter Stahl mit einer Dicke von nur noch einem zehntel Millimeter, versehen mit einer hauchdünnen, elektrolytisch aufgebrachten Schicht aus Zinn. Dieser Überzug soll das Eisen vor Korrosion schützen. Dazu reichen schon 2 Gramm Zinn pro Quadratmeter und Blechseite aus. Der Begriff Weißblech wird heute auch als Überbegriff für verchromte und organisch beschichtete Bleche verwendet.

Die Herstellung von Weißblech ist in unseren Breiten ein altes Geschäft. Bereits im Jahre 1551 erhielt Hans Freiherr von Ungnad von Kaiser Ferdinand die Erlaubnis, *Blech verzinnen zu lassen*. Als der englische Techniker Andrew Yarranton 1665 nach Sachsen reiste, um die Weißblechherstellung zu erlernen, fand er dort bereits eine Industrie mit mehr als 80.000 Arbeitern vor.

Für den Namen Bismut (früher Wismut), welches bereits im 15. Jahrhundert von einem unbekannten Alchimisten entdeckt und isoliert wurde, gibt es unterschiedliche Ableitungen. Nach einer Version geht er auf das altdeutsche Wort *wis–mut* (weiße Masse) zurück. Dieser Begriff wurde zunächst ins Lateinische mit *bisemutum* und später ins englische *bismut* übertragen. Nach einer anderen Erklärung stammt der Name vom altdeutschen *bis–mutum* ab (unter der Wiese gemutet). Obwohl das Material bereits recht früh entdeckt wurde, erkannte es erst Agricola als eigenes chemisches Element. Bismut ist nicht nur das letzte Element der fünften Hauptgruppe, sondern auch das schwerste chemische Element im Periodensystem überhaupt, das nicht radioaktiv ist.

Verwendet wird Bismut zur Herstellung von Legierungen mit extrem niedrigem Schmelzpunkt, z.B. für Woodsches Metall, das bereits bei 70 °C schmilzt. Solche Werkstoffe werden z.B. in Schmelzsicherungen, für Sprinkleranlagen und bei der Herstellung von Formteilen aus dünnwandigen Metallrohren verwendet. Dazu befüllt man das Rohr mit der flüssigen Legierung, läßt diese erstarren und kann dann, ohne daß Knicke oder Risse entstehen, das Rohr zu haarnadelscharf gewundenen Bauteilen verbiegen. Danach wird die Legierung durch Einlegen in heißes Wasser zur erneuten Verwendung wieder ausgeschmolzen. Da Bismut einen niedrigen Schmelzpunkt hat, aus nur einem Isotop besteht und kaum Neutronen absorbiert, wurde es auch als Kühlmittel in sowjetischen Atomunterseebooten verwendet.

Das von Perrier und Segré 1937 in Palermo auf Sizilien entdeckte radioaktive Metall Technetium verdankt seinen Namen dem Umstand, daß es seinerzeit
das erste künstlich erzeugte (*technische*) Element war. Die Herstellung gelang
in Berkeley durch Beschuß von Molybdän mit Deuterium (Wasserstoffisotop).
Die Tatsache, daß das Metall so lange unentdeckt und der Platz 43 im Periodensystem so lange unbesetzt blieb, liegt an der sehr kurzen Halbwertszeit
dieses Metalls. Das bedeutet, die mit der Entstehung der Erde gebildeten Tech-
netiumatome sind bis zu unserer heutigen Zeit samt und sonders zerfallen.

Der Name des von den Brüdern D'Elhuijar in Spanien 1783 nach Vorarbeiten von Scheele am Mineral Scheelit entdeckten Metalls Wolfram geht auf das
Mineral Wolframit zurück. Der Name dieses Gesteins entstammt ursprünglich
dem erzgebirgischen Bergbau und Hüttenwesen. Wolframit wurde als Begleit-
mineral beim Abbau von Zinnerzen unbeabsichtigt mit ans Tageslicht befördert
und mit dem Zinnerz zusammen verhüttet. Da Wolfram und seine Minerali-
en sehr hohe Schmelzpunkte aufweisen, führten wolframithaltige Zinnerze zu
starker Verschlackung und einer deutlich verschlechterten Ausbeute von metallischem Zinn. Der Name Wolframit entstand als Zusammenziehung der Worte Wolf und Rahm. Rahm wurde im Altdeutschen als allgemeiner Begriff für
Schmutz, Abschaum oder Speichel verwendet. Die erzgebirgischen Bergleute
erzählten sich zu jenen Zeiten, daß Wölfe nachts das Zinnerz auffräßen und aus
dem dabei heruntertropfenden Speichel, also dem *Rahm des Wolfes* (lat.: spu-
mi lupi), das unerwünschte Mineral entstünde. Der englische Name *tungsten*
entstammt dem skandinavischen Begriff *schwerer Stein*.

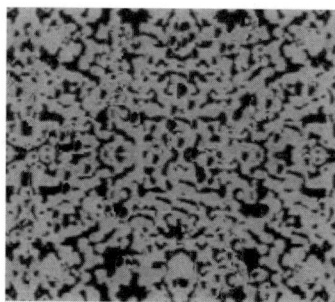

Bild 2.24: Neu entwickelte Legierungen aus Wolfram und Kupfer für die Mikroelek-
tronik unter dem Mikroskop.

In den Schlackenhalden alter Zinnhüttenwerke finden sich bis heute beträchtliche Mengen von Wolframmineralien. Besonders während der beiden
Weltkriege, in denen in Deutschland großer Mangel an Wolfram herrschte, war
die Entdeckung wolframhaltiger Schlacken in längst aufgegebenen Zinnberg-

bauorten, insbesondere im Erzgebirge, eine wichtige Reserve für die Rüstungs-
wirtschaft. Bei der Sicherung dieser wolframhaltigen Schlacken war man nicht
zimperlich. Man leitete Flüsse um, um in ihrem Bett nach den kostbaren
Schlacken zu fahnden und riß Straßen sowie Hüttenfußböden von alten Berg-
mannshäusern auf, um darunter nach wolframhaltigem Material zu suchen.

Wolfram ist mit einem Schmelzpunkt von etwa 3410 °C das höchstschmel-
zende aller Metalle. Aus diesem Grunde kommen Wolframlegierungen auch
bei Hochtemperaturanwendungen zum Einsatz. Die Hauptmenge der jährlichen
Weltförderung von nur einigen zehntausend Tonnen wird allerdings im Stahl
verwendet. Wolframlegierte Stähle wurden erstmals auf der Weltausstellung in
Paris im Jahr 1900 vorgestellt.

Für den Namen von Antimon werden zwei Erklärungen genannt. Die eine
geht auf die griechischen Worte *anti* und *monos* zurück, was soviel heißt wie
nicht allein. Die andere leitet den Namen von dem arabischen Begriff *anthos
ammonos* (Blüte des Gottes Ammon) ab. Die lateinische Bezeichnung *stibium*,
der auch die Abkürzung *Sb* entliehen wurde, bedeutet Zeichen oder Markierung.
Antimon ist von Alters her bekannt. Es diente bereits den Ägyptern zur Herstellung von Lidschattenschminke. Plinius erwähnt um das Jahr 77 n. Chr. in seiner
Naturgeschichte die Verbindung Schwefelantimon, die in Rom als Schminke und
Medizin Anwendung fand. Metallisches Antimon wurde schon um etwa 3000
v. Chr. von den Babyloniern zu Gefäßen verarbeitet.

Das Metall Osmium erhielt seinen Namen nach seinem Geruch. Osmium
stammt von dem griechischen *osmeo* für *ich rieche* ab. Das Element riecht tatsächlich stets ein wenig nach seinem Tetraoxid. Osmium gehört zu den vier
Metallen der Platingruppe. Der Engländer Smithson Tennant entdeckte 1803
in kurzen Abständen zunächst Iridium und schließlich Osmium. Das Metall ist
sehr hart und hat einen blauweißen Glanz. In kompakter Form ist es an der
Luft, im Wasser und gegenüber zahlreichen Säuren beständig. Es ist äußerst
selten und hat nach Wolfram und Rhenium den dritthöchsten Schmelzpunkt
aller Metalle. Jährlich werden von diesem Metall gerade 60 Kilogramm weltweit gefördert. Der überwiegende Teil der Förderung ist ein Nebenprodukt des
Nickelbergbaus. Osmium wird als Bestandteil von Metalllegierungen gewählt,
deren Härte merklich erhöht werden soll. Einsatzbereiche sind Spitzen von In-
jektionsnadeln und teure Füllfederhalter mit Goldfeder. Früher wurde Osmium
auch als Glühdraht für Lampen verwendet.

Das Schwermetall Blei ist den Menschen seit langem bekannt. Der Ursprung
des Wortes Blei ist nicht klar. Das englische Wort *lead* geht auf den angelsächsischen Namen *laedan* für das weiche Material zurück. Das chemische Symbol Pb
entstammt dem lateinischen *plumbum*. Blei findet sich nicht in gediegener metallischer Form in der Natur. Natürlich vorkommendes Bleisulfid allerdings,
welches einen sehr metallischen Glanz hat, kommt häufig im Gestein vor und

wurde bereits von den Ägyptern als Lidschattenfarbe verwendet. Es ist vorstellbar, daß sich reines Blei wegen seines geringen Schmelzpunktes von nur 327 °C im Holzfeuer durch Reduktion mit Kohle gebildet hat und den Menschen somit sehr früh bekannt war. Frühe technische Hinweise zur Metallurgie des Bleis sind mitunter zweifelhaft, da das Metall zu dieser Zeit oft mit Zinn verwechselt wurde. Allerdings gibt es zahlreiche sehr alte Funde, die eindeutig aus Blei bestehen, so etwa eine einfach modellierte Frauenfigur, die Schliemann aus Troja mit nach Berlin brachte und deren Entstehung zwischen 3000 und 1500 v. Chr. angesetzt wird.

Aus Ägypten belegen alte Tributlisten von Thutmosis III. um etwa 1475 v. Chr., daß von phönizischen Stämmen Blei erbeutet wurde. Im Tempel von Ramses III. wurden Bleiziegel verwendet. Auch in der Bibel wird Blei an verschiedenen Stellen erwähnt. Der Prophet Hesekiel läßt Gott im 22. Kapitel sprechen „*Wie man Silber, Kupfer, Eisen, Blei und Zinn im Ofen zusammenbringt, daß man ein Feuer darunter anfacht und es zerschmelzen läßt, so will ich auch euch in meinem Zorn und Grimm zusammenbringen, hineintun und schmelzen.*" Hiob sagt im 19. Kapitel „*... mit einem eisernen Griffel in Blei geschrieben, zu ewigem Gedächtnis in einen Fels gehauen.*" Interessanterweise werden in der Bibel nur sechs der sieben im Altertum bekannten Metalle erwähnt: Gold, Silber, Kupfer, Eisen, Blei und Zinn. Quecksilber wurde als einziges ausgelassen.

Die Griechen und später vor allem die Römer verarbeiteten Blei in großen Mengen zu Wasserleitungen, Bereifungen für Weinfässer und Geschossen. Beispielsweise berichtet Caesar im seinem Buch über den Gallischen Krieg, daß er Bleigeschosse einsetzte, um die Gallier zu *erschrecken*. Der größte Teil des römischen Bleis stammte aus Minen in Spanien. In ihnen arbeiteten zeitweilig bis zu 50.000 Sklaven. Blei war in Rom aber nicht nur ein Baustoff, sondern es wurde auch zu Trinkbechern und Eßgeschirr verarbeitet. Bleiverbindungen dienten als Farben, Schminke und als Heilmittel.

Die Römer bezeichneten sowohl Blei als auch das ebenfalls niedrigschmelzende Zinn als *plumbum*. Sie hielten Zinn für eine Unterart des Bleis und nicht für ein eigenständiges Metall. Zinn trug daher bei den Römern die Namen *plumbum candidum* oder *plumbum album* und Blei den Namen *plumbum nigrum*. Noch im Mittelalter war Blei ein wichtiger Baustoff. Um 1000 n. Chr. gab es im Harz zahlreiche Bleigruben und Bleihütten. Auch die Anwendungsbereiche wurden mit der Zeit vielfältiger: So wurden Gebäude mit Dächern aus Bleiplatten versehen, und man fertigte Bleigläser. Aus Blei waren die Lettern für den Buchdruck und die Kugeln für Gewehre und Pistolen. Bis in die 1920er Jahre stieg es zum wichtigsten Nichteisenmetall auf. Nach 1925 verlor es an Bedeutung und hat sich heute nach Eisen, Aluminium, Kupfer und Zink eingeordnet.

Das 1839 von Mosander entdeckte Lanthan wurde erst nach langen Mühen gefunden und daher mit dem griechischen Namen *lanthanein* belegt, was soviel heißt wie *sich verbergen*. Das von dem Ehepaar Curie entdeckte radioaktive Element Radium wurde ebenfalls schlicht nach seinem Hauptcharakterzug, nämlich seiner Radioaktivität benannt. Sein Name kommt vom lateinischen *radius* für Strahl, so wie auch der des radioaktiven Edelgases Radon.

Der Name des 1899 von Debierne entdeckten Actiniums entlehnt sich dem griechischen *actinioeis* für leuchtend oder glänzend. Actinium ist instabil und zerfällt unter Abgabe von Wärme und Strahlung. Entsprechend verdankt Protactinium seinen Namen der Tatsache, daß es in Actinium 227 und ein Alphateilchen zerfällt und somit in der Uran–Actinium–Zerfallsreihe vor (also *pro*) dem Actinium steht.

Lithium ist das leichteste aller metallischen Elemente. Im Deutschen wird es übrigens nicht zischend wie *Lizium*, sondern mit t wie *Litium* ausgesprochen. Es wurde im Jahre 1817 von dem Schweden Johan August Arfvedson bei der Analyse des Minerals Petalit entdeckt und erhielt seinen Namen vom griechischen Wort *lithos* für Stein. Lithium gehört mit Natrium, Kalium, Rubidium, Cäsium und Francium zu den Alkalimetallen. Das Wort Alkalimetall stammt aus dem Arabischen, und zwar von dem Wort *kalja* für Asche. Der Name des Metalls Kalium hat ebenfallls diese Wurzeln. Die Vorsilbe *al* in dem Wort Alkali ist nur der arabische Artikel. Im Deutschen ist für Kaliumcarbonat bisweilen noch der alte Name Pottasche in Gebrauch. Im Englischen heißt Kalium *potassium*. Wie Lithium ist auch Natrium ein Alkalimetall. Der Name stammt vom hebräischen Wort *neter* ab (Natriumkarbonat). In der englischen Sprache verwendet man den Begriff *sodium* lateinischen Ursprungs.

Eisen geht möglicherweise auf das alte angelsächsische Wort *iren* zurück, dessen Herkunft selbst allerdings unklar ist. Die meisten Altsprachler vermuten allerdings, daß sich das deutsche Wort Eisen vom keltischen Begriff *isarnon* ableitet, das im Altkeltischen *isarno*, im Althochdeutschen *isarn* und im Mittelhochdeutschen *isen* hieß. Beide Wörter, isarnon und iren, erinnern in der Tat an die heutigen Wörter Eisen bzw. iron. Das Elementsymbol Fe leitet sich von der lateinischen Bezeichnung *ferrum* für das Metall ab.

Die ältesten von Menschenhand hergestellten Gebrauchsgegenstände aus Eisen, die uns bekannt sind, sind bis zu etwa 6000 Jahre alt. Allerdings fanden die Verfahren zur Herstellung und Bearbeitung von Eisen erst viel später weite Verbreitung. Bei den ganz frühen Funden handelt es sich zumeist um verarbeitetes Meteoriteneisen. In Mitteleuropa haben erstmals die Kelten systematisch ab etwa 800 v. Chr. Eisen verhüttet. Dazu erhitzten sie Eisenerz mit Holzkohle in Rennöfen unter möglichst starkem Luftzug (siehe dazu auch die Seiten 67 und 74). In der Erdkruste ist Eisen das vierthäufigste Element und sogar das zweithäufigste Metall. Eisen ist das wichtigste und zugleich erstaunlichste al-

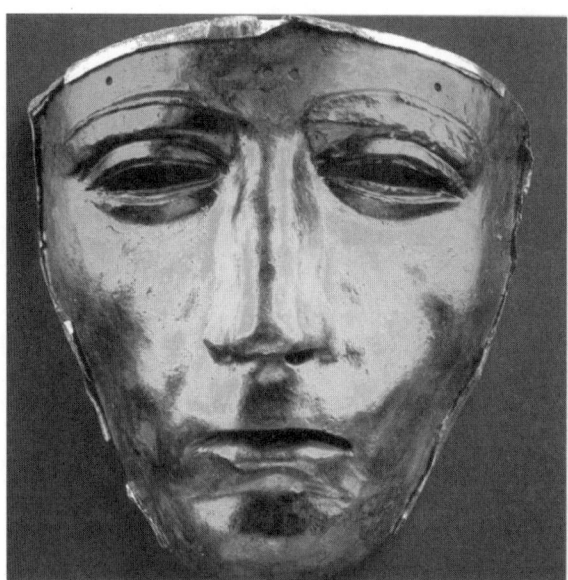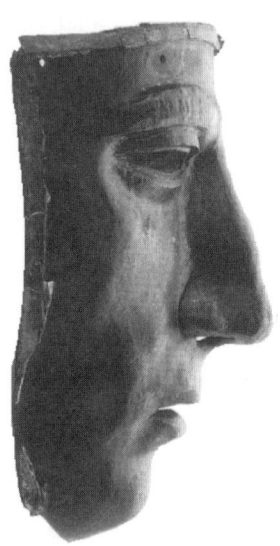

Bild 2.25: Römische Eisenmaske eines Offiziers aus der Schlacht zwischen Germanen und Römern bei Kalkriese im Teutoburger Wald. Unter der Führung des Cheruskerfürsten Arminius besiegten im Jahre 9 n. Chr. germanische Stämme die 17., 18., und 19. Legion sowie drei Reiter- und sechs Infanterieeinheiten unter Führung des römischen Statthalters in Germanien Quinctilius Varus.

ler Metalle. Einerseits rostet es unablässig und erscheint dem oberflächlichen Betrachter daher als minderwertig – andererseits läßt es sich durch geringe Beimengungen anderer Elemente mit einem großen Spektrum an Eigenschaften ausstatten, beginnend mit hoher Korrosionsbeständigkeit bis zu extremer Festigkeit. Allein im Jahr 2000 wurden weltweit 850 Millionen Tonnen Rohstahl produziert. Auf Deutschland entfielen davon 46 Millionen Tonnen.

Doch nun vom Ackergaul und Rauhbein Eisen, welches uns noch des öfteren beschäftigen wird, zu den feineren Verwandten. Der Name des edlen Metalls Platin entstammt dem lateinischen *platina* (*kleines Silber, Silberchen*). Die ersten nachweisbaren schriftlichen Zeugnisse der Existenz von Platin stammen von dem italienischen Gelehrten Julius Cesare Scaliger aus dem Jahre 1557. Spanische Eroberer hatten das Metall seinerzeit aus dem Gebiet des heutigen Kolumbien von den Mayas geraubt. Da es für die spanischen Schmiede jedoch kaum zu bearbeiten war, galt es als minderwertig. Bei dem damals untersuchten Platin handelte es sich vermutlich um eine Legierung mit Gold. Eine genauere Beschreibung stammt aus dem Jahre 1748, sie wurde von dem Spanier Don

Bild 2.26: Darstellung der Eisenherstellung mit Blasebälgen im alten Ägypten.

Antonio de Ulloa bei einer französischen Expedition nach Ekuador angefertigt. Seit Mitte des 18. Jahrhunderts rückte Platin verstärkt ins Blickfeld der Metallforschung. Die intensivere Beschäftigung mit den Eigenschaften des Metalls führte Anfang des 19. Jahrhunderts dazu, daß binnen eines Jahres vier Begleitelemente des Platins entdeckt wurden. 1843 stießen russische Mineralogen im nördlichen Ural auf so reichhaltige Platinvorkommen (unter anderem einen 15 Kilogramm schweren Platinklumpen), daß eine Zeitlang sogar Rubelmünzen aus diesem Material geprägt wurden. Obwohl Platin häufiger als Gold in der Erdkruste vorkommt, werden jährlich nur etwa 30 Tonnen gefördert. Wegen seiner Fähigkeit, große Mengen Wasserstoffgas aufzunehmen, hat es große Bedeutung in Hydrierkatalysatoren und wird beispielsweise auch in den modernen Drei–Wege–Katalysatoren von Kraftfahrzeugen eingesetzt. Zusammen mit Iridium bildet es ausgesprochen harte und temperaturbeständige Legierungen. Bei der Herstellung hochwertiger Industriegläser besteht ein zunehmender Bedarf an Platinlegierungen zur Handhabung der korrosiven Glasschmelzen.

Aluminium erhielt seinen Namen von dem lateinischen Wort *alumen*, was Alaun bedeutet. Alaun selbst ist ein Kaliumaluminiumsulfat. Aluminium ist das am häufigsten vorkommende Metall. Etwa 8% der Erdkruste (dazu zählen die oberen 16 km des Erdmantels) bestehen aus Aluminium, vorwiegend in Form oxidischer Aluminiumerze (Bauxit) und Alumosilicate. Nach Sauerstoff und Silicium ist Aluminium das dritthäufigste chemische Element im Boden.

Im Jahre 1827 stellte Wöhler erstmals reines Aluminium durch Reduktion von Aluminiumchlorid mit Kalium dar. Bereits zwei Jahre vorher war es allerdings Oerstedt in Kopenhagen gelungen, nach längeren Versuchen unreines

Bild 2.27: Etwa 25% der deutschen Stahlproduktion landen im Auto (links); die Konkurrenz lauert: zunehmend werden Autos auch aus Aluminium gefertigt (rechts).

Aluminium zu erhalten. Aus dem Reduktionsverfahren von Wöhler entwickelte Deville eine Technologie, die auf der Reduktion eines Aluminium–Gemisches mit Natrium beruhte. Dies war jedoch bis zur Erfindung der Dynamomaschine und der später eingeführten Großproduktion mittels Elektrolyse durch Heroult und Hall im Jahre 1886 ein sehr aufwendiges und teures Verfahren.

Dysprosium entstammt dem altgriechischen *dysprosodos* (unerreichbar, unzugänglich). 1886 gelang dem Franzosen Lecoq de Boisbaudran die Isolierung von Dysprosiumoxid aus einer Probe Holmiumoxid, das man bis zu diesem Zeitpunkt noch für eine einheitliche Substanz gehalten hatte. Da die chemischen Eigenschaften der Lanthaniden sehr ähnlich sind und diese Seltenerdmetalle in der Natur oft vergesellschaftet auftreten, war eine Unterscheidung nur mit sehr aufwendigen Analysemethoden möglich. Dysprosium ist ein relativ hartes Metall mit geringer technischer Bedeutung. Mit einer jährlichen Fördermenge von unter 100 Tonnen findet es in verschiedenen Legierungen, in Spezialmagneten und in der Kerntechnik Verwendung.

Das 1789 von Klaproth in Berlin entdeckte Zirconium wurde nach dem Mineral Zircon (Zirconiumsilicat) benannt. Dieser Name wiederum leitet sich vom arabischen Wort *zargun* ab (goldfarben). Zirconium ist sehr korrosionsbeständig. In oxidierter Form ist es seit langem als Schmuckstein bekannt. Zirconium wird wegen seiner geringen Absorptionsrate für Neutronen als Konstruktionsmaterial in Atomkraftwerken eingesetzt.

Molybdän erhielt seinen Namen vom griechischen *molybdos* für Blei. Die Entdeckung erfolgte 1781 durch Hjelm. Früher verwechselte man Molybdänerze tatsächlich oft mit Bleierzen. Cadmium erbte den Namen von dem Zinkmineral *cadmia*, in dem häufig auch etwas Cadmium vorkommt. Das Schwermetall wurde 1817 von Stromeyer bei seinen Arbeiten an Zink–Carbonaten entdeckt. Es findet vorwiegend in Form von Schutzschichten, zur Erhöhung der Licht- und

Bild 2.28: Aluminium im Flugzeugbau.

Wetterbeständigkeit von Polyvinylchlorid (PVC) und als Bestandteil von Akkumulatoren Verwendung. Durch Feuerungsanlagen, Metallhütten und Düngemittel kann Cadmium in die Umwelt gelangen. Der Mensch nimmt es mit der Nahrung und in hohem Maße auch durch Zigarettenrauch auf.

Der Name des seltenen Metalls Praseodym setzt sich aus den griechischen Wörtern *praseos* (grün) und *didymos* (Zwilling) zusammen. Diese Namensgebung erfolgte einerseits in Anlehnung an die oft grüne Farbe seiner Salze und andererseits wegen seiner zwillingshaften chemischen Ähnlichkeit mit dem Metall Neodym (*neos*, griech. neu). Neodym und Praseodym wurden zuerst 1885 von Auer von Welsbach getrennt. Bis dahin galten sie als ein einziges Element mit dem Namen Didymium. Außer Neodym und Praseodym entdeckte Auer von Welsbach auch Ytterbium und Lutetium.

2.10   So rein wie eine Promenadenmischung

Die technischen und physikalischen Merkmale der Metalle sind normalerweise keineswegs die Eigenschaften der chemisch *reinen* Elemente, sondern die durch mehr oder weniger aufwendige Methoden optimierten Eigenschaften ihrer *Legierungen*. Genaugenommen sind die allermeisten Metalle in ihrer chemisch reinsten Form für nahezu sämtliche technischen Anwendungen unbrauchbar. Die Metallkunde ist gewissermaßen wie die Kochkunst. Wie durch eine kunstvolle Verbindung von Eiern, Milch und Mehl sowie der *Prozeßtechnik* Kneten, Rollen, Erhitzen und Abkühlen erst ein wohlschmeckender Kuchen entsteht, gewinnen die meisten Metalle durch die geschickte Mischung mit anderen Elementen und durch entsprechende Prozeßtechnik wie Gießen, Walzen, Glühen und Abschrecken erst ihre enorme Vielfalt an Eigenschaften, die sie zur technischen Grundlage unserer Zivilisation gemacht haben. Etwas anderes haben die beiden Fachgebiete noch gemeinsam: Sie sind beide sehr alt und ruhten lange auf vollkommen empirischem Fundament. Nur durch eine nach und nach gereifte Erfahrung wurden die richtigen Mischungen und Verfahren herausgefunden und optimiert. Erst seit etwa 100 Jahren werden nach und nach die empirischen durch naturwissenschaftlich exakte Erkenntnisse ergänzt beziehungsweise ersetzt. Aus diesem Grunde sind einige Metalle auch weniger unter ihrem chemischen Elementnamen, sondern unter dem Namen einer oder mehrerer ihren Legierungen bekannt wie etwa Stahl, Neusilber, Weißblech, Duraluminium, VA–Stahl, Bronze, Messing, Elektron oder Tombak.

Wichtige technische Legierungen auf der Basis von Kupfer sind zum Beispiel Kupferbronzen und Messing. Kupferbronzen sind Mischungen von Kupfer und Zinn. Sie werden auch oft einfach als Bronzen bezeichnet, allerdings gibt es auch Bronzelegierungen mit anderen Zusammensetzungen: Bronzen nennt man alle Legierungen, bei denen Kupfer als Hauptbestandteil auftritt. Eine aus dem Mittelalter stammende Aufteilung der (Kupfer–Zinn)–Bronzen unterscheidet nach Geschützbronzen (9–10% Zinn), Glockenbronzen (20–40% Zinn, zum Teil ersetzt durch Blei oder Zink), Münzbronzen (etwa 3% Zinn) und Statuenbronzen (3–8% Zinn sowie 3–17% Zink).

Hinsichtlich des Namens Bronze existieren unterschiedliche Theorien. Im Lateinischen taucht der Name Bronze ab dem 14. Jahrhundert in der Form *bronzium* auf. Er wird von Biringucci im Jahre 1540 als italienischer Begriff *Bronzo* für Kupfer–Zinn–Legierungen übernommen. Eine andere Vermutung besagt, daß der Name aus einer Kontraktion des mittelhochdeutschen *brun* (braun) mit dem lateinischen *aes* (Metall) zu *brun-aes* entstanden sein soll. Seit einigen Jahren geht die Wissenschaft allerdings davon aus, daß sich der Name aus dem persischen *baredsch* ableitet. Dieser wiederum entspringt dem Wort *bhradsch* aus dem Sanskrit und heißt soviel wie glänzen oder schön.

Bild 2.29: Indianische Bronzeaxt für kultische Zwecke aus Südamerika.

Der Wissenschaftler, der als erster vorschlug, in der Menschheitsgeschichte eine Steinzeit und auf diese folgend eine Bronzezeit zu definieren, war übrigens Johann Georg von Eckhart, genannt Eccardus. Er verwendete und begründete diese Einteilung in seinem Werk *De Origine Germanorum*, welches er 1730 in Braunschweig verfaßte.

Messinge sind gelbliche Legierungen von Kupfer und Zink. Das Wort stammt von dem mittelhochdeutschen Wort *messinc* ab und kommt in entsprechender Form auch in anderen germanischen Sprachen vor (niederländisch: *messing*, schwedisch: *mässing*). Messing ist dem Menschen schon sehr lange bekannt. In Babylon und Assyrien wurde es schon im 3. Jahrtausend v. Chr. verwendet. In Palästina ist der Gebrauch von Messing zwischen 1400 und 1000 v. Chr. nachgewiesen, etwas später auch in Griechenland. Man nannte es dort *oreichalkos* oder *aurichaicum* und machte hauptsächlich Schmuck daraus. Unter Augustus kamen in Rom sogar Messingmünzen auf.

Bild 2.30: Eine fast 4000 Jahre alte ägyptische Statue aus Kupfer.

Messing entstand, indem man dem Kupfer beim Schmelzen Galmei (Zink-karbonat) zugab. Nach dem gleichen Verfahren ist um 150 n. Chr. auch auf deutschem Boden Messing hergestellt worden. Die Anfänge einer eigentlichen Messing–Industrie sind in Deutschland bis in das 15. und 16. Jahrhundert zurückzuverfolgen. Erst als Johann Rudolf Glauber im Jahre 1657 Galmei ein-deutig als Zinkmineral identifiziert hatte, fand die Messingindustrie eine zu-verlässige Erklärung für die wahre Natur ihres Produktes und damit erst eine Basis für die sichere Reproduzierbarkeit von Zusammensetzung und Eigenschaf-ten. Die gebräuchlichen Messinge enthalten heute außer Kupfer 5 bis 45% Zink. Die kupferreichen Legierungen mit bis etwa 30% Zink sind auch als Tombak be-kannt. George Frederick Muntz der Ältere, ein Messingwalzer aus Birmingham in England, ließ sich am 22. Oktober 1832 ein Patent auf eine neue Legierung mit nur noch 57% Kupfer und 43% Zink erteilen, die unter dem Namen Muntz-metall oder schmiedbares Messing weltbekannt wurde. Sie dient besonders zur Herstellung von Schiffsbeschlägen.

Ähnliche Argumente wie für das Kupfer gelten auch für das Eisen. In technisch reiner Form ist Eisen eine recht unbrauchbare weiche Substanz, die bereits bei mäßiger chemischer Verunreinigung auch noch rostet. Ein kurzer Blick in ein Hafenbecken oder auf einen Schrottplatz bestätigt dieses Urteil. Mit nur geringsten Beimengungen an Kohlenstoff oder Stickstoff jedoch können die Festigkeitswerte dieses unscheinbaren Metalls um mehr als den Faktor Tausend verbessert werden.

Umformbare Legierungen aus Eisen und Kohlenstoff mit nicht mehr als etwa 2% Kohlenstoff werden als Stahl bezeichnet. Der Name Stahl leitet sich vermutlich aus dem germanischen Wort *stahel* ab (hart, zäh). Weitere Legierungseffekte wie etwa das Hinzufügen von Chrom und Nickel überführen das Eisen sogar in einen sehr edlen korrosionsbeständigen Zustand, der uns unter dem Begriff rostfreier Edelstahl geläufig ist.

Im täglichen Sprachgebrauch werden rostfreie Stähle mit mindestens 18% Chrom und 8% Nickel auch oft als VA–Stähle bezeichnet. Diese eigenartige Bezeichnung geht auf die ursprüngliche Laborbezeichnung der Erfinder zurück. VA ist die Abkürzung für *Versuch–Austenit*. Austenit ist dabei die Bezeichnung des durch den hohen Nickelgehalt erzeugten wichtigsten Gefügebestandteils dieser Stähle. Das weiterführende Kürzel V2A steht für Eisen–Chrom–Nickel–Stahl und V4A für Eisen–Chrom–Nickel–Molybdän–Stahl. Die Erfindung dieser Werkstoffe durch Strauss und Maurer stieß um 1912 erstmals die Tür zur neuen Klasse der rostfreien Edelstähle auf, die sich durch hervorragende Korrosionsbeständigkeit und gleichzeitig gute mechanische Eigenschaften auszeichnen.

Bild 2.31: Rostfreier Eisen–Chrom–Nickel–Stahl im Warmwalzwerk.

Neusilber ist keineswegs das Gegenteil von *altem* Silber, sondern die typische Legierung, die in vielen Staaten der Erde in unterschiedlichen Spezifikationen zur Herstellung von Münzen verwendet wird. Sie besteht im wesentlichen aus Kupfer, Nickel und Zink. Silber ist in diesen Legierungen in der Regel nicht enthalten. Der Metallgegenwert einer solchen Geldmünze ist deshalb auch zumeist weit geringer als ihr aufgeprägter Handelswert. Sie können also getrost ihren vielleicht gerade heranreifenden Plan zum Einschmelzen und Verkaufen ihrer Münzersparnisse aufgeben. Bei manchen Kupfermünzen ist der Materialwert allerdings tatsächlich größer als der Geldwert (siehe auch Seite 109).

Kapitel 3

Eine kleine Geschichte der Metalle

6000 Jahre Hochtechnologie

3.1 Der Mensch wird seines Glückes Schmied

Vor über 100.000 Jahren, in der Steinzeit, benutzte der Mensch Werkzeuge aus Stein und Holz. Im Laufe der Zeit erlernte er die Bearbeitung dieser Gegenstände für vielfältige Verwendungen, etwa zum Kampf gegen Tier und Mensch. Typische Gerätschaften aus dieser Zeit sind Faustkeile und Schaber.

Vor etwa 10.000 Jahren erwärmte sich das Klima in Mitteleuropa, und die Tundren der Eiszeit verwandelten sich in Wald und Sumpf. Die Menschen lebten weiterhin von der Jagd und dem Sammeln pflanzlicher Nahrung. Im vorderen Orient entwickelten sich zunehmend Viehhaltung und Ackerbau. Vor etwa 8000 Jahren hielt diese Lebensweise auch in Mitteleuropa Einzug. In ihrem Windschatten entstand die Kultur der Metalle. Der Mensch schickte sich zu dieser Zeit sprichwörtlich an, seines Glückes Schmied zu werden. Dies ist ein Kulturwechsel, wie er wohl selten in der Menschheitsgeschichte stattgefunden hat. Die Technik, Erz zu fördern, aus diesem ein Metall zu gewinnen und es für Ackerbau, Kunst und Krieg einzusetzen, markiert den Aufbruch zur vermeintlichen Selbstbestimmung des Menschen.

In der griechischen Mythologie wird der Beginn der Technisierung des Menschen durch den Schmied Hephaistos und den umtriebigen Ingenieur–Titanen Prometheus gekennzeichnet. Der Mensch war nun fähig, sich gegen seinen *beklagenswerten* Naturzustand aufzulehnen, in dem ihn der eifersüchtige Zeus so gerne belassen hätte. Die Schützlinge des Prometheus hatten gelernt, Naturgegebenheiten zu beeinflussen. Zeus konnte aus seiner Sicht allerdings durchaus stichhaltige Argumente gegen eine Technisierung, insbesondere gegen die Erzgewinnung des Menschen anführen: Das beim Erzabbau übliche Abpumpen unterirdischen Wassers bedrohte den Wasserstand des Totenflusses Acheron, der Grenze zwischen dem Reich der Toten und dem Reich der Lebenden. Auch befürchtete er, daß der geänderte unterirdische Wasserhaushalt den Göttern des Weines und des Ackerbaus das Geschäft ruinieren könnte. Die Waldgötter wiederum beschwerten sich über Holzeinschlag und Köhlerhütten. Das Ausgraben der Erze drohte den Fährmann Charon beim Übersetzen der Seelen der Toten zu stören. All diese Argumente waren von den frühen Berg– und Hüttenleuten wohl abzuwägen. Immerhin legte man sich ja zum Zwecke des Fortschritts ganz bewußt mit den Göttern an. Dies markiert einen radikalen Wandel im Verhältnis des Menschen zu seiner Umwelt. Für die alten Griechen war die lebenserhaltende Arbeit tief verwurzelt in ihrer religiösen Vorstellungswelt. Günstige Witterung, reiche Ernten und Vermehrung der Nutztiere waren von den zuständigen Gottheiten zu erflehen. In dringenden Fällen konnte ein Ansinnen durch angemessene Opfergaben noch unterstrichen werden. Mit dem Erlernen der Metallherstellung und der Entwicklung eines rationaleren Weltbildes wurde nun die Herrschaft der Götter über die Natur und die von ihr abhängenden Menschen bedroht. Erstmals mochte der Mensch somit das Gefühl gehabt haben, mit Werkzeug und Waffengewalt nicht mehr bloß Spielball der Götter, sondern selbst Akteur auf der Weltbühne zu sein. Wenig begeistert von den Aktivitäten des Prometheus zeigte sich dementsprechend Göttervater Zeus, der dem menschenfreundlichen Titanensproß mit der bekannten drakonischen Bestrafung endgültig das Handwerk legte (siehe auch Seite 31).

Bereits in der Antike gaben diverse Autoren, unter ihnen Euripides, Plinius, Ovid, Horaz und Vergil die Gefahr einer Erzürnung der Götter durch die Montanwirtschaft zu bedenken. Sie monierten beispielsweise, daß die Götter diejenigen Dinge, die sie dem Menschen zugedacht hätten, mit großer Freigiebigkeit von sich aus auf der Erde wachsen ließen. Die Pflanzen kamen nach Meinung der Gelehrten ja schließlich von alleine ans Tageslicht. Dagegen hätten die Götter andere Dinge absichtlich im Inneren der Erde versteckt, um sie vor den Menschen zu verbergen.

Hesiod und Homer hoben, genau wie Ovid später, die Bedeutung der Metalle in ihren Werken besonders heraus. Sie berichteten von den vier metallisch bestimmten Weltzeitaltern der Menschheit. Demnach waren Gold, Silber, Bronze und schließlich Eisen in dieser Reihenfolge diejenigen Stoffe, welche der Kultur jener vier Epochen ihr technisches und moralisches Gepräge verliehen. Das Goldene Zeitalter war danach die edelste und das Eiserne Zeitalter die verwerflichste Epoche. Ovid verlegt in seinem Werk *Metamorphosen* den Bergbau

Griechische Gottheit	Römische Entsprechung	Zuständigkeitsbereich
Zeus	Iupiter	Götterchef (CEO), Wetter
Poseidon	Neptun	Meer
Hades	Pluto	Unterwelt und Reichtum
Hera	Iuno	Anstand, Jungfräulichkeit und Ehe
Athene	Minerva	Weisheit und Krieg
Aphrodite	Venus	Liebe und Sexualität
Artemis	Diana	Jagd und Mond
Demeter	Ceres	Feld und Fruchtbarkeit
Apollon	Apollo	Licht, Weissagung, Dichtkunst und Musik
Ares	Mars	Krieg
Hermes	Merkur	Diebe, Kaufleute, Wissenschaftler und Erfinder
Hephaistos	Vulcanus	Feuer und Schmiedekunst
Dionysos	Bacchus	Wein, Ausschweifung und Ekstase

Bild 3.1: Die Führungsetage des Olymp.

und die Metallurgie ins Eiserne Zeitalter, in jene Epoche also, die durch moralischen Verfall, Entstehung von Eigentum, Verbrechen, Aggression und vor allem durch den Krieg gekennzeichnet ist. Die ernsthafte Auseinandersetzung um die Berechtigung des Menschen zur Ausbeutung von Erzen unter Tage durchdringt die Diskussion noch bis in die Zeit des Montangelehrten Georg Agricola im 16. Jahrhundert. Dieser wendet in seinem Werk *de re metallica* beträchtliche Rhetorik auf, um die seit der Antike schwelenden Vorbehalte gegen die Gewinnung der Metalle zu widerlegen.

Die Archäologen wissen heute, daß die von den antiken Dichtern angegebene Reihenfolge der Metallzeitalter nicht für alle Regionen gilt. Bisweilen wurde sogar nachgewiesen, daß in der Entwicklung einzelner Gebiete Stein–, Bronze– und Eisenzeit keineswegs in dieser Abfolge auftraten. Dies liegt daran, daß die Möglichkeit zur Entwicklung metallurgischer Fertigkeiten von der örtlichen Verfügbarkeit der entsprechenden Rohstoffe abhing. Auch heute gibt es noch Naturvölker, die Eisenerze in einfachen Lehmöfen mit Hilfe eines Blasebalgs zu Luppen[1] ausschmelzen, ohne jemals mit Kupfer oder Bronze in Kontakt gekommen zu sein.

---

[1] siehe auch Erläuterung dazu auf Seite 74.

Bild 3.2: Hesiod (links) und Homer, zwei große Griechen und Kenner der Metalle.

Es ist daher wahrscheinlich, daß jede Kultur diejenigen Metalle als erste hergestellt hat, die ihrem technischen Stand und den örtlichen Erzvorkommen entsprachen. Die bisweilen angeführte Erläuterung der technisch besonders schwierigen Erzeugung von Eisen aufgrund seines gegenüber Kupfer hohen Schmelzpunktes (reines Eisen: 1536 °C, reines Kupfer: 1083 °C) ist nicht ganz stichhaltig. Wie Salz, das im Winter auf das Eis gestreut wird und dieses schmelzen läßt, wirken Kohlenstoff und andere Begleitelemente auf Eisen. Eisen mit einem Kohlenstoffanteil von etwa 4,3% weist beispielsweise nur noch einen Schmelzpunkt von 1147 °C auf. Die Reduktion von Eisenerz zu Eisen mit Hilfe von Holzkohle gelingt daher schon bei vergleichsweise niedrigen Temperaturen, erfordert aber ein im Vergleich zur Kupfergewinnung ausgeklügeltes Verfahren. Der thermodynamische Aspekt der Schmelzpunktabsenkung bei der Eisenreduktion mit Koks wird bis heute in Hochöfen ausgenutzt.

Von den sieben bekannten Metallen des Altertums (Gold, Silber, Kupfer, Blei, Quecksilber, Zinn, Eisen) kommen fünf – wenn auch selten – in gediegener metallischer Form in der Natur vor, und zwar Gold, Silber, Kupfer, Meteor–Eisen und Quecksilber. Diese Metalle (Meteor–Eisen liegt in der Regel nicht als reines Metall, sondern als Legierung vor) weisen eine nur geringe Reduktionsneigung auf und korrodieren daher sehr langsam[2]. Wegen der Seltenheit von Kupfer, Meteor–Eisen und Quecksilber in gediegener Form wurden ursprünglich wohl hauptsächlich Gold und Silber ohne chemische Aufbereitung benutzt. In einigen Kulturkreisen, so etwa in den ersten ägytischen Dynastien, war gediegenes Eisen wegen seiner Seltenheit auch wesentlich wertvoller als Gold.

---

[2]Viele der edlen Metalle bilden dichte Oxidschichten, so daß die weitere Oxidation des Grundmetalls durch unzureichende Diffusion (Atomwanderung) durch diese Schichten unterbunden wird.

Bild 3.3: Eisenherstellung in Afrika um das Ende des 19. Jahrhunderts.

3.2 Vom Höhlenmenschen zu Odysseus — die Bronzezeit

Als Bronze wird eine Legierung aus Kupfer und Zinn bezeichnet, die leicht erschmolzen und zu Schmuck, Waffen, landwirtschaftlichen Geräten und Gefäßen weiterverarbeitet werden kann. In den Funden aus dieser Zeit tritt Bronze meist als Legierung mit bis zu 10% Zinn auf. Weißbronzen weisen sogar einen Zinnanteil von bis zu 20% auf. Manche der aus der Bronzezeit gefundenen Stücke weisen statt Zinn ähnliche Gehalte an Arsen oder Antimon auf.

Die Kenntnis der Bronzeherstellung aus Kupfer und Zinn gelangte vermutlich aus dem Vorderen Orient und Kleinasien über die Ägäis und den Balkan nach Mitteleuropa. Die Entdeckung, daß Bronze sehr hart, gut schmelzbar, gut gießbar und gut zu bearbeiten war und somit insbesondere für langgezogene,

Bild 3.4: Um 2300 v. Chr. entstandenes lebensgroßes Standbild von König Phiops aus der 6. ägyptischen Dynastie. Die Gestalt wurde aus vernietetem Kupferblech getrieben und auf einen Holzkern genagelt. Einige Teile wurden gegossen.

elastische Gegenstände geeignet war, machte dieses Metall zum Motor eines raschen technischen Fortschritts. Der neue Werkstoff war in diesen Eigenschaften dem reinen Kupfer deutlich überlegen. Kupfer war in einigen Regionen schon lange vor der Bronze in Benutzung. Es wurde als reines Kupfer, oder in Legierungen mit zunächst noch geringen Mengen Zinn, Zink oder Blei gefunden.

Die Dauer der Bronzezeit läßt sich zeitlich nicht genau eingrenzen, da sie in verschiedenen Regionen zu ganz unterschiedlichen Zeiten stattfand. Technische Errungenschaften benötigten damals viel längere Zeiträume zur Verbreitung als heute. Legierte Kupfergegenstände, die an Euphrat und Tigris sowie in Mesopotamien, Syrien und Anatolien gefunden wurden, belegen beispielsweise einen frühen Beginn der Bronzezeit zwischen 4500 v. Chr. und 3500 v. Chr. in diesen

Bild 3.5: Axt aus der Höhle von Arkalochori auf Kreta aus dem 15. Jahrhundert v. Chr. (links); griechischer Bronzehelm aus dem 6. Jahrhundert v. Chr. (rechts).

Gebieten. In Skandinavien hingegen lebten die Menschen noch bis etwa 1500 v. Chr. in tiefster Steinzeit. Zwischen dem Zweistromland und Mittelskandinavien liegen über 3000 Kilometer Luftlinie. Mit dem Flugzeug ist das heute eine kurze Reise. Die Technik der Kupferverhüttung und –bearbeitung jedoch, die insbesondere im Reich der Sumerer in dessen Hauptstadt Ur in der Gegend des heutigen Bagdad bereits um 4500 v. Chr. eingesetzt hat, benötigte für die Weitergabe bis nach Skandinavien mehr als 2500 Jahre. Die Ägypter waren zwar ebenfalls unter den frühen Verwendern der Bronze, allerdings ist es unwahrscheinlich, daß sie die Bronze erfunden haben, da sie kein Zinn besaßen. Spätestens von der 12. Dynastie an war Bronze in Ägypten bekannt. Mit der 19. Dynastie, also um 1400 v. Chr., begann man bereits mit dem technisch anspruchsvollen Bronzehohlguß. Ähnliches gilt für Persien. In der Stadt Susa im heutigen Iran blieb seit ca. 1300 v. Chr. eine fast 2 Tonnen schwere am Stück gegossene Bronzefigur mit bis zu 8 cm Mantelstärke erhalten. Hinweise auf ein hohes Niveau in der Bronzetechnologie finden sich auch im Zusammenhang mit Salomo, dem König der Juden um 1000 v. Chr. Dessen Tempel wurde nach Bibelangaben (Könige, Chronik) von 2 Säulen von 12 Metern Höhe und 2,7 Metern Durchmesser sowie einem Wasserbecken von 7,6 Metern Durchmesser und 3,8 Metern Höhe verziert. In Griechenland entwickelte sich der Bronzeguß im 7. Jahrhundert v. Chr. durch Glaukos von Chios und Theodoros von Samos. Aus China gibt es zahlreiche datierte und mit Inschriften versehene Bronzestücke aus dem 7. bis 8. Jahrhundert vor unserer Zeitrechnung. Die ausgefeilte Technik dieser Arbeiten läßt aber vermuten, daß der Bronzeguß zu dieser Zeit dort schon lange bekannt war.

Es ist anzunehmen, daß das blauschimmernde carbonatische Kupfererz Malachit sowie der sulfidische Kupferkies damals die Hauptquelle der Kupferherstellung waren. Früher glaubte man, daß Kupfer entdeckt wurde, als Malachit ins Lagerfeuer gegeben und dort reduziert wurde. Lagerfeuer haben allerdings nur Temperaturen von $600 - 650\,°C$, wohingegen für die Reduktion des Erzes zu Kupfer mindestens $700 - 800\,°C$ erforderlich sind. Es ist daher wahrscheinlicher, daß die Kupferreduktion von Töpfern entdeckt wurde, deren Brennöfen bis zu $800\,°C$ heiß werden konnten. Gegen Ende des dritten Jahrhunderts v. Chr. sind sogar schon Gefäßblasebälge nachweisbar, die dazu dienten, die Temperatur der Holzkohle durch Einblasen von Luft auf über $900\,°C$ zu erhöhen.

Vor der Bronzezeit muß aus technischen Gründen vielerorts eine Kupferzeit stattgefunden haben. Dabei war aber Kupfer in reiner Form praktisch unbekannt, da es meistens – je nach Erz – zumindest in geringem Umfang mit Zinn, Zink, Blei, Nickel und anderen Metallen versetzt war. Auch die ältesten entdeckten Kupfergegenstände, so etwa die aus dem Jahr 7000 v. Chr. stammenden Funde in Cayönü Tepesi in der Südtürkei, weisen daher oft einen geringen Zinngehalt auf. Sie können allerdings nur durch eine genaue chemische Analyse von Reinkupfer unterschieden werden.

Die Sumerer hatten bereits früh erkannt, daß man mit der Mischung von Kupfererzen unterschiedlicher Herkunft je nach Bedarf ein besseres Fließverhalten beim Gießen oder eine höhere Härte nach der Verformung erzielen konnte. Solche günstigen Vorlegierungen kamen zunächst sicherlich dadurch zustande, daß die örtlichen Erze zufällig einen gewissen Gehalt an erwünschten Zusatzelementen aufwiesen. Eine auf 2500 v. Chr. datierte sumerische Axt beispielsweise besteht bereits aus einer auch heute noch klassischen, sehr harten Kupferbronze mit 11% Zinn und 89% Kupfer. Zahlreiche um 2000 v. Chr. herum datierte sumerische Bronzefundstücke zeigten jedoch einen weit geringeren Zinnanteil und somit auch eine deutlich geringere Härte. Offensichtlich gingen zu dieser Zeit die eigenen zinnhaltigen Kupfererzvorkommen zur Neige, so daß bessere Erze importiert werden mußten.

Im minoisch–mykenischen und im mitteleuropäischen Kulturkreis kann die Bronzezeit zwischen 2200 und 700 v. Chr. angesiedelt werden. Dies ist die Zeit der großen Palastkulturen von Kreta (2000–1400 v. Chr.) und Mykene (1600–1200 v. Chr.). In Ägypten herrschten in dieser Epoche Könige wie Tut-Ench-Amun (um 1330 v. Chr.). Man teilt die Bronzezeit in Europa in eine Frühbronzezeit (etwa 2200 bis 1500 v. Chr.), eine Mittelbronzezeit (etwa 1500 bis 1300 v. Chr.) und eine Spätbronzezeit (etwa 1300 bis 700 v. Chr.) ein. Diese Einteilung richtet sich weniger nach wesentlichen Technologiewechseln, sondern vielmehr nach der Formgebung der Bronzegeräte und den Bestattungsriten. Gehämmerte Bronze taucht beispielsweise erst ab der späteren Bronzezeit auf und drängte die ursprünglich dominierende Gußtechnik immer mehr zurück.

Erst in der mittleren Bronzezeit haben die nördlichen Kulturgruppen, der germanische Kreis im Norden, der illyrische Kreis im Osten und der keltische Kreis im Westen, in der Bronze das kulturbestimmende Material gefunden. Nachzügler waren besonders die Nordgermanen und Skandinavier. Dort wurden zuerst kleine Schmucksachen aus Metall hergestellt, dann Waffen, landwirtschaftliche Geräte und schließlich auch kultische Gegenstände. Die Metalle waren im Norden oft teure Mangelware und mußten, wie zum Beispiel Kupfer und Zinn, eingeführt werden. Dadurch ergaben sich deutliche Unterschiede bei der Nutzung von Metallen selbst innerhalb eines Stammes- oder Siedlungsgebietes. Während die verstorbenen Vornehmen Dolche, Helme, Kultgegenstände und Schmucksachen sogar in ihre Särge gelegt bekamen, lebten die Armen weiter in primitiven steinzeitlichen Verhältnissen und arbeiteten mit Geräten aus Knochen, Feuerstein und Holz. Die Geschwindigkeit der Verbreitung des metallurgischen Fachwissens ist in dieser Epoche in enger Verbindung zu den damaligen Handelswegen und politischen Einflußbereichen zu sehen.

Was kennzeichnet die Bronzezeit in unseren Breiten? Die meisten Informationen dazu stammen aus Gräbern. In der Frühbronzezeit wurden die Toten in Hockstellung begraben, Männer und Frauen immer in entgegengesetzter Haltung. In dieser Epoche finden sich neben Bronzewaffen (Dolche, Beile) auch Schmuckstücke aus Bronze (Nadeln, Halsringe). In der Mittelbronzezeit änderten sich die Begräbnisbräuche. Die Toten wurden nun ausgestreckt unter Grabhügeln, zum Teil in Grabkammern beigesetzt. Dieser Abschnitt wird daher auch als Hügelgräberbronzezeit bezeichnet. Die aufgeschütteten Grabhügel sollten womöglich als weithin sichtbare Denkmäler an die Ahnen erinnern und das Gemeinschaftsgefühl der Lebenden stärken. Zur Grabausstattung der Männer gehörten Bronzewaffen wie Dolche, Beile und Langschwerter sowie Pfeil und Bogen. Die Frauen nahmen Arm-, Bein-, Hals- und Hüftschmuck mit ins Grab. Das Zeichen der Mittelbronzezeit war insbesondere das Schwert. Seine besondere Stellung lag darin, daß es als erste Waffe nur zum Kampf Mann gegen Mann und nicht zur Jagd diente. Es ist allerdings wahrscheinlich, daß vor allem das Langschwert eher die Funktion einer Prunkwaffe als die einer typischen Nahkampfwaffe hatte. Selbst die besten Legierungen jener Zeit waren für lange Klingen entweder zu spröde oder zu weich. Kurze Dolche und Kurzschwerter waren wesentlich brauchbarer und wurden vermutlich auch im Kampf weit häufiger eingesetzt als das Langschwert. Hinzu kommt, daß Zinn und Kupfer selten und wertvoll waren und der Besitz einer Langwaffe aus Bronze daher eher als Kennzeichen von Macht und Wohlstand gewertet wurde. Die für den wirklichen Kampfeinsatz optimierten Waffen der Bronzezeit waren Speer, Streitaxt, Streitkolben, Steinschleuder, Bogen und Dolch.

In der Spätphase der mittleren Bronzezeit änderten sich die Bräuche von neuem. Die Brandbestattung begann zur Regel zu werden, wobei die Leichenasche in großen steinernen Grabkammern ausgestreut oder in Tongefäßen auf Urnenfeldern beigesetzt wurde. Die Spätbronzezeit wird daher oft auch als Urnenfelderzeit bezeichnet. Außer den einfachen Gräbern der bäuerlichen Bevölkerung sind aus dieser Zeit reich ausgestattete, aus Trockenmauerwerk er-

Bild 3.6: Ausschnitte aus Schilden der skandinavischen Bronzezeit.

richtete Grabkammern einer vornehmeren Schicht gefunden worden. In diesen waren den Männern hölzerne, bronzebeschlagene Wagen, bronzene Angriffs- und Schutzwaffen, bronzenes Trinkgeschirr und Speisen in Tongefäßen, den Frauen Schmuck beigegeben. Zahlreiche verzierte Bronzegegenstände tragen kultische Zeichen, unter denen Vogelfiguren und Sonnensymbole überwiegen. Eine Eigenart besonders der späten Urnenfelderzeit sind Bronze–Hortfunde als Votivgaben an eine Gottheit oder Verstecke für Kriegszeiten. Urnenfelderzeit- liche Hausgrundrisse sind bis auf jene der zahlreichen Siedlungen an den Ufern der Alpenseen (Pfahlbauten) bislang nur spärlich nachgewiesen. Die schon in den vorangegangenen Bronzeepochen belegten Handelskontakte intensivierten sich während der Urnenfelderzeit. Es fand dabei ein lebhafter Kulturaustausch zwischen dem Mittelmeergebiet und dem übrigen Europa statt. Die Spätbron- zezeit gilt als die industrielle Blütezeit der Bronze–Metallurgie. Neue Produkte der Schmiede waren Helme und Panzer, Rasiermesser und Sicherheitsnadeln sowie Eimer und Tassen für fürstliche Prunkgelage. Der Handel mit dem für die Bronzemetallurgie wichtigen Zinn aus England reichte bis nach Griechen- land. In allen Bronzeepochen gab es einige wenige besonders reich ausgestattete Königsgräber, die auf eine starke soziale Differenzierung hinweisen. Die vermut- lich ältesten bronzezeitlichen Kulturen Mitteleuropas wurden in Ungarn ent- deckt, beispielsweise die Nagyrev–Kultur in Ostungarn und die Kisapostag– Kultur in Westungarn. Aus Rumänien ist von der etwas späteren Otomani– Kultur eine von Mykene beeinflußte hochentwickelte Metallurgie belegt. Dort wurden Dolche und Streitäxte hoher Qualität gefertigt.

Der Ablauf der Bronzemetallurgie zu dieser Zeit ist mit Hilfe von Feldexpe- rimenten, die von Archäometallurgen durchgeführt werden, vielfach untersucht worden. Solche Experimente sollen helfen, prähistorische Kupferherstellungs- verfahren besser zu verstehen. Bei solchem Vorgehen werden die Produkte der Experimente (Schlacke, Kupferstein und Kupfer) später im Labor analysiert und mit entsprechenden Relikten, die auf prähistorischen Kupferverhüttungsplätzen gefunden wurden, verglichen. Aus diesen Arbeiten ergibt sich folgendes Bild: Als Kupfererz dienten in der Regel lokale Vorkommen. Oft wurde sulfidischer Kupferkies benutzt. Der Erzabbau erfolgte häufig durch die Feuersetzmethode. Dabei wurde das erzhaltige Gestein erhitzt und schnell mit Wasser abgekühlt. Durch die thermische Spannung wurde das Material brüchig und das Erz ließ sich mit Hilfe einer Spitzhacke herauslösen. Es wurde von taubem Gestein getrennt und in Stücke von wenigen Zentimetern Größe zerkleinert. Um den Rohstoff zu verhütten, mußte im Röstprozeß zunächst sein Schwefelgehalt durch ein oxidierendes Feuer reduziert werden. Dabei reagierte ein Teil des Schwefels mit Luftsauerstoff und konnte in Form von Schwefeldioxid entweichen. Dieser Prozeß wurde vermutlich in Röstbetten durchgeführt. Diese bestanden aus Lehm mit einer Mulde im Zentrum und einer Berandung aus Stein. Solche Röstbetten wurden im mitteleuropäischen Raum von Archäologen freigelegt. Als Verhüttungsöfen wurden zum Teil Aggregate mit mehreren Brennkammern verwendet. Die Ofenwände bestanden aus großen Steinblöcken, die mit Lehm verkleidet waren. Einige der Öfen hatten eine offene Front, andere hingegen geschlossene Brennkammern und Frontmauern sowie Abstich– und Düsenlöcher für die Luftzufuhr.

Mitteleuropäische Kupfererze fanden sich insbesondere in Siebenbürgen, Nordungarn, im Erzgebirge, sowie in Thüringen, Salzburg und Tirol. Die wesentlich selteneren Zinnerze stammten besonders aus dem Fichtelgebirge und aus Cornwall, was seit alter Zeit auch den Beinamen *Tin–Land* trägt. Arsen, welches ebenfalls als Legierungselement in der Bronzezeit Verwendung fand, kam vor allem aus dem Frankenwald.

3.3 Von den Hethitern zu Asterix und Obelix – die Eisenzeit

Das oxidische Eisenmineral Hämatit oder Roteisenstein gehört zu den frühesten von Menschen systematisch geförderten und benutzten Materialien. Bereits in der Altsteinzeit gruben unsere Vorväter nach diesem Mineral, um es zu künstlerischen und kultischen Anlässen als Farbstoff zu nutzen.

Die Reduzierung des Erzes zu metallischem Eisen gelang erst einige Jahrtausende später in der Eisenzeit. Die Epoche dieses Metalls löste als urgeschichtliche Periode die Bronzezeit ab. In Mitteleuropa bezeichnet der Begriff Eisenzeit die Zeitspanne zwischen dem Ende der Bronzezeit (um 800 v. Chr.) und der abendländischen Zeitenwende.

Bild 3.7: Mikrostruktur eines bereits lange vor Beginn der Eisenzeit weiterverarbeiteten Eisen–Nickel Meteoriten unter dem Mikroskop.

Erste Spuren systematischer Eisenverhüttung aus dem dritten Jahrtausend v. Chr. fanden die Forscher im Nahen Osten in der Stadt Ur. Kleine Schmuckstücke sind sogar aus dem vierten Jahrtausend v. Chr. erhalten. Bei vielen dieser Funde handelt es sich allerdings um Einzelstücke, die aus dem in diesen Breiten nur selten vorkommenden Meteoriteisen hergestellt wurden. Der meteoritische Ursprung solcher Gegenstände läßt sich an ihrem erhöhten Nickelgehalt und ihrer mikroskopischen Struktur erkennen. Aber auch verarbeitetes terrestrisches Eisen aus dem frühen dritten Jahrtausend v. Chr. taucht in Einzelstücken in den Ausgrabungen in Ägypten und Vorderasien auf.

Die genauen Ursprünge der Eisenzeit in Ägypten sind umstritten. Mitte des 19. Jahrhunderts wurden in der Cheopspyramide (um 3700 v. Chr.), in der Pyramide des Unas sowie in einer der Pyramiden von Abusir verrostete Eisenstücke und vereinzelt auch Eisenmeißel gefunden. Die Herkunft dieser Funde ist jedoch unklar. Als ältestes Eisenstück läßt die Forschung heute meist eine ägyptische Lanzenspitze gelten, die in einem Grab zu Buhen in Nubien von etwa 1800 v. Chr. gefunden wurde. Wegen seiner Seltenheit war Eisen in Ägypten zu dieser Zeit äußerst wertvoll und wurde vereinzelt sogar zusammen mit Gold zu Schmuckgegenständen verarbeitet. Die Verwendung des Eisens als Schmuck kann mit der Trockenheit in dieser Region zusammenhängen, denn welcher Pharao würde es schon wagen, seine Ehefrau mit Rost zu behängen? Trotz dieser vereinzelten frühen Funde waren die Ägypter in der Eisenherstellung im Vergleich zu anderen Kulturen jener Zeit aber nicht führend.

Bezüglich Qualität und Masse werden die Leistungen der Metallurgen in den Reichen der Hethiter und Mitanni um diese Zeit in Anatolien von der Forschung heute weit höher eingeschätzt. Eisen wurde von den Hethitern zunächst im heutigen Inneranatolien im Bergland nördlich von Mesopotamien zu Schmuck verarbeitet. Erst ab dem 15. Jahrhundert v. Chr. war es jedoch möglich, das spröde Material zu schmiedbarem Stahl weiterzuverarbeiten, so daß um diese Zeit eine beachtliche Produktion von Gebrauchsgegenständen und Waffen einsetzte. Der an der Schwarzmeerküste vorkommende Magnetitsand, ein Magnesium–Eisen–Silicat mit hohem Eisengehalt und relativ niedrigem Schmelzpunkt, ließ sich gut schmelzen und weiterverarbeiten. Möglicherweise aufgrund ihrer überlegenen Eisenmetallurgie beherrschten die Hethiter um die Mitte des 2. Jahrtausend v. Chr. den größten Teil Kleinasiens sowie das heutige Syrien, das sie der Kontrolle der Ägypter entrissen hatten. In dieser Epoche exportierten die Hethiter Eisenwaren bereits nach Syrien, Palästina, Ägypten, Mesopotamien, Persien und sogar bis in den Kaukasus. Erst nach der Zerstörung des Hethiterreiches um 1180 v. Chr. verbreitete sich die Technologie der Eisenverhüttung und Stahlherstellung allmählich in Richtung Mittelmeerraum und Asien.

Aus Indien ist uns aus der Eisenzeit ein besonders eindrucksvolles Dokument früher metallurgischer Kenntnisse der Eisengewinnung und –verarbeitung überliefert. In der Nähe von Neu–Delhi steht ein merkwürdiges Monument, das, der eingeprägten Inschrift zufolge, aus dem 9. Jahrhundert v. Chr. stammen soll. Diese sogenannte Kutub–Säule wiegt 17 Tonnen, und von ihren 16 Metern Gesamtlänge sind oberirdisch etwa 7 Meter sichtbar. Sie besteht aus chemisch besonders reinem Eisen. Es wird vermutet, das die Säule aus vielen kleinen Blöcken zusammengeschweißt wurde. Allerdings ist an der Säule keinerlei Schweißnaht zu erkennen. Das besonders Rätselhafte an der Kutub–Säule ist, daß sie bis auf den heutigen Tag, also nach etwa 3000 Jahren, noch immer nicht die geringste Spur von Korrosion aufweist. Aus Sicht der Forscher gibt es dafür unterschiedliche Erklärungen. So ist bekannt, daß sehr reines Elektrolyteisen in der Tat wesentlich korrosionsbeständiger ist als gering legierter Stahl. Allerdings bestünde dann die Frage, wie die Metallurgen jener Zeit so reines Eisen herstellen konnten. Auch wären Fett– oder Ölablagerungen als Ursache der Rostfreiheit denkbar. Schließlich ist zu berücksichtigen, daß die Säule in einer sehr trockenen Region steht.

Aber zurück in europäische Gefilde. In unseren Breiten fand Eisen bereits vereinzelt in den mitteleuropäischen Urnenfeldkulturen der späten Bronzezeit Verwendung. Als erste Hochphase der europäischen Eisenzeitkultur gilt aber die nach der wichtigsten Fundstelle im Salzkammergut in Oberösterreich benannte Hallstattkultur. Diese Epoche wird auch als ältere (keltische) Eisenzeit bezeichnet (800 bis 450 v. Chr.). Bei Hallstatt wurden ungefähr 2500 keltische Gräber mit reichen Beigaben gefunden.

Bild 3.8: Die bis heute rostfreie Eisensäule von Kutub in Indien aus dem 9. Jahrhundert vor unserer Zeitrechnung. Die Säule hat ein Gewicht von 17 Tonnen.

Merkmale der Hallstattkultur sind nicht nur lange Eisenschwerter und Pferdegeschirre, sondern auch Hügelgräber von Fürsten mit wertvollen Grabbeigaben. Aber auch in den weniger vornehmen Gräbern spiegelt sich der große Wohlstand der Siedlung wider. Bei den Toten wurden Eisen– und Bronzeschwerter, Dolche, Äxte, Helme, Schüsseln sowie Gold– und Silberschmuck gefunden. Auch andere Schmucksachen aus Bernstein und Glasperlen fanden sich in den Gräbern. Die Siedlung in Hallstatt gehörte zu einem Handelsnetz, das sich über ganz Mitteleuropa erstreckte und von der Ostsee bis zum Mittelmeer reichte. Der Reichtum der Ansiedlung beruhte dabei keineswegs auf Eisenerz, sondern auf Salz, das in der Umgebung abgebaut wurde. In den letzten Jahrhunderten legten Bergarbeiter zahlreiche Funde aus dieser Zeit frei, wie Galerien mit Holzstützen und eine Reihe organischer Überreste, die das Salz konserviert hatte. Die Angehörigen einer Adelsschicht residierten in großen Bergbefestigungen, während die bäuerliche Bevölkerung zumeist in Einzelgehöften siedelte. Bergwerksgeräte wie Pickel, Schaufel und Schlägel wurden gefunden, außerdem Kerzen zur Beleuchtung der dunklen Schächte, welche teilweise bis zu 300 Meter tief in den Berg reichten. Zudem entdeckte man Lederbehälter, die über Holzrahmen gezogen waren und mit denen die Bergarbeiter Salzblöcke zum Eingang der Mine zogen, sowie Kleidungsstücke aus Häuten und Fellen.

Die Landschaften nördlich der Mittelgebirge blieben von den Hallstattkulturen weitgehend unbehelligt. Archäologen vermuten, daß sich die vielfältigen hallstättischen Handelskontakte stark nach Süden orientierten. Im Norden wurden, wie etwa am Beispiel der Urnengrabsitte zu erkennen, zunächst die Traditionen der jüngeren nordischen Bronzezeit fortgeführt.

Ebenfalls in die ältere Eisenzeit gehören die eisernen Antennenschwerter und die Möhringer Schwerter, die hauptsächlich zwischen 900 und 750 v. Chr. im germanischen Kulturkreis entstanden. Aus dem etruskischen Italien gelangten eiserne Metallprodukte als Importwaren nach Norden, ebenso in den illyrischen Kulturbereich, besonders nach Schlesien und Ostdeutschland. Dort traten Eisenwaffen nach und nach an die Stelle der bronzenen Geräte. Zwischen etwa 750 und 400 v. Chr. wurden die Bronzeschwerter endgültig durch Hallstattschwerter und Lanzen aus Eisen verdrängt. Besonders unter den frühen Funden im Kaukasus und der Ukraine sind auch viele Pferdegeschirre. Archäologen vermuten daher eine Förderung des Eisenhandels in dieser Region besonders durch Reitervölker.

Bild 3.9: Siegerländer Rennfeuer in der Latène–Zeit.

Die auf die Hallstatt–Kultur folgende jüngere (keltische) Eisenzeit wird als Latène–Kultur bezeichnet (450 v. Chr. bis Zeitenwende), nach dem Ausgrabungsort La Tène, einem eisenzeitlichen Opferplatz der Kelten am Neuenburger See in der Schweiz. Die Latène–Kultur erstreckte sich zwischen dem östlichen

Frankreich und Böhmen in der Breite sowie zwischen Rheinland und den Alpen in der Länge. Griechische und römische Schriftsteller bezeichneten die Träger dieser Epoche durchweg als Kelten beziehungsweise Gallier.

Die frühe Latèneperiode wird durch das Eindringen der Kelten ins Alpenvorland charakterisiert. In der mittleren Latènezeit drangen die Kelten weiter in den alpinen Bereich vor. Als bedeutendes Metall– und Handelszentrum entstand Magdalensberg. Hier wurden die hochwertigen norischen[3] Eisenluppen erschmolzen sowie unterschiedlichste Stahlwaren hergestellt und gehandelt.

In jener Epoche weiteten keltische Stämme ihren Einflußbereich stark aus. Sie bedrohten nicht nur Oberitalien und Rom, sondern drangen auch bis nach England, Spanien, Italien und Ungarn vor. Mit dem Eindringen nach Kleinasien erreichten die Kelten ihre weiteste Ausbreitung. Wirtschafts– und Siedlungsformen der älteren Latènekultur glichen denen der vorausgegangenen Hallstattkultur. Die Kelten der älteren Latènezeit bestatteten ihre Toten überwiegend unverbrannt, zum Teil unter Grabhügeln. Die Fürstengräber zeichnen sich durch besonders reiche Beigaben aus, darunter Goldschmuck, Waffen und sogar vollständige Streitwagen.

Die wichtigste Wendemarke dieser Epoche war der Sieg der Römer über die Kelten in der Po–Ebene 222 v. Chr. In der folgenden späteren Latènezeit regierten die Gaufürsten als lokale Volkstribune. Eine keltische Zentralgewalt existierte nicht. Bergbau, Handel und der aus Comics bekannte Druidenkult gediehen. Die in den Mittelmeerbereich vorgedrungenen Kelten lernten zunehmend städtische Siedlungsformen kennen.

In Nachahmungen mediterraner Stadtanlagen sind im keltischen Gebiet zwischen Frankreich und Ungarn in der späteren Latènezeit zahlreiche Städte entstanden. Diese Siedlungen des zweiten und ersten vorchristlichen Jahrhunderts waren stark befestigte wirtschaftliche und kulturelle Zentren größerer Stammesgebiete. In Notzeiten suchten auch die Bewohner der umliegenden kleineren Siedlungen in ihren Mauern Schutz. Caesar bezeichnete diese keltischen Befestigungen von beträchtlicher Größe in exponierter Lage als *oppida* (lat. Städte). Der starke Einfluß der Mittelmeerwelt zeigt sich auch in den Anfängen der Geldwirtschaft sowie in kulturellen Umbrüchen, die sich besonders im Kunsthandwerk bemerkbar machten.

In den letzten Jahrzehnten vor Christi Geburt rückten die Römer unter Caesar im gallischen Krieg von Süden und die Germanen von Norden gegen die Kelten vor und beendeten deren Vorherrschaft in Mitteleuropa. Die Römer brachten dabei auch das keltische Schmiede– und Handelszentrum auf dem Magdalensberg in ihre Abhängigkeit. Eisen gelangte vermutlich auch erst über die Kelten zu den Germanen, die wohl auch das keltische Wort *isarnon* für

---

[3]Norisches Eisen war das im keltisch geprägten Noricum (heute Österreich) erzeugte hochwertige, stahlähnliche Eisen, das in den keltischen und römischen Gebieten gehandelt und weiterverarbeitet wurde. Der Name *norisch* geht auf die keltische Göttin Noreia zurück.

Eisen übernommen haben. Einige Wissenschaftler sehen die damalige keltische Eisenverhüttung und –verarbeitung bereits als eine Form der Großindustrie, in der zahlreiche Arbeiter beschäftigt waren. Auch Cäsar berichtete über die Erzbergwerke in Aquitanien und im Gebiet der Biturigen (keltischer Stamm in der Region um Bordeaux).

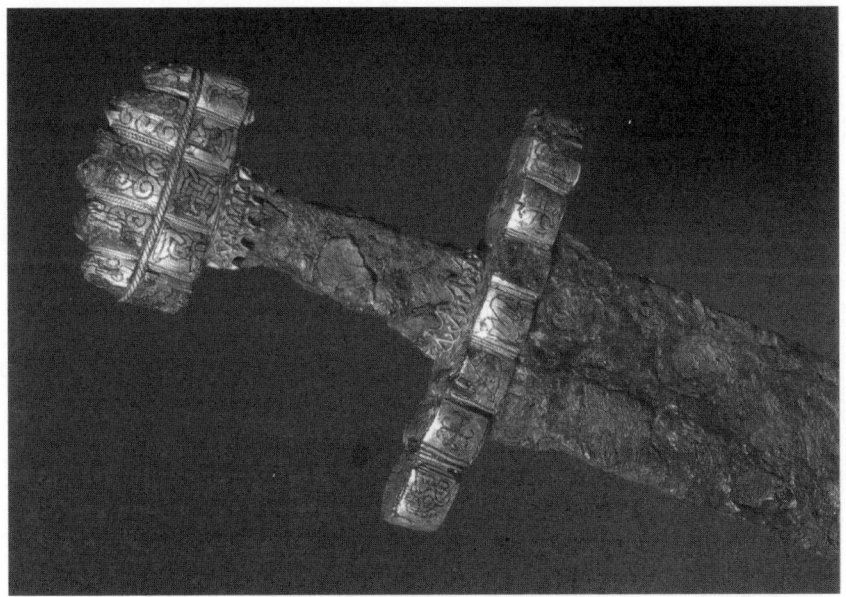

Bild 3.10: Skandinavisches Eisenschwert mit Silberknauf aus Haithabu.

Als Beispiel eines großen Unternehmens auf industriellem Niveau kann ein Hügel in der Nähe von Nancy gelten. Dort hatten die Kelten einen doppelten Ringwall errichtet, der neben dem Hochplateau auch ein tiefer liegendes Gebiet umfaßte. Innerhalb des Ringes standen die Wohnhäuser, an den Hängen des Hügels waren tiefe Bergwerkstollen angelegt worden. Auf dem unteren Plateau befanden sich Rennöfen und Waffen– sowie Werkzeugschmieden. Rennöfen (vom altdeutschen *rennen* für schmelzen oder verflüssigen) waren Lehmschächte von bis zu mehreren Metern Höhe, die mit Luftlöchern versehen waren. Sie wurden mittels Holzkohle und Blasebälgen auf etwa 1200 °C erhitzt und über einen längeren Zeitraum mit einem Gemisch aus Erz und Holzkohle beschickt. Bei Temperaturen zwischen 1200 °C und 1300 °C erfolgte die Reduktion des Eisens aus dem Erz. Meist waren die Luftzufuhr und die erzeugte Hitze nicht ausreichend, um das Eisen völlig zu verflüssigen. Das Gestein im Erz schmolz zur Schlacke und umhüllte die Eisenteilchen. Diese waren dadurch vor dem

Luftsauerstoff geschützt, ebenso vor dem Kohlenstoff, der das Eisen zwar härtbar, aber im Übermaß auch spröde macht. Durch die Schwerkraft sanken Eisen und Schlacke zum Boden des Ofens. Dort verklumpten die Eisenpartikel zu einer sogenannten Luppe. War alles Erz eingesetzt und reduziert, wurde der Ofen heruntergefahren, zerschlagen und die Luppe entnommen. Durch anschließendes Ausschmieden und Feuerschweißen entstand aus der anfangs noch mit Schlackeneinschlüssen durchsetzten Luppe ein weiches, kohlenstoffarmes Schmiedeeisen, das zu Geräten und Waffen weiterverarbeitet werden konnte.

Bild 3.11: Mittelalterlicher Rennofen (links) und Nachbau (rechts).

Der größte Vorteil, den das neue Metall gegenüber der Bronze hatte, bestand in der leichten Verfügbarkeit und weiten Verbreitung seiner Erze. Abgebaut wurden vor allem der Brauneisenstein, der Roteisenstein und das Rasenerz. Eisen erforderte keine besonderen Legierungsverfahren und eignete sich zur Herstellung von Sägen, Äxten, Hacken und Nägeln. Der Nachteil bestand darin, daß es schwer zu verarbeiten war. In vorgeschichtlicher Zeit konnte man in Europa noch keine ausreichend hohen Temperaturen erzeugen, um die Luppen vollständig aufzuschmelzen, so daß man es in Formen hätte gießen können. Interessant ist auch die Eisenzeit in China. Dort begann man bereits ab etwa 600 vor unserer Zeitrechnung, Eisen zu schmelzen und zu gießen. Die dafür erforderlichen sehr hohen Temperaturen konnten in den nächsten 1000 Jahren nirgendwo sonst erzeugt werden (in Europa begann man erst im 14. Jahrhundert Eisen zu gießen). Die Chinesen produzierten große Mengen gußeiserner

Werkzeuge und Waffen. Neue Geräte und Holzwerkzeuge mit eisernen Spitzen erhöhten die Produktivität der Landwirtschaft. Ebenso wie in Europa entstand in China zu dieser Zeit die Münzprägung. Stadtbefestigungen und das Waffenarsenal machen deutlich, daß der Krieg das Leben beherrschte. Dies zeigt sich besonders in der Vollendung der Chinesischen Mauer und der berühmten Terrakotta–Armee von Chinas erstem Kaiser, Qin Shi Huangdi.

3.4   Das Rheingold

Wie steht es denn nun nach all der Bronze und dem Eisen mit der Geschichte der Edelmetalle bei den Kelten und Germanen in unseren Breiten? Zu den eher bescheidenen Anfängen hinsichtlich der Gewinnung und Nutzung der Bodenschätze auf deutschem Boden gibt es erste schriftlich Angaben von Tacitus im 5. Kapitel seines Buches Germania. Dort sagt er „*Gold und Silber haben die Götter den Germanen, ich weiß nicht, ob aus Gnade oder im Zorn, versagt. Doch will ich nicht behaupten, es gäbe in Germanien überhaupt keine Gold- oder Silberader. Denn hat schon jemand danach gesucht?"*

Die ersten professionellen Goldsucher sollen um etwa 2000 v. Chr. im Auftrag kretischer Herrscher nach Mitteleuropa gekommen sein und dabei unter anderem in Thüringen und im Fichtelgebirge nach Gold gesucht haben. Von den römischen Geschichtsschreibern Diodorus Siculus und Poseidonios wissen wir, daß die Kelten Münzen aus Gold prägten, das sie hauptsächlich aus dem Sand ihrer Flüsse filterten. Das Gold des Rheins, das in der Edda und der Nibelungensage ja ausführlich behandelt wird, wurde auch in kriegerischen Zeiten systematisch gewonnen. Weder die Eroberung des damals gallischen Rheintales durch die Römer noch der Einbruch der Alemannen konnte die Goldwäscherei am Rhein zum Erliegen bringen. Auch den germanischen Völkern war das Rheingold bekannt. Ermoldus Nigellus rühmt den Rhein als Goldspender in einer Elegie an König Pippin, und der Mönch Otfried von Weißenburg hebt in seiner Evangelienharmonie ausdrücklich hervor, daß im rheinischen Frankenlande Flußgold gewonnen werde. Von der keltischen Goldwäscherei am Rhein ist eine detaillierte Schilderung überliefert, die dem Mönch Rogkerus zugeschrieben wird: „*Sandgold ist jenes, welches auf diese Weise an dem Ufer des Rheines gefunden wird. Man gräbt den Sand an jenen Stellen, wo man es zu finden hofft, und bringt ihn auf Holztafeln. Dann übergießt man es mit Wasser. Fließt nun der Sand mit fort, so bleibt ein sehr feines Gold zurück, welches besonders in einem Gefäß aufbewahrt wird. Wenn nun das Gefäß zur Hälfte gefüllt ist, schütte Quecksilber darauf und durchrühre es tüchtig mit der Hand, bis es sich gänzlich vermengt hat. Dann wird es auf ein feines Linnen gebracht und das Quecksilber ausgewunden. Was aber zurückbleibt, kommt in den Gußtiegel und wird geschmolzen."*

Bergbau haben die Germanen bereits zur Zeit des Tacitus und auch lange vorher schon betrieben. Gold und Silber allerdings interssierten sie offenbar wenig. Dies hebt auch Tacitus ausdrücklich hervor: *„Besitz und Verwendung dieser Metalle reizen die Germanen nicht sonderlich."*

Er berichtet weiterhin, daß bei ihnen Gefäße aus Silber, die ihre Gesandten und Fürsten geschenkt bekamen, ebenso gering gewertet wurden wie solche aus Ton. Den Germanen war die Bedeutung von Gold und Silber an Rhein und Donau wegen des Handelsverkehrs mit den Römern sehr wohl bewußt, im Landesinneren wurde aber weiter der althergebrachte Tauschhandel betrieben.

Kapitel 4

Vom Gold anderer Leute

Wenn Metalle den Besitzer wechseln

4.1   Der falsche Schatz des Priamos

Die Geschichte des vermeintlichen Schatzes des Priamos und seines Entdeckers ist die Geschichte eines zähen Einzelgängers, Archäologie–Pioniers und nicht zuletzt auch die eines Goldräubers. Der mecklenburgische Pastorensohn Heinrich Schliemann soll bereits früh von Homers Ilias fasziniert gewesen sein. Besonders reizten ihn die Schätze und der Palast des trojanischen Königs Priamos. Dabei lag es für Archäologen keineswegs nahe, die Ilias für wahr zu halten. Das Epos besteht aus 24 Büchern und schildert die Kämpfe zwischen Griechen und Trojanern. Schon seit der Antike ist über den Ursprung der Ilias gerätselt worden. Wissenschaftler meldeten damals wie heute Zweifel an der Authentizität Homers und der Ilias an. Die Gründe dafür liegen in der Historie der Ereignisse und der Struktur des Epos. Beispielsweise wird ein Nebeneinander verschiedener Kulturen im Hinblick auf Bewaffnung und Bräuche beschrieben, das wenig wahrscheinlich ist. Auch sind manche Abschnitte des Werkes in sich so geschlossen, daß sie sich als selbständige Geschichten aus dem Epos herauslösen ließen. Dies widerspricht dem Konzept eines Gesamtwerkes aus der Hand eines Dichters. Dennoch schenkte Schliemann den Schilderungen über Troja Glauben und setzte sich so zunächst dem Spott seiner Zeitgenossen aus.

Erst 500 Jahre nach dem Fall Trojas berichtet die Ilias vom Untergang der Stadt. Priamos war demnach der letzte König von Troja. Er soll vierzig Jahre lang regiert und je ein halbes Hundert Söhne und Töchter gehabt haben, deren berühmteste immerhin Hektor, Paris und Kassandra gewesen seien. Paris hatte den Krieg um Troja ja erst ausgelöst, da er die schöne Helena, Gemahlin des griechischen Königs Menelaos, von Sparta nach Troja entführte. Das Ende der Geschichte ist bekannt. Nach zehn Jahren Krieg wird die Belagerung durch die List mit dem Trojanischen Pferd beendet, König Priamos erschlagen und Troja vernichtet. Bis heute steht zwar noch der eindeutige Beweis für den Trojanischen Krieg aus, nicht jedoch für die Existenz der Stadt selbst.

Im April des Jahres 1868 bricht der inzwischen vermögende Kaufmann und Sorbonne–Student Schliemann auf, um mit Hilfe der Ilias das nahezu 3000 Jahre alte Troja zu finden. Er ist nicht der erste Hobbyforscher auf der Suche nach der Stadt. Insbesondere nach Hinweisen des britischen und später amerikanischen Konsuls Frank Calvert konzentrierte er seine Anstrengungen auf den Hügel von Hissarlik an der Grenze zwischen Europa und Asien, an der Meerenge der Dardanellen. Die erste Grabung erfolgte ohne Grabungserlaubnis bereits im Jahre 1870. In den Jahren 1872 und 1873 wurde er schließlich auf dem Hügel von Hissarlik fündig. Die nach und nach freigelegten Schichten reichten von den Anfängen Trojas um 3000 v. Chr. bis etwa 500 n. Chr.

In Schliemanns Erfolgsgeschichte sticht der 31. Mai 1873 besonders hervor. In acht bis neun Meter Tiefe entdeckte er unter den Grundfesten der ehemaligen Hauptfestungsmauer einen Schatz. Ohne Mitwissen seiner Arbeiter begann er mit eigener Kraft mit der heimlichen Bergung der Gegenstände. Zuerst fand Schliemann Geräte aus Kupfer, so einen Schild, Waffen und einen Kessel. Anschließend kamen mit dem Hammer getriebene Klingen reinsten Silbers, eine Silberschale, ein Becher und mehrere Vasen zum Vorschein. Schließlich entdeckte der Forscher noch eine Flasche aus purem Gold, einen Goldbecher und ein goldenes Trinkgefäß in Form eines Schiffes. In einer großen silbernen Vase fanden sich ein Stirnband und vier kunstvolle Ohrgehänge aus Gold, zudem zahlreiche goldene Ohrringe und Ringe, durchbohrte Prismen und Würfel, goldene Knöpfe sowie goldene Armbänder und Becher. Die Prunkstücke aber waren zwei prachtvolle goldene Diademe, von denen eines aus 200 Gramm Gold in Form von 12.000 einzelnen Kettengliedern und 4000 Blättchen besteht. Stets getrieben von seinem festen Glauben an den Wahrheitsgehalt der Ilias, war Schliemann überzeugt, den Schatz des Priamos oder zumindest einen Teil davon gefunden zu haben. Unmittelbar im Anschluß an diese Entdeckung organisierte Schliemann eine spektakuläre Schmuggelaktion, vorbei an den türkischen Behörden, denen laut Grabungsgenehmigung die Hälfte aller aufgefundenen Schätze zugestanden hätte. Bereits Ende Mai 1873 erreichte seine sensationelle Fracht das nahegelegene Landgut von Konsul Calvert. Später wurden die Kostbarkeiten vorbei an den türkischen Aufsehern in der Nacht mit Pferden zum Hafen nach Karanlik Limani gebracht. Dort wurden sie auf ein Schiff von Calverts Bruder verladen und ins zunächst sichere Haus Schliemanns nach Athen befördert. Bei der dortigen Begutachtung des Fundes zählte Schliemann knapp

9.000 Objekte aus Gold, Silber und Elektron, einer Legierung aus Silber und Gold. Der Schatz wurde zu dieser Zeit auf einen Wert von etwa einer Million Franken taxiert. Der folgende Prozeß der Türkei gegen Schliemann wurde im April 1875 mit einer Zahlung von 50.000 Franken von Schliemann an die Türken beendet. Virchow schließlich überzeugte Schliemann 1881, den Schatz trotz der früheren verächtlichen Haltung der deutschen Altertumsforscher nach Berlin zu schicken, wo er 1882 im Kunstgewerbemuseum erstmals der staunenden Öffentlichkeit zugänglich gemacht wurde.

Später fanden Archäologen heraus, daß der vermeintliche Schatz des Priamos, den Schliemann in der zweiten Grabungsschicht entdeckt hat, rund 1000 Jahre älter ist als zunächst angenommen. Das Troja des wahren Königs Priamos wurde in der jüngeren, sechsten Grabungsschicht identifiziert. Welchem der vielen trojanischen Herrscher der Schatz tatsächlich gehörte, hat man bis heute nicht enträtselt. Wider besseren Wissens wird er jedoch bis heute als der Schatz des Priamos bezeichnet.

4.2 Metalle unter den Meeren — Schatzsucher auf Tauchstation

Etwa drei Viertel der Erdoberfläche sind von Meeren bedeckt. Unter diesen Wassermassen liegen beträchtliche Mengen von Goldbarren, Silbermünzen und sonstigen Schätzen.

Bild 4.1: Schatztaucher bei der Arbeit (links); geborgene Kanonenkugeln (rechts).

In den vergangenen Jahrhunderten war die Schiffahrt bekanntlich noch ein gefährliches Abenteuer. Stürme, Wellen und Piraten schickten Schiffe und zehntausende Menschen in ein feuchtes Grab. Glaubt man alten Dokumenten, dann gibt es in den Ozeanen über 2000 lohnende Ziele für Schatzsucher und Archäolo-

gen. Allein von den etwa 10.000 Schiffen der spanischen Silberflotte aus dem
16. und 17. Jahrhundert blieben schätzungsweise 3000 vermißt. Fast die Hälfte der spanischen Armada sank auf den Meeresgrund. Ihr heutiger Wert ist
nicht abzuschätzen. Die holländische Ostindienkompanie verlor im Lauf ihrer
Geschichte etwa 250 Schiffe, davon 150 mit wertvoller Fracht. Rund um die
Florida Keys werden immer noch bei jedem Hurrikan goldene Dublonen aus
der Kolonialzeit an den Strand gespült. Eine Flotte spanischer Galeonen verschwand hier während eines Sturmes im Jahr 1554.

Bisweilen ist aber auch Skepsis im Hinblick auf die zu erwartenden Schätze
berechtigt. Nach britischen Quellen war die Ladung vieler Piratenschiffe, die
etwa von Kriegschiffen aufgebracht wurden, recht dürftig und oftmals höchstens
einige Pfund wert. Zahlreiche Urkunden belegen das in trockenem Stil: *„Fünf*
Kisten spanischer Zucker im Wert von 150 Pfund, ein halbes Duzend Barrels
Zuckersirup, Reis für 5 Schilling, ein Sklavenjunge im Wert von 20 Pfund, ...“.

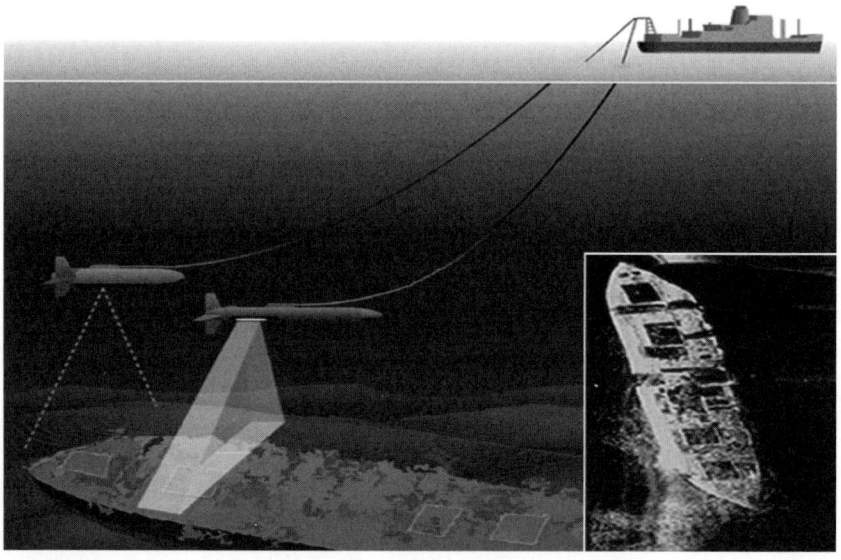

Bild 4.2: Kernresonanz–Magnetometer und Side–Scan–Sonare gehören heute zur Ausstattung moderner Schatzsucher; geortetes Wrack (kleines Bild).

Mittlerweile können dank moderner Unterwassertechnik einige der nassen
Gräber geplündert werden. Schatzsucher mit schnellen Schiffen und hochge-
züchteter Technik veranstalten eine zunehmend kommerzialisierte Jagd auf die
Ladung versunkener Handels–, Kriegs– und Piratenschiffe. Für Hobbyabenteu-
rer ist der Einstieg in die Schatzsuche mit Hilfe von gebrauchten Metalldetek-

toren[1] für weniger als 2000 DM möglich. Natürlich geht es auch aufwendiger. Einige professionelle Schatzsucher sind heute bereits mit Side–Scan–Sonaren ausgerüstet, welche eine systematische Vermessung des Meeresbodens erlauben. Sie senden Fächer von Schallwellen in Richtung Meeresgrund, und Computer errechnen aus dem Echo ein dreidimensionales Profil. Mit der Nutzung dieser Technologie stoßen auch Forscher der Seefahrtsämter oder der Marine bei der Meeresbodenerfassung für Seekarten gelegentlich auf Wracks. In geringen Wassertiefen eingesetzt, kann ein Side–Scan–Sonar bei langsamer Fahrt selbst kleinste Details am Meeresboden sichtbar machen. Auch in tieferen Gewässern und bei höherem Tempo kann man Gegenstände auf dem Boden des Meeres erkennen. Noch teurer ist der Einsatz von Kernresonanz–Magnetometern, die es ermöglichen, das natürliche Magnetfeld der Erde und kleinste Anomalien darin zu messen. So registrieren sie das Eisen einer Kanone, wo jedes menschliche Auge versagt. Sogenannte Sub–Bottom-Profiler spähen sogar durch Sandschichten auf dem Meeresgrund hindurch. Mit diesen verbesserten technischen Möglichkeiten könnten Schatzsucher in den kommenden Jahrzehnten zahlreiche aus den Quellen bekannte Schiffswracks finden, die bisher Jahrhunderte unbehelligt überdauert haben.

Einer der bekanntesten High–Tech–Schatzsucher ist Robert Ballard, der Entdecker der Titanic. Solche spektakulären Entdeckungen beflügeln natürlich nicht nur die Phantasie der Schatzsucher, sondern auch die ihrer Geldgeber. Ballard hatte bei früheren Unternehmungen mit einem U–Boot die Handelswege der Phönizier und Römer abgetaucht. Derartige Investitionen wollen jedoch verdient werden. Mit dem Kapital risikofreudiger Anleger machen sich weltweit operierende Aktiengesellschaften auf die Jagd nach jedem Wrack, das Profit verspricht, stets mißtrauisch beäugt von Unterwasserarchäologen.

Die Rechtslage bei der Unterwasserschatzsuche ist eindeutig. Wenn der Fund innerhalb der 24–Meilen–Zone eines Landes liegt, kann dessen Verwaltung entscheiden, was mit den gefundenen Schätzen passiert. Viele Staaten beanspruchen die Hälfte oder ein Viertel ihres Wertes. In internationalen Gewässern regelt die Brüsseler Konvention von 1910 die Angelegenheit. Demnach gehört ein herrenloses Schiff demjenigen, der es findet.

Besonders reiche Beute erhoffen sich professionelle Schatzsucher von der Route der spanischen Goldschiffe. Auf dem Weg von Amerika in die Heimat mußten oft schwer beladene Schiffe Stürme, Korallen und Piraten überstehen. Schon vor fast 300 Jahren haben sich Schatzsucher in der Karibik auf die Suche

---

[1] Metalldetektoren arbeiten nach dem induktiven Meßprinzip. Von einer Senderspule wird ein hochfrequentes elektromagnetisches Wechselfeld erzeugt. Entsteht eine Relativbewegung zwischen einem Metallteil und dem Feld des Detektors, erfährt dieses eine Änderung, die den magnetischen und elektrischen Eigenschaften des Metallteils entspricht. Die Feldänderung wird von einem Empfängerspulenpaar registriert und mit geeigneter Elektronik ausgewertet. Das induktive Meßprinzip reagiert auf elektrische Leitfähigkeit und Magnetismus und kann somit sogar zwischen verschiedenen Metallen unterscheiden.

nach versunkenen Goldschiffen begeben. Leutnant William Phips war einer der ersten Schatzsucher in dieser Region. Als er 1684 in den karibischen Gewässern unterwegs war, traf er auf einen Überlebenden der gesunkenen *Nuestra Senora de la Conception*. Der Matrose verriet Phips die Lage des Wracks, da ihm ein Beuteanteil versprochen wurde. Phips rüstete eine Expedition aus und brach zur Suche nach dem Schiff auf. An Bord hatte er karibische Eingeborene, die ohne technisches Gerät lange unter Wasser bleiben konnten. Die Taucher mußten bis zu 16 Meter Tiefe überwinden, um zum Wrack zu gelangen. Dieses war mittlerweile 50 cm dick von Korallen überwuchert. Vom Wrack aus mußten sie dann, mit schweren Gold– und Silberbarren beladen, den Weg zurück an die Oberfläche schaffen. Trotz dieser Strapazen erbeuteten die Taucher für Phips Schätze im Wert von mindestens 19 Millionen Dollar.

In der einschlägigen Fachliteratur kursiert eine Rangliste von gesunkenen Schatzschiffen. Einen prominenten Platz nimmt darauf eine Flotte aus 16 spanischen Galeonen ein, die 1553 vor Texas mit Gold, Silberbarren und Juwelen sank, und deren Schätze bereits teilweise geborgen worden sind. Der geschätzte Wert beläuft sich auf drei Milliarden Mark. Ein anderes Beispiel ist die berühmte Mendoza–Flotte. Diese bestand aus sieben Galeonen unter Führung des spanischen Admirals Mendoza. Im Jahre 1614 sank sie vor der mexikanischen Halbinsel Yucatan und nahm Gold und Edelsteine im geschätzten Wert von über einer Milliarde Mark mit in die Tiefe. Weitere bekannte Wracks auf dieser Rangliste sind die *La Capitana*, die 1654 vor der Küste Ecuadors mit einem Schatz von heute mehreren Millionen Mark unterging, das Piratenschiff *La Trompeuse*, daß 1683 mit einer Ladung aus Gold und Silber im Wert von mehr als 400 Millionen Mark versenkt wurde und die spanische Galeone *San José*, die 1708 vor dem kolumbianischen Cartagena mit einer Goldladung im Wert von 75 Millionen Mark durch einen britischen Angriff versenkt wurde. Die portugiesische *Flor de la Mar* ist vielleicht eines der wertvollsten aller bekannten Wracks. Sie sank 1511 vor der Ostküste von Sumatra mit Gold, Münzen und Statuen an Bord. Das Schiff wurde von Alfonso de Albuquerque kommandiert, der 1511 auszog, um den reichen Seehafen Malakka zu überfallen. Er belud seine Flotte mit von Blattgold überzogenen Sänften, Löwen aus Gold sowie dem Thron der Königin von Malakka. Wieder auf See, geriet er in einen Sturm, und die Flor de la Mar sank. Diese Wracks beflügeln nicht nur die Phantasie der Schatzsucher, sondern werden manchmal auch tatsächlich gefunden. Allerdings enden viele Expeditionen im finanziellen, oft auch gesundheitlichen Desaster, und nur wenige bescheren den Schatzsuchern den ersehnten Reichtum.

Beispielsweise suchte der amerikanische Abenteurer Mel Fisher 16 Jahre lang nach der legendären spanischen Galeone *Nestra Senora de Atocha* und investierte mindestens acht Millionen Dollar in dieses Projekt. Die Galeone war 1622 mit mehreren Tonnen Gold und Silber in einem Sturm untergegangen.

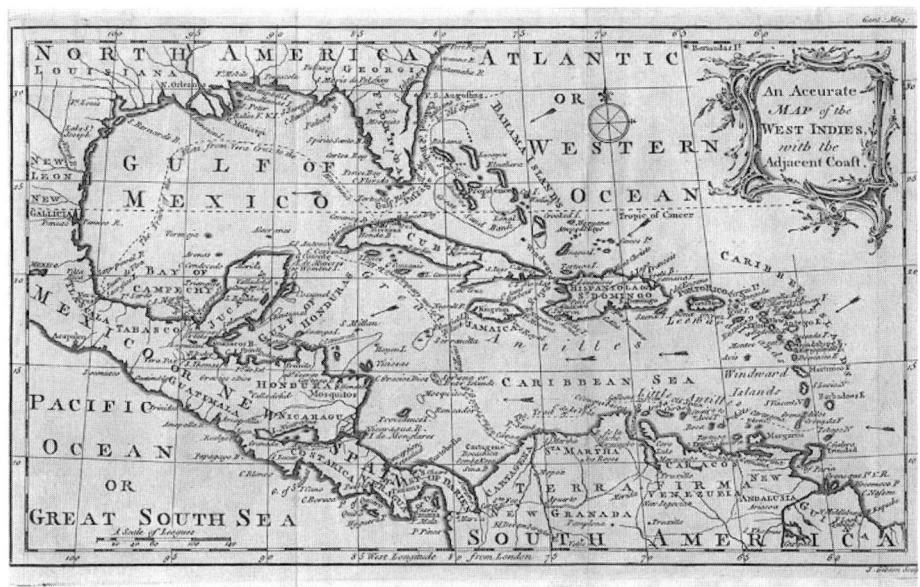

Bild 4.3: Karte der Karibik aus dem Jahr 1762, die von Piraten verwendet wurde.

Kaum jemand glaubte noch, daß der Schatz gefunden und gehoben werden könnte, bis man bei einem Tauchgang eine Wand entdeckte, die aus 984 immer noch sauber gestapelten Silberbarren bestand. Vom Laderaum der Atocha hatte nur der Inhalt überdauert. 35 Tonnen Silber hoben die Taucher, dazu Juwelen und Goldketten. Ein amerikanisches Gericht entschied später, daß Fisher seinen Fund unbesteuert behalten durfte. Immerhin hatte der Schatz einen Wert von etwa 40 Millionen Mark.

Ein anderes Beispiel ist die Entdeckung der *Central America* und ihrer Ladung aus Gold durch Tommy Thompson. Diese Unternehmung gilt bei Experten das Fachs als technisch–logistische Meisterleistung. Immerhin lag das Wrack in 2500 Meter Tiefe. Drei Tonnen Gold wurden bereits gehoben. Gegenwärtig wird daran gearbeitet, weitere 18 Tonnen zu bergen. Der geschätzte Sammlerwert der gesamten Ladung beträgt viele Millionen US–Dollar. Die Geschichte des Wracks begann 1857, während des Goldfiebers in Kalifornien. Es gab damals noch keinen sicheren Landweg von San Francisco an die Ostküste, und auch der Panamakanal war noch nicht gebaut. Zwei Flotten von Schaufelraddampfern, eine im Pazifik, eine im Atlantik, brachten die Goldsucher und ihre Funde von der West– an die Ostküste. Nur über die Landenge von Panama fuhren die Goldgräber mit der Bahn. Am 8. September des Jahres stach die *Central America*, die zur Atlantikflotte gehörte, nach einem Zwischenstop von Havanna aus in See, Kurs Heimathafen New York. An Bord waren rund 580 Menschen, das private Gold der Glücksritter und dazu ein Geldtransport, mit dessen Hilfe die Wirtschaft der Nordstaaten unterstützt werden sollte. Doch vor der Küste von North Carolina geriet das Holzschiff in einen schweren Sturm und sank. Nur knapp 150 Passagiere konnten von zwei Seglern gerettet werden.

Bild 4.4: Goldfunde aus dem Wrack der 1857 gesunkenen *Central America*.

Gut 120 Jahre später kam Thompson auf die Idee, nach dem Wrack zu suchen. Als originell galt diese Idee unter Fachleuten zunächst nicht, da der Untergang der *Central America* als größtes Schiffsunglück Amerikas im 19. Jahrhundert bestens bekannt war und der Atlantik an der Unfallstelle über 2000 Meter tief ist. Mitte der achtziger Jahre konnte Thompson schließlich dennoch Investoren für sein Abenteuer gewinnen. Auf einer fast 16 Quadratmeter großen Karte notierten die Schatzsucher alle Details, die sie aus alten Archiven über die Katastrophe erfahren konnten. Auf diese Daten wendeten sie dann Computersimulationen der Air Force an, die einst entwickelt worden waren, um deutsche U–Boote aufzuspüren. Damit berechneten sie anhand von Strömungen und Windstärken, wo das Wrack liegen könnte. Im Juni 1986 stach Thompsons Mannschaft mit dem Motorschiff *Nicor Navigator* in See. An Bord befanden sich ein hochempfindliches Sonar und ein selbstentwickelter Roboter, der sogar in 3000 Meter Tiefe noch arbeiten konnte. Wochenlang fuhr die Mannschaft die Suchquadranten ab. Schließlich hatten sie einen Sonarschatten auf dem

Schirm, der aussah wie ein Schiff mit wuchtigen Rädern an den Seiten. Sie ließen den Roboter hinab. Was die Maschine fand, war tatsächlich ein Wrack. Der Roboter brachte eine Reihe von Artefakten ans Tageslicht, aus denen die Schatzssucher aber bereits nach kurzer Zeit erkennen konnten, daß sie nur ein wertloses gesunkenes Dampfschiff gefunden hatten. Zu diesem Zeitpunkt erschien ein zweites Schatzsucherschiff, die *Liberty Star*, die offenbar dem gleichen Wrack auf der Spur war. Auf der Brücke kommandierte Burt Webber, Schatzjäger und Erzkonkurrent von Thompson. Ein ausgetüfteltes System aus mehreren Propellern, von Satelliten gesteuert, hielt Thompsons Schiff jedoch über dem Wrack genau auf Position. Als die *Liberty Star* trotzdem auf sie zuhielt, funkte Thompson dem Gegner, er werde auf Kollisionskurs gehen, wenn Webber ins Operationsgebiet eindringen sollte. Lauernd lagen die beiden Schiffe einander tagelang gegenüber. Doch fiel Thompson schließlich etwas ein. Er wollte versuchen, seine Konkurrenz juristisch zu vertreiben. Die Schiffe lagen allerdings 300 Meilen vom nächsten Gericht entfernt, und eigentlich ist ein US–Richter für Streitigkeiten in internationalen Gewässern keineswegs zuständig. Also mußte Thompson das Wrack gewissermaßen auf amerikanisches Hoheitsgebiet schaffen. Per Funk beorderte er einen Piloten mit Sportflugzeug herbei. Ein Wasserflugzeug hätte bei dem starken Seegang nicht landen können. Der Pilot sollte Thomsons Schiff mit einem herabhängenden Enterhaken überfliegen. Der Expeditionschef legte derweil ein Fundstück aus dem vermeintlichen Wrack der *Central America* in einen Eimer und verknüpfte diesen mit einer langen Schleife. Als die Propellermaschine erschien, hielten die Schatzsucher die Schlinge mit Hilfe langer Stangen in die Höhe. Im Tiefflug kam der Pilot heran und schaffte es tatsächlich, mit dem geschleppten Enterhaken die Schlinge am Eimer zu packen und das Fundstück nach Norfolk im US–Staat Virginia zu bringen. Auf Antrag von Thompsons Anwalt beschlagnahmte es der örtliche Marshall. Ein Richter entschied im Eilverfahren, Thompson sei Finder und Besitzer des Wracks. Die Konkurrenz mußte abdrehen. Allerdings war damit das Abenteuer noch keinesweg ausgestanden, da das echte Wrack der *Central America* ja noch gar nicht gefunden war. Thompson ließ in der Folge einen besseren Roboter bauen und alle Sonaraufnahmen von Spezialisten analysieren. Neue Rechnermethoden halfen schließlich weiter. Ein Objekt unweit des vermeintlichen Schatzschiffes, das auf dem Sonarbildschirm mit bloßem Auge aussah wie ein Steinhaufen, war tatsächlich die gesuchte *Central America*. Der Boden um das Wrack war mit Gold in Form von Barren, Münzen und Nuggets übersät. Die Schatzsucher waren am Ziel.

Der Abenteurer Keith Jessop versuchte sich an einem weit jüngeren Wrack. Im April des Jahres 1942 stach das englische Schlachtschiff *HMS Edinburgh* vom russischen Nordhafen Murmansk aus mit einer Ladung von 4,5 Tonnen Gold, das zu Waffenkäufen für Stalin verwendet werden sollte, in See. Einen

Tag nach dem Auslaufen traf die *Edinburgh* in der Barentssee auf das deutsche U–Boot U 456 und wurde versenkt. Das Schiff sank auf 245 Meter Tiefe. Jessop und sein Team machten sich mit einer Tauchglocke und einem Sonar auf die Suche. Als sie zurückkamen, hatten sie Stalins Gold im Wert von rund 130 Millionen Mark gefunden und gehoben.

Aber nicht nur Schatzsucher und Archäologen versuchten ihr Glück im Meer, auch gestandene Wissenschaftler wurden vom Goldrausch erfaßt. 1925 segelte das deutsche Forschungsschiff *Meteor* in geheimer Mission in Richtung Südatlantik. Es war ein waghalsiges Unternehmen, mit dem Ziel, dem Meer ein Vermögen abzutrotzen. Begonnen hatte die Geschichte 1918, nach der Niederlage Deutschlands im Ersten Weltkrieg. Die Alliierten forderten Reparationsleistungen in Höhe von 50.000 Tonnen Gold. Das vom Krieg ausgelaugte Deutschland besaß kein Gold, dafür mit Fritz Haber aber einen der erfolgreichsten Chemiker der Welt.

Haber hatte sich während des Krieges einen Namen gemacht. Die Alliierten hatten Deutschland von der Belieferung mit Stickstoff abgeschnitten. Stickstoff wurde jedoch dringend zur Herstellung von Sprengstoff benötigt. Ohne Stickstoff hätte Deutschland den Krieg rasch wieder beenden müssen. Doch Haber entwickelte eine Methode, um Stickstoff aus der Luft zu gewinnen. Zwar verlängerte das Verfahren einerseits den Krieg, doch wurde andererseits dadurch die billige Stickstoff–Düngung möglich, die später die Landwirtschaft revolutionieren sollte. Nach dem Krieg wandte sich die Regierung erneut an Haber. Diesmal erhielt er den Auftrag, das gewünschte Reparationsgold aus Meerwasser zu gewinnen. Aus frühen Arbeiten zum Metallgehalt des Meerwassers wußte man, daß Gold im Wasser gelöst vorkommt. Nach damaligen Messungen ging Haber zunächst davon aus, daß jeder Kubikkilometer Wasser mehrere 100 Kilo Gold enthalten könne. Das Ziel des Unternehmens bestand darin, dieses Gold dem Meerwasser zu entreißen. Die Aktion war streng geheim. Für die Öffentlichkeit wurde das Unternehmen als normale Forschungsfahrt getarnt. Zwischen 1925 und 1927 untersuchten die Wissenschaftler an Bord der Meteor gewaltige Wassermengen. Haber experimentierte mit einem einfachen Extraktionsprozeß. Er fügte einer Tonne Meerwasser ein Gramm Natriumsulfit und Kupfersalz hinzu, denn er vermutete, die goldhaltigen Partikel würden sich dann herausfiltern lassen. Dies war tatsächlich möglich. Allerdings mußte Haber feststellen, daß das Meerwasser nur etwa ein Tausendstel der erwarteten Menge Gold enthielt. Dies machte den Prozeß hoffnungslos unwirtschaftlich, und das Unternehmen war gescheitert.

4.3 Der Goldene Mann — El Dorado

Die Legende von El Dorado (der Vergoldete) hat einen wahren Hintergrund. Sie beschreibt eine Zeremonie, die bei der Inthronisation der Fürsten des Volkes der Muisca in den Bergen Kolumbiens, im Reich der Chibcha, stattfand. Diese Region liegt in der Gegend der heutigen kolumbianischen Hauptstadt Bogota. Das Volk der Chibcha verehrte die Sonne als höchste Gottheit. Gold war in ihrer Religion das heilige Metall des Sonnengottes, es galt als die Tränen der Sonne. Es hatte daher nur kultische Bedeutung, jedoch keinen Zahlungswert. Zum letzten Mal war die Zeremonie der Amtseinführung eines Fürsten wenige Jahrzehnte vor dem Eintreffen der Conquistadores vollzogen worden. Augenzeugen berichteten später den Spaniern davon. Demnach spielte sich das Ritual so ab, daß die erste Reise, die der Fürst unternehmen mußte, zum Guatavita-See führte, um dort dem Dämonen, den sie als ihren Herrn und Gott verehrten, Opfer und Geschenke darzubringen. Während der Zeremonie, die am Seeufer stattfand, bauten die Indios ein Floß aus Schilf, das sie mit kostbaren Gegenständen verzierten. Sie stellten brennende Kohlebecken darauf, in denen sie Duftstoffe verbrannten.

Bild 4.5: Das Floß und eine mutmaßliche Maske des Goldenen Mannes.

Das Schiff war mit vielen Männern und Frauen besetzt, die mit schönen Federn, goldenen Schnallen und Kronen geschmückt waren. Sobald auf dem Floß der Weihrauch angezündet worden war, tat man am Ufer dasselbe. Die Rauchwolken verdunkelten die Sonne, und der Thronerbe wurde nackt ausgezogen und mit Harz eingerieben. Darauf wurde Goldstaub verteilt, bis der Mann völlig damit bedeckt war. Die Untertanen brachten ihn auf das Floß, auf dem er bewegungslos stehen blieb, und häuften zu seinen Füssen einen großen Berg Gold und Smaragde auf, die er seinem Gott bringen sollte. Mit ihm auf dem Floß waren die vier obersten Häuptlinge, mit Federn, Kronen, Armbändern und Ohrringen aus Gold geschmückt. Auch sie waren nackt, und jeder trug seine Opfergaben. Als das Boot die Mitte des Sees erreicht hatte, brachte der Thronanwärter seine Gaben dar und warf das Gold ins Wasser. Die Häuptlinge, die ihn begleitet hatten, taten es ihm gleich. Dann unterzogen sich alle einer rituellen Waschung im Wasser des Sees.

Ihre Bestätigung fand diese Chibcha–Überlieferung im Jahr 1969, als Landarbeiter eine Höhle entdeckten, in der sie das Modell eines Floßes aus purem Gold fanden. Darauf saßen acht Ruderer, den Rücken der Figur ihres heiligen Häuptlings zugewandt. Das Floß ist heute mitsamt seiner goldenen Besatzung im Museo del Oro in Bogota zu besichtigen.

Dieses Geschehen lieferte den Stoff für die folgenreiche Legende vom Goldenen Mann, von Gold, das Seen und Städte füllte. Kaum hatten die über Handelswege eintreffenden Nachrichten von der Zeremonie die Ohren der Conquistadoren erreicht, da marschierten auch schon drei Heere, aus drei Himmelsrichtungen und ohne etwas voneinander zu wissen, auf El Dorado zu. Jeder der drei Heerführer wollte als erster an den kolumbianischen Goldquellen sein.

Einer war der grausame Spanier Sebastian Belalcazar, der schon mit Pizarro raubend durch das Reich der Inka gezogen war und dabei ein Vermögen angehäuft hatte. In der von ihm eroberten Stadt Quito hörte er im Jahre 1536 zum ersten Mal vom Goldenen Mann. Nachdem ihm berichtet worden war, daß jenes Land von Spaniern unbewohnt sei, brach er unverzüglich auf, um sich von Süden her den Weg nach El Dorado zu bahnen. Lange suchte er vergeblich. Mit zweihundert Mann umging er schließlich im Juli 1538 die mit ewigem Schnee bedeckte Sierra Nevada de Huila, überschritt die Wasserscheide und entdeckte so die Quellen des oberen Rio Magdalena. Acht Monate lang durchstreifte er das Flußtal, drang schließlich in das Land der kriegerischen Pijao ein und verlor bei einem einzigen Angriff zwanzig Männer durch Giftpfeile. Das Pfeilgift Curare wirkte Augenzeugen zufolge so heftig, daß die Getroffenen um einen raschen Tod flehten. Als sich Belalcazar im dritten Jahr seines Raubzuges endlich geographisch am Ziel seiner Wünsche wähnte, war ihm zu seiner Überraschung schon ein anderer zuvorgekommen, und zwar Gonzales Jimenez de Quesada.

In der Nähe der Indio–Siedlung Bacata trafen die beiden Kontrahenten aufeinander. Während sie sogleich heftig darüber zu streiten begannen, zu wessen Amtsbereich das Land des Goldenen Mannes gehörte, ahnten sie nicht, daß sich von Osten her bereits ein Dritter näherte. In der Zwischenzeit erfuhr Belalcazar die dramatische Geschichte Quesadas.

Quesada war im April 1536 aus Santa Marta aufgebrochen, der spanischen Kolonie an der Karibikküste. Im Gepäck trug er ein offizielles Dokument, das ihn als General der Infanterie und der Kavallerie des Heeres, dessen Aufgabe es war, den Rio Grande de Magdalena zu erforschen, auswies. Unter seinem Kommando standen über sechshundert Fußsoldaten, fünfundachtzig Reiter, einige Priester, ein Schatzmeister zur Sicherung des königlichen Fünftels der Beute und zwei Schreiber. Tag für Tag mühten sich die Truppen durch Hochwassergebiete und Sümpfe, stets bedroht von Indios, Hunger und Krankheiten. Nach dreihundert Kilometern beschloß Quesada, sich vom Magdalena abzuwenden und landeinwärts die Kordilleren hinauf zu ziehen. Von seinen Truppen wollten lediglich zweihundert Männer noch bei ihm bleiben, die nur die Verheißung des nahen Schatzes vom Goldenen Mann bei der Stange hielt.

Doch waren sie nach den auszehrenden Strapazen der vergangenen Monate so zermürbt, daß sie – endlich im Chibcha–Reich angelangt – sich auf etwas stürzten, was ihnen in diesem Augenblick weit wertvoller erschien als Gold: Kartoffeln. In einer Siedlung entdeckten und raubten sie dann Masken und kunstvolle Bleche aus gehämmertem Gold, die von den Holzterrassen der Häuser wie Teppiche herabhingen.

Als Quesada und seine Männer mit ihrer goldenen Beute schließlich Zipaquira erreichten, kam es zur Schlacht mit dem großen Zipa, einem Chibcha–Fürsten, der den Süden des Landes beherrschte. Nach ihrem Sieg zogen die Spanier weiter in den nördlichen Teil des Chibcha–Reiches. Dort herrschte Zaque, der zweithöchste Würdenträger im Staat. Sein Palast stand in der Siedlung Tunja, aus Holz gefertigt, wie alle anderen Bauten, aber größer und üppig mit Goldblechen behangen. Mit nur 50 seiner besten Soldaten überfiel Quesada den Palast, ließ den Zaque ergreifen und alles plündern. Die Spanier fanden zentnerweise Gold und Smaragde.

Wo aber war der Goldene Mann? Man führte die Sieger über 3400 Meter aufwärts an einen See. Die Legende besagte, daß hier vor vielen Jahren ein flammender Körper auf die Hochebene von Guatavita gefallen sei und einen Krater gerissen habe, in dem sich Wasser sammelte. Die Menschen glaubten, daß mit jener feurigen Masse ein goldener Gott zur Erde gefahren sei und seitdem auf dem Grund des entstandenen Guatavita–Sees wohne. So erkläre sich auch die Zeremonie, die von jedem neu gewählten Herrscher verlange, als Goldener Mann dem Gott mit goldenen Geschenken zu huldigen. Dies sei das ganze Geheimnis. Es gäbe weder eine Goldene Stadt noch sonstige Goldquellen in diesem Land. Die Spanier starrten in den See und konnten es nicht glauben.

Der Goldene Mann führte auch den Deutschen Nikolaus Federmann in Versuchung. Er brach Ende 1537 von Venezuela in Richtung des Guatavita–Sees auf. Federmann war von dem Augsburger Bankhaus der Welser als Statthalter einer Küstenregion in Venezuela nach Südamerika entsandt worden. Die Welsers hatten von der spanischen Krone Kolonisationsrechte als Gegenleistung für eine Wahlhilfe bei der Bestellung König Karls zum Kaiser des Heiligen Römischen Reiches deutscher Nation erhalten. Von den drei Parteien hatte Federmann mit 2000 Kilometern den längsten Weg zurückzulegen, von der baumarmen Steppe durch die regendurchnäßte Montana, 3700 Meter hinauf in die Berge und weiter in die Hochebene der Chibcha. Mehr als zwei Jahre benötigte Federmann für die Strecke. Zuletzt waren er und seine Leute völlig abgemagert und nur noch mit Fellen bekleidet. Sie nahmen sich im Vergleich zu den mit stattlichen Rüstungen ausgestatteten Männern Belalcazars armselig aus.

Es war ein brisantes Zusammentreffen, das da im Frühjahr 1539 bei der indianischen Siedlung Bacata stattfand: drei ehrgeizige Goldjäger mit ihrer abgekämpften Truppen, die einander belauerten. Daß es friedlich blieb, lag wohl an dem annähernd ausgeglichenen militärischen Kräfteverhältnis. Zunächst einigten sich die drei Eroberer darauf, ihre Besitzansprüche auf El Dorado vor dem königlichen Hof in Spanien klären zu lassen und fürs erste eine Stadt zu gründen, indem man einen Bauplatz für die Kirche einrichtete und daneben ein Kreuz sowie einen Galgen aufstellte. So wurde Santa Fe de Bogota gegründet und das Ende des Chibcha–Reiches besiegelt. Drei Heere, aus drei Richtungen kommend, hatten bei ihrer gewalttätigen Suche nach dem Goldenen Mann in kurzer Zeit ein ganzes Volk vernichtet, seine Tempel niedergebrannt und seine Kultur und Handelswege zerstört.

Nach dem Abtransport des aus den Siedlungen der Indios geraubten Goldes richtete sich die Aufmerksamkeit der Eroberer zunehmend auf mögliche Schätze im Guatavita–See. Schon 1545 hatte Quesadas Bruder, Hernan, darauf gedrängt, das Wasser des Sees mit Kürbissen auszuschöpfen. Nach drei Monaten hatte sich auf diese mühselige Weise der Wasserstand tatsächlich um drei Meter gesenkt. In zeitgenössischen Berichten heißt es, daß sich in den ufernahen Bereichen tatsächlich etwas Gold fand.

35 Jahre später versuchte der reiche spanische Kaufmann Sepylveda erneut, den See trocken zu legen. Er verwandelte das Ufer in eine Großbaustelle, nahm Tausende Indios in seinen Dienst und ließ sie einen steilen Einschnitt graben, um das Wasser abzulassen. Als sich so der Wasserspiegel um einige Meter gesenkt hatte, stürzte der nicht ausreichend gesicherte Abflußkanal ein und begrub zahlreiche Menschen unter den Erdmassen. Der künstliche Einschnitt ist noch heute zu erkennen.

Einer der wenigen, den rein wissenschaftliche Neugier zum Guatavita–See führte, war Alexander von Humboldt. Im Jahre 1801 nahm er einige Untersuchungen vor und maß die Höhe der Berge am Seeufer. Ausgerechnet im Gefolge des großen Gelehrten entfachte sich ein neuer Goldrausch am El Dorado. Der heilige See fand keine Ruhe mehr. Mit allerlei Kanal– und Tunnelbauten, Dampfbaggern und Bohrern hofften Spanier und Briten, dem Goldenen Mann doch noch seine Schätze abzujagen.

Einen der spektakulärsten Versuche startete um die Wende zum zwanzigsten Jahrhundert die britische Gesellschaft Contractors Ltd., die für 24.000 Pfund die Rechte erwarb, den See trockenzulegen. Bauingenieure gruben einen Tunnel bis unter den See, der in dessen Mitte mündete. Schleusen sollten den Abfluß des Wassers regulieren und Bleifilter die goldenen Kostbarkeiten und Smaragde

Bild 4.6: Zeichnung des Guatavita–Sees, an dem das uralte Ritual des Goldenen Mannes stattfand, aus der Hand Alexander von Humboldts aus dem Jahr 1801.

auffangen. Alles schien so zu verlaufen, wie man es sich gedacht hatte. Die Aktionäre der Gesellschaft erhielten optimistische Zwischenberichte, in denen sie staunend lasen, man habe in der Mitte des Sees und entlang dem Graben, der zum Tunnel führe, eine Tiefe von 30 Fuß erreicht. Viele wunderschöne Goldobjekte habe man schon gefunden, daneben kettenweise Smaragde und eine Menge fremdartiger alter Töpferwaren.

Als das Wasser weiter fiel, erkannten die Schatzjäger jedoch, daß der Grund des Sees aus einer mehrere Meter dicken Schlammschicht bestand. Diese war so weich, daß man darin versank. Schon am nächsten Tag hatte die Sonne diesen Schlamm ausgetrocknet. Ein Durchstoßen der Schicht war nicht mehr möglich. Als nach Wochen endlich Bohrgeräte eintrafen, war es zu spät. Der getrocknete Schlamm hatte die Schleusen und den Tunnel verstopft, das Wasser lief nach, und der See füllte sich wieder bis zu seiner ursprünglichen Höhe. Die Firma geriet in Geldnot, obwohl 1910 goldene Fundstücke aus dem Guatavita–See im Wert von vielen hundert Pfund nach London geschickt worden waren.

In der Folge versuchten sich noch zahlreiche weitere Gesellschaften an dem See, oft unter Einsatz jeweils modernster Suchgeräte und Taucher. Alle wollten El Dorados heilige, unterirdische Schatzkammer in ihren Besitz bringen. Es wurde erst ruhig um den Guatavita–See, als ihn die kolumbianische Regierung 1965 zum nationalen Kulturgut erklärte.

4.4   Sir Francis Drake und das spanische Gold

Sir Francis Drake gilt als der berühmteste Seefahrer des elisabethanischen Zeit-alters (1500–1625). Dieser Ruf geht allerdings nicht nur auf seine überragenden seemännischen, sondern auch auf seine kriegerischen und räuberischen Unter-nehmungen zur See zurück.

Drake war im 16. Jahrhundert der erbittertste Gegner Spaniens und Be-zwinger der Armada. Drakes zeitlebens währende Privatfehde mit Spanien hat-te wohl zwei Gründe. Zum einen waren Drake und sein Vetter Hawkins nach einer Sklavenexpedition in Afrika in dem kolonialspanischen Hafen San Juan de Ulea entgegen der Zusicherung sicheren Geleits vom spanischen Vizekönig angegriffen und aufgerieben worden. Dieser Verrat von San Juan diente allen englischen Seeleuten seither als Vorwand für einen 100 Jahre andauernden Ka-perkrieg gegen Spanien. Der zweite Grund war Gold. Die Spanier preßten im 16. Jahrhundert ungeheure Goldmengen aus dem unterjochten Lateinamerika und schafften es in ihre Heimat. Dies versprach den Briten verlockende Beute. Nach dem Vorfall von San Juan verschrieben sich Drake und Hawkins daher der Seeräuberei. Auch damals galt bereits die Regel, daß ein Gegner am schwersten getroffen wird, wenn man ihm sein Gold stiehlt.

Drake erhielt bald ein eigenes Kommando und fuhr als Freibeuter gegen Spanien. Er erkundete seit 1571 die Landenge von Panama und überfiel dort im Winter 1572/73 einen spanischen Schatztransport, der zu Land unterwegs war. Die Beute hatte einen Wert von 40.000 Pfund. 1577 brach Drake erneut auf, diesmal mit fünf Schiffen und 160 Mann Besatzung. Unter anderem sollte er den sagenumwobenen Südkontinent Terra Australis erforschen, der auf der pazifischen Seite der Magellan-Straße vermutet wurde.

Drake segelte die afrikanische Küste entlang und an den Kapverdischen In-seln vorbei. Zum Passieren der Magellan–Straße benötigten Drakes Schiffe nur 16 Tage. Am Ausgang der Straße wurde die kleine Flotte 1578 von einem Sturm zerstreut. Eins der Schiffe sank. Ein zweites kehrte um. Das dritte, die *Golden Hind* mit Drake an Bord, wurde nach Süden verschlagen und erreichte Kap Hoorn. Drake segelte die chilenische Küste entlang nach Norden und überfiel zahlreiche spanische Städte und Galeonen, die nicht mit Feinden aus Europa rechneten. Dabei erbeutete er Gold und Silber im Werte von 600.000 Pfund. Ende Juli 1579 segelte er weiter nach Westen, wo er nach zwei Monaten die Marianen erreichte. Anschließend passierte er die Philippinen und steuerte die Molukken an. Die nächste Station war die Insel Java, von der er 1580 abfuhr. Im Juni des Jahres umsegelte Drake das Kap der Guten Hoffnung, und am 26. September 1580 erreichte er den Heimathafen Plymouth. Somit hatte er, vermutlich ungeplant, die erste britische und nach Magellan die zweite Welt-umsegelung überhaupt vollbracht. Seine reiche Beute sicherte seinen zumeist heimlichen Förderern und Geldgebern, unter ihnen Königin Elisabeth I, einen 4000%igen Gewinn auf ihre Auslagen. Für seine Verdienste wurde er von Elisabeth I zum Ritter geschlagen und durfte sich fortan Sir Francis Drake nennen.

4.5   Die Schatzinsel

Die Kokosinsel, rund 160 Seemeilen vom südamerikanischen Festland entfernt, gilt als klassische Schatzinsel. Das nur 24 Quadratkilometer große Basalteiland diente jahrhundertelang Piraten als Versteck ihrer Beute. Der winzigen von Kokospalmen und Orchideen überwucherten Insel im Pazifik gab im Jahr 1684 der englische Freibeuter William Dampier ihren noch heute gültigen Namen.

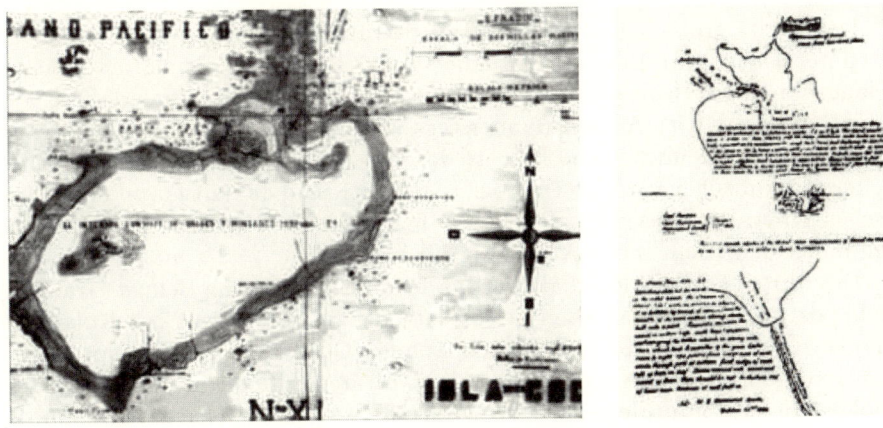

Bild 4.7: Zwei alte Schatzkarten der Kokosinsel.

Die steil aus dem Pazifik aufragende Felseninsel gehört heute zu Costa Rica und weist eine Durchschnittstemperatur von 26 °C bei einer Luftfeuchtigkeit knapp unter 100% auf. Sie beflügelte immer wieder die Phantasie von Abenteurern, unter anderem regte sie Robert Louis Stevenson zu seinem Buch *Die Schatzinsel* an. Unter Piraten war sie wegen ihrer abgeschiedenen Lage als Versteck und als Nahrungsmittel– und Frischwasserdepot geschätzt. Experten vermuten auf der kleinen Insel Schätze in einem Gesamtwert von mehreren Milliarden Dollar. Während des goldenen Zeitalters der karibischen Piraten war die Insel dicht bewachsen und völlig unwegsam. Jeder vergrabene Schatz war deshalb bald unter einer dicken Pflanzenschicht verschwunden. Einsame Buchten mit geschützten Ankerplätzen ließen es außerdem zu, daß Piraten heimlich einlaufen konnten, um ihre Beute an Land zu bringen und zu verstecken. Von der Kokosinsel existieren zahlreiche, größtenteils gefälschte Schatzkarten, so daß Schatzsucher nur selten erfolgreich waren. Hunderte von Expeditionen zur Kokosinsel fanden allein im 20. Jahrhundert statt. Die Abenteurer hatten es vor allem auf vier Verstecke abgesehen. Der erste Schatz soll auf der Kokosinsel bereits im Jahr 1686 deponiert worden sein. Der Engländer Edward Davis gehörte während dieser Zeit zu den berüchtigtsten Piraten und benutzte damals die Kokosinsel als Aufbewahrungsort für seine Goldbeute aus gekaperten spanischen Schiffen und geplünderten spanischen Häfen. So gehörte zu seinen besonderen Erfolgen die Eroberung und Plünderung der Städte Leon in Nicaragua und Guayaquil in Ecuador. Davis hatte sein Hauptquartier auf Jamaika, traute jedoch seinen räuberischen Kumpanen nicht über den Weg und segelte bei Geldbedarf immer wieder zur Kokosinsel. Als er um das Jahr 1702 spurlos verschwand, war sein Depot noch lange nicht erschöpft. Es wartet bis heute auf einen Entdecker.

Der zweite große Schatz war der des Seeräubers Dominico Pedro Benitez, der unter dem Namen Benito Bonito die Meere terrorisierte. Sein größter Schlag gelang ihm 1819. Benito Bonito hatte von einem Goldtransport erfahren, der von Mexico City nach Acapulco unterwegs war. An Land überfiel er den Transport, tötete die Bewacher und brachte das Gold auf die Kokosinsel. Später, bei weiteren Raubzügen, wurde sein Segler vor der Küste Jamaikas von einem britischen Kriegsschiff geentert. Dabei schoß er sich eine Kugel in den Kopf und nahm das Geheimnis seines Verstecks mit ins Grab.

Der dritte bedeutende Schatz der Insel ist der des Piraten Bennet Grahame. Mehr als 100 Jahre nach Davis versteckte der Seeräuber auf der Kokosinsel eine Beute von mutmaßlich mehreren Tonnen Gold, das er einem spanischen Transport abgenommen hatte. Vor seiner Piratenlaufbahn war Grahame ein erfolgreicher Kapitän der englischen Marine gewesen und hatte sogar an der Schlacht von Trafalgar teilgenommen. Zum Versteck seines Schatzes existierten genaue Wegbeschreibungen, an die sich später seine Geliebte Mary in England noch gut erinnern konnte. Trotz ihres Wissens wurde sie später als Gefangene nach Australien deportiert. Im Jahre 1854 kam sie mit ihrem Ehemann zur Kokosinsel zurück, um den Goldschatz zu suchen. Die Landschaft der Insel hatte sich allerdings in der Zwischenzeit vollkommen verändert, und die Bäume mit den Markierungen waren verschwunden. Das Gold blieb verschollen, und die Schatzsucher gingen leer aus.

Der vierte und vielleicht berühmteste Schatz auf der Insel ist der legendäre Staats- und Kirchenhort von Lima, der seit 1821 als verschollen gilt. Lima war damals eine der reichsten Städte der Welt. Dort lag das Zentrum der spanischen Verwaltung Lateinamerikas und die Hauptstadt des spanischen Vizekönigs José de la Cerna. Hier wurde alles Gold und Silber Südamerikas gesammelt, bevor es auf die Reise nach Spanien ging.

Mit dem Anbruch des 19. Jahrhunderts begannen in Südamerika die Unabhängigkeitskriege. Peru wurde im Nordosten von Simon Bolivar bedroht, im Süden von der Armee des Jose de San Martin. Vor der Küste kreuzte Admiral Thomas Lord Cochrane, zehnter Graf von Dundonald. Im Jahr 1817 hatte er das Kommando über die chilenische Kriegsflotte übernommen. Als Bolivars Soldaten anrückten, gab sich Lima im Jahre 1821 geschlagen, noch ehe ein einziger Schuß gefallen war.

Die reichen spanischen Familien und insbesondere die Kirche versuchten nun, ihre Schätze vor den Aufständischen in Sicherheit zu bringen. Es handelte sich um riesige Vermögenswerte. Insbesondere der Kirchenschatz von Lima soll in seinem Umfang an die Schätze der Inka erinnert haben. Zu ihm gehörte eine überlebensgroße Madonna aus reinem Gold mit einem Gewicht von 390 Kilogramm. Die Figur war angeblich mit über tausend zum Teil hühnereigroßen Edelsteinen besetzt. Dazu kamen Kisten mit Gold, Silber und Juwelen. Eine der Kisten enthielt 3840 geschliffene sowie 4265 ungeschliffene Edelsteine. Schnellstens wurden die Schätze in das Fort der Hafenstadt Callao gebracht. Der Weitertransport war problematisch, denn die Schiffe der spanischen Flotte standen nicht mehr zur Verfügung. Der spanische Vizekönig und die kirchlichen Würdenträger suchten nach freien Transportkapazitäten und fanden als einziges Schiff die *Mary Dear*, ein englisches Handelsschiff aus Bristol, das dem biederen Schotten William Thompson gehörte und in Lima vor Anker lag. Kapitän Thompson genoß bei den Behörden einen guten Ruf und erhielt den Auftrag, die Schätze an Bord zu nehmen, um auf hoher See auf weitere Anordnungen zu warten. Am 19. August 1921 trug Admiral Cochrane in sein Logbuch ein: *„Die Spanier sind heute erleichtert und gestärkt, denn Limas Reichtümer, welche viele Millionen Pfund wert sind, konnten in Sicherheit gebracht werden."* Doch er hatte sich getäuscht. Als der Erste Offizier von Thompson, der Schotte Forbes, Gold und Juwelen sah, wurde er geldgierig und schmiedete einen Plan, die Besatzung auf See zu einer Meuterei aufzuwiegeln und in den Besitz des Schatzes zu gelangen. Kaum war die *Mary Dear* mit der kostbaren Fracht, einer Begleitmannschaft königstreuer spanischer Soldaten und einigen Priestern auf hoher See, wurden die unliebsamen Gäste ermordet und über Bord geworfen. Kapitän Thompson wurde anschließend gezwungen, das Schiff unter dem Kommando der Meuterer weiter zu führen. Thompson fürchtete spanische Verfolger und lief die Kokosinsel an, um die riesigen Mengen an Gold und Juwelen zu verstecken. Kaum zwei Wochen darauf ankerte die *Mary Dear* vor der Kokosinsel in der Chatham Bucht. Elf Bootsladungen mit Gold, Silber und Edelsteinen wurden in ein ausgehobenes Loch zwischen Ebbe– und Flutlinie gelegt und mit Geröll getarnt. Die Schätze sollten später von der Besatzung ungestört abgeholt werden. Kaum hatte die *Mary Dear* die Kokosinsel verlassen, als sie auf die spanische Fregatte *Espiegle* traf, die dem Schatztransport gefolgt war.

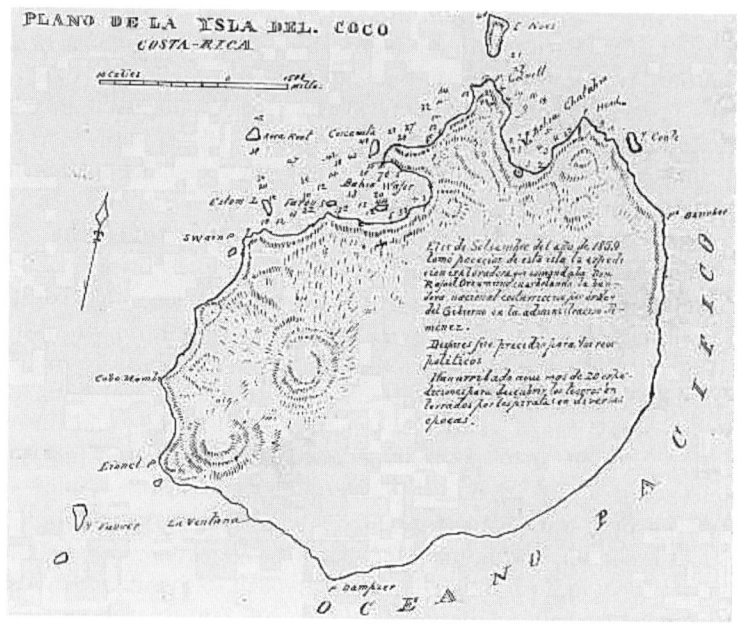

Bild 4.8: Schatzkarte der Kokosinsel aus dem Jahr 1883.

Die Spanier kaperten das Piratenschiff und hängten die gesamte Besatzung mit Ausnahme von Thompson und dem ersten Offizier auf. Thompson und sein Offizier blieben nur am Leben, weil sie versprochen hatten, den Spaniern das Versteck des Goldes zu zeigen. Die spanische Fregatte segelte zur Kokosinsel zurück, um den Schatz zu bergen. Im dichten Unterholz der Insel konnten Thompson und Forbes allerdings fliehen und sich verstecken. Die Spanier suchten mehr als eine Woche erfolglos nach ihnen und verließen danach die Insel. Erst 1822 wurden beide von der Besatzung eines Walfangschiffes aufgelesen und an der Küste Costa Ricas abgesetzt. Der erste Offizier verstarb bald darauf an Gelbfieber. Um Thompson, der nach Neufundland geflüchtet war, wurde es anschließend still. Trotz aller Mühen gelang es ihm nicht, Geldgeber für eine Expedition zur Kokosinsel zu finden. Während seiner letzten Jahre lebte Thompson mit dem Seemann John Keating zusammen, dem er kurz vor seinem Tod 1846 eine Karte der Kokosinsel mit den Markierungen des Verstecks anvertraute. Im gleichen Jahr fand Keating einen Geldgeber, einen gewissen Boeck, mit dem er die Brigantine *Edgecombe* charterte, um zur Kokosinsel zu reisen. Unglücklicherweise wurden sie belauscht, und der Kapitän des Schiffes verlangte für sich und seine Mannschaft einen Anteil an dem Schatz. Keating und Boeck weigerten sich und mußten mit dem Beiboot der *Edgecombe* fliehen, während diese in der Waver Bucht vor Anker lag. Die Besatzung der *Edgecombe* suchte vergeblich nach dem Schatz und gab schließlich auf. Nach dem Verlassen der Insel blieben das Schiff und seine Mannschaft verschollen. Die beiden Flüchtigen blieben auf der Insel zurück und fanden das Gold mit Hilfe von Thompsons Schatzkarte. Keating hat später behauptet, sie hätten den Schatz in einer großen Höhle gefunden, darunter mehrere Kisten mit Goldmünzen und –barren, Silber und Edelsteine, juwelenbesetzte Schwerter und die goldene Statue der Jungfrau. Sie hätten das Beiboot mit Nahrungsmitteln, Wasser und so viel Schätzen beladen, wie es ihnen möglich war und sich auf den Weg nach Panama gemacht. Einige Wochen darauf kam Keating alleine in Puntarenas an. Bei der anschließenden Vernehmung gab er an, Boeck sei unterwegs gestorben und er habe ihn über Bord werfen müssen. John Keating kehrte als einziger Überlebender der Expedition nach Neufundland zurück. Angeblich unternahm er in den folgenden Jahren noch zwei weitere Fahrten zur Schatzinsel. Auch wenn über diese Expeditionen keine Quellen vorliegen, so ist doch überliefert, daß Keating als reicher Mann in Neuschottland starb. Zuvor soll er eine seiner Schatzkarten an einen gewissen Thomas Hackett weitergegeben haben.

Viele weitere Expeditionen folgten, etwa die des englischen Admirals Henry Palliser, der 1897 mit seinem Flaggschiff an der Insel anlangte und sich eigenmächtig auf die Suche begab. Er erhielt deshalb von der englischen Admiralität einen Verweis und nahm seinen Abschied. Mit Earl Fitzwilliam, einem vermögenden englischen Adeligen, kehrte er 1904 zur Kokosinsel zurück, um in großem Rahmen und mit Sprengstoff nach dem Schatz zu suchen. Als bei einer Explosion allerdings Helfer getötet wurden und sich Fitzwilliam selbst verletzte, gaben sie auf und reisten ab.

Am 31. Januar 1884 wurde der einstige Piratenstützpunkt im Namen Kaiser Wilhelms von einem gewissen Kapitän Schwarz vom Dampfer Neko als Kolonialgebiet gleich vollständig in Besitz genommen. Ein peinlicher Irrtum, denn bereits seit 1869 gehörte die Insel zum Staatsgebiet Costa Ricas.

Auf die längste Schatzsuche der Geschichte der Kokosinsel begab sich der Deutsche August Gissler, der rund 20 Jahre lang auf der Insel lebte. Durch Erlaß des costaricanischen Präsidenten wurde er am 11. November 1897 sogar zum ersten und bislang einzigen Gouverneur der Kokosinsel ernannt. Gissler besaß eine alte Schatzkarte, die angeblich von Thomas Hackett stammte. Er war sich sicher, bald große Schätze zu finden, und versprach Geldgebern eine Kiste mit Edelsteinen, die er angeblich bereits gefunden hatte und nur noch abholen mußte. Um seinem Plan eine sichere wirtschaftliche Grundlage zu geben, gründete er eine Kolonie mit deutschen Einwanderern, die Plantagen mit Obst und Tabak anlegten, sich allerdings nicht dauerhaft auf der Insel halten konnten. Nach der Jahrhundertwende gab Gissler wegen Erfolglosigkeit sei-

Bild 4.9: Der deutsche Gouverneur der Kokosinsel, August Gissler, und sein *Palast*.

ne Schatzsuche auf und ging in die USA, wo er 1930 verarmt starb. Bis auf 33 Goldmünzen und einen goldenen Handschuh hatte er nach zwanzig Jahren nichts gefunden. Nur zwei Jahre nach Gisslers Tod wurde der Schatz des Dominico Pedro Benitez von zwei Schatzsuchern mit Hilfe des gerade entwickelten Metalldetektors entdeckt, mehr oder weniger an der beschriebenen Stelle.

Viele weitere Forscher und Glücksritter folgten, unter ihnen so bekannte wie der amerikanische Präsident Roosevelt, der französische Meeresforscher Cousteau oder der deutsche *Seeteufel* Graf Luckner. Mittlerweile ist die Kokosinsel offiziell ein Nationalpark, und die Lizenzen zur Goldsuche sind nur gegen hohe Gebühren erhältlich. Die Regierung läßt die Kokosinsel von Soldaten überwachen, um weniger finanzkräftige Schatzsucher fernzuhalten.

4.6   Die Kunst der Beutenahme

Der Raub von Kunstgegenständen zu Kriegszeiten hat eine lange und wenig rühmliche Tradition, die bis in die Antike zurückreicht. Kriege waren und sind günstige Gelegenheiten für die Sieger, eigene Kunstsammlungen aus den Beständen der Besiegten aufzustocken.

Kunstwerke besitzen nicht bloß Geldwert, sondern sie symbolisieren die über das Alltägliche hinausgehende Identität einer Gesellschaft und sind Träger regionaler oder nationaler Ideale und moralischer Vorstellungen. Eroberung und Plünderung von Kulturgütern bedeutet somit Unterwerfung und Übernahme der gegnerischen Kultur.

Als beispielsweise Xerxes im 5. Jahrhundert v. Chr. Athen heimsuchte, ließ er nicht nur die Stadt brandschatzen, sondern darüber hinaus das Abbild städtischen Selbstbewußtseins, die weithin berühmte Statuengruppe der Tyrannenmörder Harmodios und Aristogeiton, nach Persien schaffen. So groß war der Symbolgehalt dieses Kunstwerks, daß Alexander der Große anderthalb Jahrhunderte später, als er in seinem Rachefeldzug das persische Reich zerstörte, das wiedergewonnene Kunstwerk als Geschenk an die Athener zurückgab.

Im Zuge der römischen Expansion fielen reiche Kulturzentren wie Syrakus, Tarent und Korinth regelrechten Plünderungsorgien zum Opfer. Ganze Tempel wurden Stein für Stein numeriert, abgetragen und in Rom wieder errichtet. Im Laufe der Jahrhunderte gelangten auf diese Weise unermeßliche Schätze als sogenannte Spolien in den Besitz Roms. Im 4. Jahrhundert n. Chr. verlagerte sich das Zentrum des Römischen Reiches nach Osten, Konstantinopel trat die Nachfolge Roms an. Die berühmte Schlangensäule der verbündeten griechischen Staaten, die 479 v. Chr. die Perser geschlagen hatten, wurde von Delphi an den Bosporus gebracht. Nur noch ihr Stumpf ist im ehemaligen Zirkus erhalten, die Schlangenköpfe wurden verschleppt oder eingeschmolzen.

Zahlreiche Beispiele für Beutekunst finden sich auch in Venedig. Die Stadt an der Lagune ist ein Lehrstück für das Wechselspiel zwischen politischer und kultureller Expansion. Besonders auffällig ist die Gruppe von vier überlebensgroßen vergoldeten Bronzepferden, die von ihren Standplätzen unterhalb der großen Fenster der Kirche von San Marco auf den Markusplatz hinabblicken. Die abenteuerliche Reise jener vier Pferde führt bis ins Zeitalter der Kreuzzüge zurück. Im Jahr 1204, der vierte Kreuzzug war von seiner ursprünglichen Route nach Ägypten weit abgewichen, lagerte das Kreuzfahrerheer vor Konstantinopel, wohin es durch die Intrigen des deutschen Kaisers und des Dogen von Venedig geführt worden war. Am 13. April begann der letzte Sturm auf die Stadt, die nach ihrer Eroberung einer beispiellosen Plünderung anheimfiel. Aus dem prachtvollen Hippodrom nahe der Hagia Sophia verschleppten die Venezianer das Kunstwerk, das schließlich leicht beschädigt in die Lagunenstadt gelangte.

Auch die Wikinger taten sich auf ihren Raubzügen durch großes Kunstinteresse hervor – manche Klöster besuchten sie in einer Saison gleich zweimal. Napoleon gründete die erste Spezialeinheit für gezielte Kunstverschleppung in der Militärgeschichte und bestückte mit den schönsten Beutestücken aus eroberten Ländern den Louvre.

Hermann Görings Abgesandte aus Hitlerdeutschland perfektionierten das System des Kunstraubes in einer Weise, die ihresgleichen in der Welt sucht. In großem Stil wurde erpreßt, geplündert und mit Vorliebe in gesammeltes kulturelles Erbe eingegriffen, um die im Krieg Unterlegenen zusätzlich zu demütigen. So kann es nicht verwundern, wenn seit 1943 von der Anti–Hitler–Koalition systematisch Listen aller beweglichen deutschen Kulturgüter erarbeitet wurden.

Bild 4.10: Beutekunst in Venedig: Pferde (Konstantinopel); Tetrarchen (Rom).

Eine Interpretation der damit verbundenen Absicht findet sich 1945 in einem Protokoll der 22. Sitzung des Alliierten Kontrollrates: *„Im Falle, daß Eigentum durch den Feind zerstört wurde oder aber als Ergebnis einer Feindeinwirkung seinen Wert verloren hat, ergibt sich das Recht, dieses durch identisches oder vergleichbares Eigentum zu ersetzen."* Deutschland sollte also für Kunstgüter, die während des Krieges in besetzten Ländern verloren gegangen waren und zwei Jahre danach nicht wieder aufgefunden wurden, gleichrangigen Ersatz leisten, und zwar aus Beständen seiner öffentlichen wie privaten Museen. Spezialeinheiten der Westalliierten und Trophäenbrigaden der Sowjetunion ermittelten entsprechende Zielobjekte. Damit war auch das Schicksal des Schatzes von Troja vorerst besiegelt.

1926 wurde Wilhelm Unverzagt Direktor des Vor- und Frühgeschichtlichen Museums in Berlin und damit auch Herr über den vermeintlichen Schatz des Priamos. Er hielt ihn für unersetzlich und vermerkte dies ausdrücklich auf einer entsprechenden Liste, zu deren Erstellung er von der Berliner Museumsverwaltung 1934 aufgefordert worden war. Nach Ausbruch des Zweiten Weltkriegs verwahrte Unverzagt den Schatz in einem Tresor. Obgleich NSDAP-Mitglied und dem Hitlerregime gegenüber loyal, entzog sich der Wissenschaftler einem ausdrücklichen Führerbefehl, wonach unersetzliche Kulturschätze ohne Ausnahme aus Berlin in sichere Verstecke ausgelagert werden sollten, und beließ den Schatz zunächst im Museumstresor. Anfang April 1945 schließlich wurden die wichtigsten Kunstwerke aus Unverzagts Museum in das Salzbergwerk Grasleben abtransportiert. Der Schatz des Priamos blieb jedoch auf Unverzagts Wunsch hin in Berlin, allerdings nicht mehr in einem Tresor, sondern zusammen mit der alteuropäischen Goldsammlung des Museums in drei versiegelten Kisten im Berliner Flakturm am Zoo. Dieser Turm gehörte zu Festungsteilen, die die Hauptstadt vor Bombenangriffen schützen sollten: mächtige Betonkonstruktionen mit meterdicken Mauern, auf denen Flakabwehrkanonen standen. Der Flakturm am Zoo wurde zugleich das wichtigste Kunstdepot der Reichshauptstadt. Dort lagerte auch die Büste der altägyptischen Königin Nofretete und der berühmte Pergamonaltar.

Draußen kehrte derweil der von den Nazis entfesselte Krieg zu seinem Ausgangspunkt zurück und tobte seinem Ende entgegen. Drei Tage lang, vom 28. bis zum 30. April 1945, lag der Flakturm unter starkem Beschuß der Roten Armee. In einem Brief sprach Unverzagt von ca. 4000 Schuß aller Kaliber. Er erwähnte auch zahlreiche Verwundete, die zu seiner Besorgnis in dem Raum untergebracht wurden, in dem auch seine Goldkisten standen. Spätestens von diesem Tage an hatte Wilhelm Unverzagt, der den Turm bis zum 3. Mai 1945 nicht mehr verließ, auch in diesem Raum geschlafen. Auf Verlangen des leitenden Sanitätsoffiziers wurde der Flakturm am 1. Mai an die sowjetischen Truppen übergeben. Unverzagt wurde zum Direktor des Flakturm–Museums ernannt und erhielt einen Ausweis in russischer Sprache. Dieser enthielt die Bestätigung, daß der Museumsbesitz ab sofort in die Obhut der sowjetischen Kommandantur übernommen worden sei.

Unverzagt zögerte nicht, die im Turm gelagerten Museumsschätze an die sowjetische Militärführung zu übergeben. Er hoffte, sie würden auf diese Weise unversehrt bleiben und könnten durch Verhandlungen später wieder in deutschen Besitz gebracht werden. Am 26. Mai wurde der gesamte Troja–Schatz von einer sowjetischen Expertenkommission abgeholt und am 30. Juni nach Rußland abtransportiert. Am 9. Juli wurden die Kisten vom Moskauer Flughafen in das Staatliche Puschkin–Museum gebracht. Der Inhalt wurde in Spezialakten verzeichnet. Insbesondere die Hauptakte Nr. 83 belegt, daß praktisch die gesamte Schliemannsche Hinterlassenschaft somit seit Kriegsende in Moskau lagert. Dieses aufsehenerregende Recherche–Ergebnis lieferten 1991 die russischen Kunsthistoriker Koslow und Akinscha und widerlegten damit die immer wieder verleugnete Existenz des Troja–Goldes in Moskau. Inzwischen wird der Schatz wieder ausgestellt und erste Verhandlungen über dessen Rückführung nach Deutschland wurden aufgenommen.

4.7   Das Raubgold der Nazis

Die Nazis begingen Gold– und Kunstraub während des zweiten Weltkrieges in
systematischer Weise zur Finanzierung des Krieges. Die Reichsbank hatte als
damalige deutsche Zentralbank an diesem System wesentlichen Anteil. Wissent-
lich verleibte sie das in den besetzten Gebieten gestohlene Gold in ihre Reserven
ein. Die Reichsbank war auch bei der Konvertierung von Goldmünzen, Juwelen
und Zahngold der KZ–Opfer in Vermögenswerte des berüchtigten SS–Kontos
Melmer behilflich, organisierte den Verkauf oder die Pfändung der Beute aus
Konzentrationslagern und regelte das Einschmelzen eines Teils dieses Goldes zu
Barren. Durch das Umschmelzen wurde die Herkunft des Metalls verschleiert.

Als Deutschlands Handelspartner während des Krieges die Annahme von
Reichsmark zunehmend verweigerten, zahlten die Nazis die für den Krieg not-
wendigen Rohstoffe und Güter in Form von Gold. Die Hauptempfängerländer
waren die Schweiz, Schweden, die Türkei, Portugal und Spanien. Zwischen Januar 1939 und Juni 1945 transferierte Deutschland Gold im Wert von 400
Millionen Dollar mit einem heutigen Gegenwert von 4 Milliarden Dollar allein
an die Schweizerische Nationalbank in Bern. Die bei der Reichsbank in Berlin verbliebenen Goldreserven nahmen gegen Ende des Krieges einen mitunter
abenteuerlichen Weg.

Anfang 1945 war die militärische Lage von Berlin hoffnungslos geworden.
Von Osten rückte die Rote Armee unaufhaltsam auf die Reichshauptstadt vor.
Aus der Luft stand Berlin unter unablässigem Bombardement. Am 3. Februar
wurde auch das Gebäude der Reichsbank schwer getroffen. Die Währungshüter
begannen danach unverzüglich mit der Evakuierung des Goldes. Mitte Februar
verließ ein Spezialzug die Hauptstadt und brachte den Großteil der Rücklagen
nach Thüringen, wo sie in einem Bergwerk bei Merkers eingelagert wurden.
Hier wurden sie von den anrückenden amerikanischen Truppen am 7. April
entdeckt und konfisziert.

Allerdings war nicht das gesamte Gold der Nazis nach Thüringen verfrachtet
worden. Ein Rest von etwa 10% der Reichsbankbestände lagerte noch in den
Kellergewölben des Berliner Gebäudes. Knapp einen Monat vor Kriegsende
beschloß der damalige Präsident der Reichsbank, Walther Funk, nach Rück-
sprache mit Adolf Hitler, auch den Rest des Goldes aus Berlin fortzuschaffen.

Ziel des Goldes waren die bayerischen Berge, Hitlers Alpenfestung. Am 14.
April verließen zwei Sonderzüge Berlin, die Devisen und andere Wertgegen-
stände geladen hatten. Etwas später folgte ein Kolonne von Lastwagen mit
Goldbarren. Trotz der ständigen Gefahr, von Tieffliegern angegriffen zu werden, erreichten die Konvois am 19. April München. Die sich rasch dramatisie-
rende militärische Lage zwang Reichsbankpräsident Funk, bei der Suche nach
einem sicheren Versteck zu improvisieren. Er kontaktierte Oberst Franz Pfeif-

fer, den Kommandanten der Gebirgsjägerschule in Mittenwald bei Garmisch–Partenkirchen. Pfeiffer war als pflichtbewußter Wehrmachtsoffizier bekannt und hatte fortan für die Sicherheit dieses Teils des deutschen Reichsschatzes zu sorgen. Am 22. April trafen schwer beladene Lastwagen in der Kaserne ein. Oberst Pfeiffer sah sich plötzlich der Aufgabe gegenüber, in dem kleinen Bergdorf Mittenwald riesige Mengen von Gold und sonstigen Wertgegenständen möglichst unauffällig zu verstecken. Dem Offizier war längst klar, daß bewaffneter Widerstand gegen die Alliierten sinnlos geworden war. Trotzdem wollte er den letzten Befehl Hitlers so gut wie möglich erfüllen. Zusammen mit einigen Untergebenen vergrub er daher Ende April die Schätze, die ihm Walther Funk auf den Kasernenhof gestellt hatte.

Dann kam der 8. Mai 1945. Der Krieg war zu Ende. Die Soldaten in Mittenwald verließen die Kaserne. Gleichzeitig begannen in der Gegend die ersten Gerüchte über einen geheimnisvollen Goldschatz zu kursieren, welcher hier in den letzten Tagen des Krieges versteckt worden sei. Tatsächlich hatte es genug Augenzeugen gegeben. Viele Soldaten hatten beim Be– und Entladen der Lastwagen geholfen. Einige waren auch zum Vergraben des Schatzes eingeteilt gewesen. Die nächtlichen Vorgänge waren also kaum geheim geblieben. Die Gerüchte kamen auch den amerikanischen Truppen zu Ohren, deren Agenten bereits die Evakuierung des Goldes aus Berlin beobachtet hatten.

Oberst Pfeiffer hatte das Goldversteck mit einigen Soldaten noch bis nach Kriegsende bewacht. Schließlich gab er auf und legte die Uniform ab. Um einer Verhaftung durch die Alliierten zu entgehen, gab er einen Teil seines Wissens für das Versprechen preis, von den Fahndungslisten der amerikanischen Militärpolizei gestrichen zu werden. Er stellte sich Anfang Juni den Besatzungsbehörden und versprach, diese zum gesuchten Reichsbank–Schatz zu führen. Eines Nachts fuhr er mit einem kleinen Trupp amerikanischer Soldaten auf einem Lastwagen in den Wald. Die Expedition kehrte am anderen Morgen mit insgesamt 8 Millionen Dollar (heute knapp 60 Millionen Dollar) zurück.

Dem verantwortlichen Offizier war diese Fracht unheimlich, weshalb er sich ihrer so rasch als möglich zu entledigen suchte. Er fuhr zum Stadthaus von Garmisch–Partenkirchen, wo der Kommandant der lokalen Militärverwaltung residierte. Dieser nahm die kostbare Fracht entgegen, und in diesem Gebäude verliert sich auch deren Spur. Auf jeden Fall scheint sie nie bei der alliierten Sammelstelle für konfiszierte Vermögenswerte, der *Foreign Exchange Depository* in Frankfurt, angekommen zu sein. Doch Pfeiffer hatte den Amerikanern nicht sein ganzes Wissen preisgegeben. Die Lage der beiden größten Verstecke behielt er für sich. Diese Rechnung hatte er allerdings ohne seine ehemaligen Soldaten gemacht, welche nach und nach den Amerikanern ihr Wissen ebenfalls mitteilten, um einer Verhaftung zu entgehen. Oberst Pfeiffer wurde nun vor die Wahl gestellt, alle Verstecke zu verraten oder ins Gefängnis zu gehen. Er entschied sich für ersteres. Auf Grund seiner Hinweise räumte ein amerikanisches Kommando in der Nacht vom 1. zum 2. August das Versteck in Oberau. Es enthielt 400.000 Dollar, die in das Divisionshauptquartier in Garmisch gebracht wurden. Was danach mit dem Geld geschah, ist nicht bekannt.

Kurze Zeit später tauchten die Grabungstrupps beim letzten Versteck auf, das sich im Haus der Brüder von Blücher in Garmisch befand. Sie fanden erneut insgesamt etwa 400.000 Dollar. Ein amerikanischer Geheimdienstoffizier räumte das Geld in den Kofferraum seines Wagens und fuhr davon. Nachdem das Geld zunächst auf ein Konto der Besatzungsbehörden bei der Münchner Landeszentralbank eingezahlt worden war, verschwand es kurz darauf spurlos. Im Gegensatz dazu fanden alle im Auftrag des Reichsbankpräsidenten Funk in Mittenwald verstecken 728 Goldbarren den Weg nach Frankfurt und gingen schließlich im Goldpool der *Tripartite Gold Commission* auf.

Aber damit endete die Geschichte des Nazi–Raubgoldes noch keineswegs. Nach Angaben von Henrietta von Schirach, der Frau des ehemaligen Reichsjugendführers Baldur von Schirach, vermutet man einen zweiten geheimen Goldtransport aus der Hauptstadt heraus. Auch dieser soll im April 1945 mit riesigen Mengen an Gold, Devisen, Diamanten und Quecksilber Berlin Richtung Süden verlassen haben.

Daß dieser zweite Schatz in den ansonsten penibel geführten Büchern der Reichsbank nirgendwo Erwähnung findet, wird plausibel, wenn man berücksichtigt, daß das Außenministerium, die Waffen–SS und die Abwehr eine Reihe schwarzer Kassen angelegt hatten, die es nun gegen Kriegsende ebenfalls zu sichern galt. Genaues Ausmaß und Verbleib dieser Werte sind bis heute ungeklärt. Beispielsweise brachte der amerikanische Chefankläger bei den Nürnberger Prozessen, Robert Kempner, in einem Brief vom 28. Dezember 1948 an die amerikanische Militärregierung in Berlin die Frage nach dem Verbleib einer schwarzen Kasse aus Ribbentrops Außenministerium vor, die einen Umfang von 15 Tonnen Gold gehabt haben soll.

4.8   Die Krieger des Herrn — das verlorene Gold der Tempelritter

Im Jahre 1307 vernichteten König Philipp der IV. (der Schöne) von Frankreich und Papst Clemens V. den Orden der Tempelritter. Diese Bruderschaft, nach Salomons Tempel in Jerusalem benannt, war 1118 durch Bernard von Clairvaux zum Schutz der Pilger gegründet worden, die am Kreuzzug teilnahmen.

Bis zum Jahre 1128 waren die Templer zunächst Laien ohne Ordensstatus. Sechs Templer, die 1128 aus dem Heiligen Land nach Frankreich zurückkehrten, ersuchten zehn Jahre nach Gründung ihrer Ritterschaft um die Anerkennung ihrer Gemeinschaft als Orden mönchischer Konstitution. Die wurde von Papst Honorius auf dem Konzil von Troyes gewährt, verbunden mit den Privilegien, die den Boden für den zukünftigen Einfluß des Ordens bereiteten. Seit diesem Jahr unterstanden sie allein der Gerichtsbarkeit des Papstes. Die Ritter legten das priesterliche Gelübde des Gehorsams, der Keuschheit und der Armut ab. Arm blieben sie allerdings nicht lange. Während der Kreuzzüge machten sie glänzende Geschäfte, sogar mit den feindlichen Sarazenen. Die Templer vergaben Kredite und wurden zu den mächtigsten Bankherren des Mittelalters.

In der Schlacht von Akkon wurde das Christenheer im Jahre 1291 im Heiligen Land vernichtend geschlagen. Die Templer zogen sich nach Zypern zurück und konzentrierten sich auf das, was sie noch besser konnten als Kriegführen: Geld verdienen. Ihr damaliges jährliches Einkommen wird heute auf 100 Millionen Franken geschätzt, Milliarden in heutiger Währung. Sie waren eine neue Macht im Staate und residierten in ihrem festungsartigen Zentrum, dem sogenannten *Temple* in Paris.

Aus Neid und Furcht vor der anwachsenden Macht der Templer im Zentrum seines Königreiches und vermutlich auch aufgrund erdrückender Schuldenlasten zettelte Philipp IV. eine Verschwörung gegen den mächtigen Orden an. Die gewaltsame Beseitigung des Gläubigers durch den Schuldner zum Zweck der raschen Tilgung sämtlicher Verpflichtungen war ja im Mittelalter durchaus nicht unüblich. Philipp war immerhin nahezu zahlungsunfähig. Sein Vater hatte ihm einen Schuldenberg hinterlassen, und die Kosten der Kriege gegen England und Flandern drückten auf die Staatsbilanz. Einer seiner engsten Berater, Guilleaume de Nogaret, kam daraufhin auf die Idee, das Templervermögen zu beschlagnahmen. Am Morgen des 13. Oktober 1307, einem Freitag, begann in Frankreich eine beispiellose Verhaftungsaktion. Philipp hatte das Vorgehen genau geplant. Er ließ eine Liste von Anschuldigungen zusammenstellen, die zum Teil von Spionen stammten, die er in den Orden hatte einschleusen lassen, und teilweise auf den freiwilligen Angaben eines übergelaufenen Tempelritters beruhten. Dieser verbitterte, abtrünnige Templer war Esquin de Florian de Béziers, den man aus dem Orden ausgeschlossen hatte. Esquin hatte schon dem König von Aragon das Angebot gemacht, er könne ihm das *große Geheimnis* der Templer verkaufen.

In der Anklageschrift wurde den Tempelrittern insbesondere der zu dieser Zeit besonders zugkräftige Vorwurf der Gotteslästerung bis hin zur Teufelsanbetung gemacht. Philipp beschuldigte sie, das Kruzifix zu bespucken, es mit Füßen zu treten, sowie einander *das Ende der Wirbelsäule* zu küssen. Desweiteren sollten sie der Anklage zufolge *Männerliebe praktiziert* sowie sich des lasterhaften und ausschweifenden Lebens hinter ihren Festungsmauern schuldig gemacht haben. Auch sagte man ihnen grausame Rituale nach, bei denen sie angeblich Kinder töteten, verbrannten, und die Asche mit Wein vermischt zu

Bild 4.11: Gegenspieler: König Philipp der IV. (der Schöne) von Frankreich (links), Papst Clemens V. und der letzte Großmeister der Templer Jacques de Molay.

sich nahmen. Auch bei ihren alchimistischen Bemühungen sollten sie dank der Mitwirkung des Teufels höchstselbst einen Durchbruch bei der Goldherstellung geschafft haben. Der von Ihnen angebetete Götzenkopf sollte laut Anklage- schrift auf den geheimnisvollen Namen Baphomet hören. Diese ganze Litanei des mittelalterlichen Schreckens war die moralische Vorbereitung für die Zer- schlagung des Ordens und den Abtransport der Ritter auf die Scheiterhaufen. Mit tödlicher Präzision lief die wohlvorbereitete Aktion ab. Der König schick- te versiegelte und geheime Befehle an seine Seneschalls im ganzen Land. Die Siegel mußten überall gleichzeitig zu einer festgesetzten Stunde aufgebrochen und die Befehle sofort ausgeführt werden. Danach waren im Morgengrauen des 13. Oktober alle Tempelritter in Frankreich zu verhaften, ihre Ordenshäuser königlicher Aufsicht zu unterstellen und ihre Güter zu beschlagnahmen. Allein in Paris drangen königliche Fußtruppen in das Templerhauptquartier ein und verhafteten 138 Ritter.

Man schätzte die Zahl der Templer in ganz Frankreich zu dieser Zeit auf 2000. Etwa 600 wurden gefaßt, die anderen konnten sich rechtzeitig in Sicher- heit bringen. Obgleich Philipps Coup also einige der gewünschten Ergebnisse brachte, verfehlte er sein Hauptziel: Das immense Vermögen des Ordens ent- ging seinem Zugriff. Als die Königstruppen den Pariser Tempel nach Aufzeich- nungen und Schätzen durchsuchten, mußten sie feststellen, daß all diese zuvor beiseitegeschafft worden waren. Andere Truppen sollten die Templerflotte, die größte Europas, im Hafen von La Rochelle festsetzen. Doch auch sie wurden enttäuscht. Alle Schiffe waren bereits ausgelaufen.

Tatsächlich ist zu bezweifeln, ob Philipps Vorgehen gegen den Orden so überraschend kam, wie zunächst geglaubt. Manches deutet darauf hin, daß die Templer eine Warnung erhalten hatten. Der Tempelritter Jean de Chalons sagte beispielsweise laut Prozeßakte aus, daß Pferdekarren, mit dem Schatz beladen, nachts vor dem Zugriff des Königs das Pariser Hauptquartier verlassen hätten. Wie in Paris, stellte sich nach der Verhaftungswelle auch in den anderen Templerburgen heraus, daß das Gold spurlos verschwunden war.

Bild 4.12: Verbrennung von verurteilten Tempelrittern in Paris.

Nach der damals üblichen Abfolge von inszenierten Schauprozessen, Folter und Erpressung endeten schließlich 54 Templer auf dem Scheiterhaufen, mindestens 36 starben in den Folterkammern. Die geflohenen Tempelritter retteten sich in die Pyrenäen und ins benachbarte Ausland. Das Urteil über den Großmeister, Jacques de Molay, den letzten in einer Reihe von 22 Großmeistern des Ordens, sowie des Großpräzeptors der Normandie, Gottfried von Charney, behielt sich der Papst zunächst selbst vor. Später überließ er es aber auf Drängen Philipps einer Kommission aus drei königstreuen Kardinälen. Am 11. März 1314 wurden Jacques und Gottfried aufgrund ihrer in den ersten Verhören erfolgten Geständnisse vor dem Portal der Kirche Nôtre Dame in Paris öffentlich zu lebenslanger Haft verurteilt. Damit schien die Sache abgeschlossen zu sein.

Doch unmittelbar nach der Urteilsverkündung erklärten Jacques de Molay und Gottfried von Charney alle Anschuldigungen, die gegen sie und den Orden erhoben worden seien, für falsch. Die ihnen vorgeworfene Häresie sei unwahr, die Sünden nie begangen worden, der Orden sei rein und gerecht gewesen. Sie selber verdienten den Tod, weil sie sich unter Androhung der Folter zu falschen Aussagen hatten verleiten lassen.

Nachdem sie nun in aller Öffentlichkeit ihre Geständnisse zurückgezogen hatten, wurden beide auf Betreiben Philipps noch am gleichen Abend auf der Seine-Insel Ile des Javiaux auf dem Scheiterhaufen vor einer johlenden Meute in Paris bei lebendigem Leibe verbrannt. Selbst in den Flammen beteuerten sie die Unschuld des Ordens, und der Legende nach verfluchte Jacques de Molay Papst und König. In der Tat konnten sich beide ihres Triumphes über die Templer nicht lange erfreuen. Sie starben, wie prophezeit, noch vor Ablauf des gleichen Jahres. Der Orden der Templer aber war endgültig zerstört.

Bis heute ist das Geheimnis und der Verbleib des Templerschatzes nicht gelüftet worden. Nur kleine Werte aus dem Besitz des Ordens wurden bisher gefunden. Es ist völlig unklar, wo die etwa 150.000 Goldmünzen geblieben sind, die die Templer im Jahre 1306 von Zypern nach Paris mitgebracht hatten.

Kapitel 5

Münzherstellung leichtgemacht

Ein kleine Metallurgie des Geldes

5.1   Die Geschichte der Münze

Hochkulturen haben sich bereits in der frühen Geschichte durch eine weit entwickelte Arbeitsteilung und entsprechende Spezialisierung im Wirtschaften ausgezeichnet. Dies bringt die Notwendigkeit zum Austausch von Leistungen und Waren mit sich. In ältesten Zeiten erfolgte dieser Austausch oft durch Geschenke und Gegengeschenke, später durch direkten Warentausch und die Einführung diverser Naturalieneinheiten. Bei den Russen und Finnen waren dies Marderfelle, bei den skandinavischen Lappen Pelze, bei den Eskimos Rentiere, bei den Persern und frühen Griechen Vieh, bei den Griechen zu Homers Zeit Rinder und bei den Germanen und Kelten Pferde und Rinder.

In den Dichtungen Homers, die vermutlich um die 2. Hälfte des 8. Jahrhunderts v. Chr. entstanden, taucht noch an keiner Stelle der Begriff des Geldes auf. Die goldene Rüstung des Glaukos beispielsweise beziffert Homer mit einem Wert von 100 Rindern. An einer anderen Stelle bezahlt Laertes für die Dame Eurikleia immerhin stattliche 10 Rinder. Töchter waren demnach bei den Griechen für die Familie deutlich wertvoller als Söhne, da sie der Familie Rinder einbrachten, wenn sie heirateten. Trotz dieser mehr oder weniger charmanten Nebenwirkungen früher Zahlungseinheiten war es offensichtlich nicht möglich, Naturwaren genau gleichwertig zu tauschen. Gebraucht wurde also eine als Währung weiterverwendbare und allgemein akzeptierte Maßeinheit für den Warentausch. Die frühesten derartigen Einheiten waren Nutztiere, Felle, Muscheln, Perlen, Leder, Sklaven und natürlich Metalle. Diese Dinge waren im frühantiken Mittelmeerraum nicht aufgrund ihrer unmittelbaren Verwendbarkeit, sondern wegen der Möglichkeit des Weitertauschens als Währungsersatz in Gebrauch. Es ist plausibel, daß sich unter diesen Alternativen sehr bald die Edelmetalle und ihre Legierungen durchsetzten.

Bild 5.1: Kleine Auswahl alter griechischer Münzen.

Als früheste Einheitswährungen finden sich oft Silberstücke, die von Gußteilen abgetrennt wurden. Solche Stücke konnte man durch Abwiegen gut vergleichen, addieren und subtrahieren. Der Weg zur einer gleichartigen Stückelung, wie etwa die Einführung von Stangen, Ringen, Barren und gestempelten Barren folgte daraus fast zwangsläufig. Der Stempel auf einem gegossenen Barren beispielsweise sollte die Qualität und das Gewicht des Stücks garantieren. Diese letztgenannten Währungseinheiten faßt man heute auch unter dem Begriff Gewichtswährungen oder Gewichtsgeld zusammen. In der Literatur werden sie zwar bisweilen mit Münzen verwechselt, sind aber von diesen zu unterscheiden.

Auch im Alten Testament wird Geld erwähnt. Aber auch hierunter ist durchweg Gewichtsgeld und noch nicht eine Münzwährung im heutigen Sinne zu verstehen. Nach der Bibel wurde Jakob beispielsweise als junger Mann mit Vieh entlohnt. Als Josef von seinen Brüdern als Sklave an die Ägypter verkauft wurde, erhielten die Verkäufer hingegen bereits 20 Silberstücke Gewichtsgeld anstatt Naturalien als Gegenwert. Es ist nicht genau bekannt, wo solche Gewichtswährungen erstmals verwendet wurden. Quellen deuten auf Mesopotamien, Ägypten, China und Palästina hin. Der Schekel ist nicht nur Namensgeber der heutigen israelischen Münze, sondern war auch vor der Zeitenwende eine der ersten Gewichtswährungen auf der Basis von Silberbarren. Seit dem frühen 3. Jahrtausend v. Chr. wird Barrengeld in ägyptischen und sumerischen Urkunden erwähnt. Als Geldersatz hat parallel in einigen Gegenden des nahen Morgenlandes auch das Salz gedient.

In der europäischen Geschichte tritt die Münze als Nachfolger der Gewichtswährungen erst recht spät in Erscheinung. Dies wird verständlich, wenn man sich vor Augen hält, daß zur Einführung einer allgemein akzeptierten Münzeinheit hinter der entsprechenden Währung ein gut organisiertes Staatengebilde mit zentraler Autorität und reichlich Kapital stehen mußte. Solche im heutigen Sinne homogenen Staatengebilde mit funktionierender Verwaltung, die für die Echtheit des Geldes bürgen und den Metallgehalt garantieren konnten, entstanden im europäischen Raum vergleichsweise spät. Ähnliche Diskussionen sind uns heute bezüglich der Einführung und Stabilität der europäischen Währung ja nicht ganz fremd.

Den Lydiern in Kleinasien wird gemeinhin zugeschrieben, ab etwa 650 v. Chr. unter König Gyges[1] als erster Staat Münzen im heutigen Sinne hergestellt und ein entsprechendes Währungssystem aufgebaut zu haben. Damit brauchte das Silber des Handelspartners nicht mehr geprüft und gewogen zu werden, sondern man konnte fertig geprägte und somit glaubhaft genormte Stücke verwenden. Die lydischen Münzen waren zunächst aus Elektron, einer natürlich vorkommenden Legierung aus Gold und Silber, die auch schon von den Ägyptern verwendet worden war. Der *lapis lydius*, der in Lydien gefundene lydische Stein, wurde als Dokument im Zusammenhang mit der Prüfung des Feingehaltes der Münzen ebenso bekannt wie die lydische Münze selbst. Laut Erlaß des König Krösus von Lydien[2] mußte bei der Erschmelzung der Münzlegierung ein Verhältnis von Silber zu Gold von genau 12 zu 1 eingehalten werden. Von Lydien aus gelangte die Münze rasch in andere Stadtstaaten Griechenlands. Im Zuge eines Krieges zwischen Krösus und dem persischen König Kyros II.

[1] Gyges ist der erste historisch belegte lydische König aus der Dynastie der Mermnaden (siehe auch Seite 191). Der Sage nach kam er durch Königsmord an Kandaules, dem letzten König der Herakliden, an die Macht. Hebbel verarbeitete die Geschichte in dem Drama *Gyges und sein Ring*.

[2] griech.: Kroisos, regierte laut Herodot 560–547 v. Chr. und gilt bis heute als Verkörperung unermeßlichen Reichtums (siehe auch Seite 191).

wurde die Idee einer Münzwährung zunächst vermutlich ins siegreiche Persien exportiert (siehe Seite 191). Im weiteren Gefolge von Handel und Krieg trat die Münze dann ihren Siegeszug durch die damalige antike Welt an. Die Zeiten des Gewichtsgeldes auf der Basis von Silber, Gold und Kupfer waren besiegelt. Die Prägestempel auf den Münzen ersetzten nun die umständliche Tätigkeit des Auswiegens unhandlicher Barren.

Im antiken Griechenland entstanden im Zuge dieser Entwicklungen um 600 v. Chr. die ersten Münzen (siehe Seite 113). In den darauffolgenden Jahrhunderten waren diese mitunter meisterlich gearbeitete Kleinkunstwerke mit Motiven aus der Pflanzen– und Tierwelt sowie der Mythologie. Im Römischen Reich gab es Münzen ab 430 v. Chr. (siehe Seite 114). Zur Kaiserzeit, also im 1. bis 3. Jahrhundert n. Chr., dienten die Münzen dort nicht nur als Zahlungseinheit, sondern auch der Propaganda. Sie trugen zu diesem Zwecke jeweils die Profile des jeweiligen Kaisers oder seiner Familienangehörigen.

Das römische System mit Gold, Silber und Kupfer als Münzmetallen lebte im Byzantinischen Reich weiter, allerdings verflachten die Münzen in ihrer Ausdrucksform. Der römische Aureus wurde unter Kaiser Konstantin dem Großen durch den Solidus ersetzt. Zur Zeit der Völkerwanderung lehnten sich die germanischen Staaten in ihrem Münzsystem an das spätrömische System an. Im Fränkischen Reich wurde der Solidus durch sein Drittelstück (Triens, Tremissis) ersetzt. Im 7. Jahrhundert ging man zunehmend von der Gold– zur Silberwährung über. Unter den Karolingern wurde der silberne Denar die Hauptmünze. Im Zuge des ausgeweiteten Handels wurden im 13. Jahrhundert erstmals Gulden und Dukaten aus Gold sowie Groschen aus Silber als erste Münzen für den Fernhandel hergestellt. Erst gegen Ende des 15. Jahrhunderts wurde in Tirol der erste Taler als Silberäquivalent des Guldens geprägt, ab 1500 wurde er in größeren Stückzahlen im sächsischen und böhmischen Erzgebirge geschlagen. Der Taler wurde von den Staaten Europas und als Peso bzw. Dollar auch in der Neuen Welt übernommen. In Deutschland verdrängte die Mark den Taler nach der Reichsgründung 1871.

Wie verhält es sich mit der Technik der Münzherstellung? Die ersten Münzen wurden vermutlich noch gegossen. Die Prägetechnik hält erst später Einzug. Der älteste bis heute erhaltene Münzstempel stammt aus Ägypten von etwa 425 v. Chr. Er enthält 25% Zinn und 75% Kupfer. Römische Münzen erhielten seit etwa 190 v. Chr. Rändel am Rand. Das Prägen erfolgte im Altertum und auch noch weit in das Mittelalter hinein nur im Münzstempel zwischen Hammer und Amboß. Der älteste deutsche Münzstempel stammt von 1479. Eine Randschrift findet sich zum ersten Mal an Münzen aus dem Jahre 1443 auf den Ausbeutetalern von Zellerfeld. Zwischen 1510 und 1516 entwickelte Leonardo da Vinci für die Prägeanstalten von Rom einen Münzstempel mit Präzisionsführung, der gewährleistete, daß alle darin geschlagenen Münzen genau gleich aussahen. Das

Walzen der Münzen zwischen gravierten Walzen (Taschenwalzen) scheint um die Mitte des 16. Jahrhunderts aufgekommen zu sein. Das Rändeln der Münze mit der Maschine erfand der französische Ingenieur Castaing im Mai 1685. Jean Pierre Droz erdachte 1785 ein Prägewerk, bei dem ein Ring das unter dem Prägestempel stattfindende Ausbreiten der Platte gleichmäßig begrenzte, so daß Gestalt und Größe der Münze genau justiert wurden. Seine Erfindung ging alsbald an Boulton über. Boulton, der Teilhaber des großen Reformators der Dampfmaschine, James Watt, prägte 1786 die ersten Kupfermünzen für die ostindische Kompanie, und zwar mittels Dampfkraft.

Interessant ist in diesem Zusammenhang die Herkunft des von den Amerikanern oft strapazierten Wortes *Cash*. Dieser Begriff hat keineswegs einen englischen Ursprung, sondern er stammt von dem indisches Wort *Karscha* für den kleinsten ostindischen Münzwert. Im 16. Jahrhundert breitete sich diese Münze über ganz Ostasien aus. Noch um die Mitte des 19. Jahrhunderts wurden in China alle Arten des gelochten Bronzegeldes *Käsch* genannt.

5.2 Vom Münzwesen der Griechen und Römer

Die Erfindung des Geldes sicherte dem antiken Griechenland ab etwa 600 v. Chr. einen enormen wirtschaftlichen Aufschwung. Der Handel wurde erleichtert und die gewerbliche Produktion wuchs stark an. Jeder besser gestellte Handwerker in Athen oder Korinth beschäftigte Arbeiter in seinen Werkstätten, die mitunter einen Lohn in Form von Geld erhielten. Es war auch nicht ungewöhnlich, daß ein Vermögender einem Sklaven einen Gewerbebetrieb oder ein Handelsgeschäft übergab, den dieser selbständig zum Gewinn des Besitzers zu bewirtschaften hatte. Aus der griechischen Antike wird von zahlreichen Unternehmern berichtet, die mit der Herstellung von Haushaltswaren, Waffen, Möbeln oder Lampen Vermögen in Form von Münzen anhäuften.

Eine solch mannigfaltige und bereits stark auf Arbeitsteilung ausgerichtete Produktion erforderte einen ausreichend großen Binnenmarkt sowie ein funktionierendes Fernhandelsnetz. In der Tat entwickelten sich in der Antike bereits frühe Zentren spezieller Produktionszweige. So wurden in Milet, Kios und Samos vor allem Wollstoffe, Teppiche und kostbare Kleidung hergestellt. Chalkis und Korinth hingegen hatten sich auf die Produktion und den Export von Waffen, Geschirr und Schmuck verlegt. Theben und Sizilien spezialisierten sich auf den Wagenbau.

Auf dem griechischen Festland und der Insel Mykene stellte man ab etwa 500 v. Chr. Münzen in den Einheiten Talent, Mine, Drachme und Obole her. Zunächst wurden nur Elektron, Gold und Silber verwendet. Ab dem darauffolgenden Jahrhundert trat auch Kupfer als Münzmetall in Erscheinung. Während im semitischen Sprachraum der Währung von Anfang an das Dezimalsystem zugrunde gelegt wurde, stützten sich die Griechen auf die Zahl 12. Einige Historiker behaupten sogar, wenn Moses ein Grieche gewesen wäre, hätte er sicherlich zwölf anstatt zehn Gebote empfangen. Entsprechend bestand der griechische Silber–Stater aus 12 Obolen. Der Obolos war die kleinste verwendete Münzeinheit. Eine Zwischengröße war die Drachme mit einem Wert von nur 6 Obolen. Zusätzlich zum Silber–Stater kannten die Griechen den Gold–Stater. Bei größeren Geschäften wurde auch die Mine verwendet, die das Silbergewicht von 60 Drachmen hatte. 60 Minen wiederum waren ein Talent.

Interessanterweise kannten die Griechen daneben die Dekadrachme, also das Zehnfache der Drachme. Es ist naheliegend, daß die Einheit zum Handel mit semitischen, phönizischen und syrischen Kaufleuten diente. Auch der Wert der Mine soll im Handelsaustausch mit Karthago später auf 100 Drachmen vereinheitlicht worden sein.

Die griechische Währung muß in der antiken Welt eine sehr hohe Kaufkraft besessen haben. Aus Athen zur Zeit Solons (640–559 v. Chr.) ist bekannt, daß Schafe eine Drachme und Rinder fünf Drachmen das Stück wert waren.

Die Römer hatten, anders als die Griechen, kaum eigene Rohstoffe, sondern eigneten sich – ähnlich wie die ägyptischen Pharaonen 3000 Jahre zuvor – die Bodenschätze durch militärische Expansion von den Nachbarn an. Die Geschichte des römischen Metallbergbaus beginnt überhaupt erst mit den Eroberungen. In unterworfenen Gebieten mit Rohstoffvorkommen wurden die ansässigen Bergleute zumeist zwangsrekrutiert und der eigenständige Bergbau in der Regel untersagt.

Zu den ersten von den Römern eingenommenen Bergbaugebieten gehörte Mittelitalien. Dort war bereits lange vor den Römern von den Etruskern Bergbau betrieben worden. Mit der Eroberung erhielten die Römer erstmals Zugang zu vorhandenen Stollen und wertvollem Fachwissen.

Rom lernte schnell. Bereits 430 v. Chr., also kurz nach der ersten römischen Verfassung, wurde das Warengeld abgeschafft. Bußgelder waren hernach nicht mehr in Form von Rindern, sondern als Kupfermünzen zu leisten. Münzen aus einer Kupfer–Zinn–Blei–Legierung blieben die folgenden zweihundert Jahre über die wichtigste römische Währungseinheit. Die Hauptmünze war das immerhin ein Pfund schwere As, welches mit dem römischen Wappen und dem Vorderteil eines Schiffes auf der einen und mit dem Kopf einer Gottheit auf der anderen Seite verziert war.

Münzen auf der Basis von Silber und Gold lernten die Römer früh kennen, ohne diese Metalle zunächst für ihre eigene Währung zu übernehmen. Die besiegten Etrusker hatten seit etwa 500 v. Chr. die Gold- und Silbermünzprägung von den Griechen erlernt. Auch im Krieg gegen Pyrrhus von Epirus, den Herrscher von Tarent und Vetter Alexanders des Großen, kamen die Römer in Kontakt mit Goldmünzen. Die Zurückhaltung der Römer bei der

Bild 5.2: Römische Münzen: Augustus, Claudius, Nero, Trajan, Vespasian.

Herstellung von edlen Münzen beruhte möglicherweise zunächst auf den mangelnden eigenen Edelmetallvorräten. Nach der Eroberung der süditalienischen Küstenländer und des Apennins mit seinem reichen Silberbergbau besaßen die Römer jedoch schließlich ausreichend Bergwerke und Facharbeiter, so daß sie, etwa 250 Jahre nach den Griechen, die ersten römischen Silberdenare prägen konnten. Diese Münzen waren ganz in attischer Tradition mit den Dioskuren Castor und Pollux hoch zu Pferd geschmückt[3]. Desweiteren wurden das As und der Sesterz eingeführt. Der Silberdenar wurde rasch zur Leitwährung in den besetzten Gebieten und in der Folge zum Symbol der Expansionspolitik Roms. Die ursprüngliche Kupferwährung verfiel im Wert auf ein zweihundertundfünfzigstel des Silbers.

Im Verlauf der Punischen Kriege änderten sich die Machtverhältnisse im Mittelmeerraum grundlegend. Bis zum ersten Punischen Krieg waren Karthago und Rom Verbündete gewesen, so etwa im Krieg gegen Pyrrhus. Die Karthager waren jedoch seit dem zweiten Handelsvertrag mit Rom zunehmend über die expansiven Bestrebungen der Römer, die sich neben der Vorherrschaft in Latium Kaperfreibriefe bis nach Spanien zusichern ließen, beunruhigt. Dort lagen nämlich die von den Karthagern ausgebeuteten spanischen Silbererzgruben, die beide Rivalen zur Befriedigung ihrer Weltmachtgelüste benötigten. Insbesondere Silber war im dritten Jahrhundert v. Chr. zum entscheidenden strategischen und fiskalischen Metall des Mittelmeerraumes geworden. Die Kontrolle des Silberhandels mußte zwangsläufig die Vorherrschaft am Mittelmeer besiegeln.

Vor dem Hintergrund der zunehmenden Furcht der Karthager vor römischer Expansion in Spanien ist der Beginn der Eroberung des erzreichen spanischen Hinterlandes durch Karthago zu sehen. Zunächst besetze Hamilkar im Jahr 236 v. Chr. die spanische Ostküste. Sein Schwiegersohn Hasdrubal gründe-

---

[3]Die Dioskuren (griech.: Dioskouroi, d.h. Söhne des Zeus) sind in der griechischen Mythologie die göttlichen Zwillinge Castor und Polydeukes (Pollux). Bei dem Versuch, die Töchter des Leukippos zu entführen, wird Castor getötet. Um seine Zwillingssöhne nicht zu trennen, gestattet ihnen Zeus, gemeinsam abwechselnd einen Tag im Olymp und einen Tag in der Unterwelt zu verbringen. Die Dioskuren versahen in der Antike vor allem als Schutzpatrone der Seeleute ihren Dienst. Der populäre Kult der Dioskuren ging ursprünglich von Sparta aus, verbreitete sich in ganz Griechenland und kam schließlich zu den Römern.

te 227 v. Chr. die Siedlung Carthago Nova. Die Einnahme und Zerstörung
Sagunts schließlich ging im Jahre 219 v. Chr. auf das Konto des nach dem
Tod Hasdrubals von den Soldaten zum Oberbefehlshaber gewählten Hannibal. Diese Bedrohung ihrer eigenen Besitzungen in der Region sowie die mit
der Überschreitung des Ebroflusses begangene Verletzung der bisherigen De-
markationslinie durch Hannibal konnten die Römer nicht hinnehmen. Ohne die
Konfrontation, also den 2. Punischen Krieg, direkt zu provozieren, forderten sie
zunächst politisch geschickt die Auslieferung Hannibals durch Karthago. Bekanntermaßen kamen die Karthager diesem Ansinnen nicht nach. Statt dessen
rückte Hannibal, einer römischen Spanienoffensive zuvorkommend, in Beglei-
tung von 38.000 Mann Fußvolk, 8.000 Reitern und 37 Elefanten durch Spanien,
Südfrankreich und über die Alpen gegen Rom vor. Der 2. Punische Krieg zwischen Karthago und Rom hatte begonnen. In Italien schlug Hannibal römische
Heere mehrfach vernichtend und zog sogar bis vor die Tore Roms, ohne der
Stadt jedoch einen kriegsentscheidenden Schlag beibringen zu können.

Plinius berichtet im 33. Band seiner Naturgeschichte, daß Hannibal täglich
300 Pfund Silber aus den Gruben von Carthago Nova erhielt, um seinem riesigen Heer den Sold zu zahlen und es mit Vorräten auszustatten. Dies war
sicherlich ein entscheidender Grund Roms, in Spanien zu landen und eine Of-
fensive zu starten. Ziel war es, Hannibal von seinem Nachschub abzuschneiden.
Durch diese logistische Schwächung wurde Hannibal zum Rückzug nach Karthago gezwungen. Seine entscheidende Niederlage erfuhr er schließlich gegen
Scipio Africanus im Jahr 202 v. Chr. bei Zama. Der Krieg war für Rom gewonnen. Die Beute war reichlich. Die spanischen Silberbergbaugebiete, aber
auch die Bergwerke Siziliens, Korsikas und Sardiniens fielen an Rom. Karthago
mußte desweiteren 50 Jahre lang gewaltige Kriegsentschädigungen, zumeist in
Form von Silber, an Rom entrichten. Auch die Beute der Feldherren war groß.
Als Scipio im Triumphzug in Rom einzog, führte er 120.000 Pfund Silber mit
sich. Marcus Porcius Cato brachte es immerhin auf 20.000 Pfund Silber und
1.400 Pfund Gold, welches er aus Spanien nach Rom schaffte. Der Silberbergbau in den spanischen Besitzungen wurde unter Roms Herrschaft wesentlich
intensiviert und beschäftigte zeitweise mehr als 50.000 Bergleute.

5.3 Neues und altes Silber — Münzlegierungen

Münzen erzählen, ähnlich wie Briefmarken, nicht nur von Geschichte, Personen
und Symbolen, sondern geben heute mit Hilfe moderner werkstoffwissenschaft-
licher Methoden auch Aufschluß über Herkunft, Legierung und Verarbeitung
ihres Metalls. So werfen alte Münzen Licht auf die Beziehungen zwischen dem
Silberbergbau im Schwarzwald und der Münzprägung im schweizerischen Basel oder den Handel zwischen Hindukusch in Zentralasien und Skandinavien

im frühen Mittelalter. Zur Untersuchung solcher Fragen werden Münzen meist
zerstörungsfrei mittels leistungsstarker Spektrometer auf ihre chemische Zusammensetzung hin untersucht. Die Details der Zusammensetzung einer Legierung sind für entsprechende Experten, die sogenannten Archäometallurgen, oft
wie ein Fingerabdruck zu lesen. Metalle, die aus unterschiedlichen Regionen, ja
sogar aus unterschiedlichen Minen derselben Region stammen, weisen zumeist
ganz typische Begleitelemente und chemische Verunreinigungen auf, die sie von
Legierungen anderer Herkunft unterscheiden. Solche Abweichungen in der genauen Zusammensetzung entstehen durch Unterschiede in der lokalen geolo-
gischen Entstehungsgeschichte einer Erzader. Bisweilen gelingt es Forschern
daher, das Metall einer alten Münze aufgrund des chemischen Fingerabdrucks
einer ganz bestimmten Mine oder Bergbauregion zuzuordnen.

Interessant sind in diesem Zusammenhang auch Münzen aus dem Orient.
Numismatiker haben mittels chemischer Analyse belegt, daß viele islamische
Silbermünzen vom 8. bis 10. Jahrhundert von Mittelasien nach Nord– und Ost-
europa gelangten. Ein wichtiger Fernhandelsweg führte damals von Taschkent
am Ural vorbei über das Kaspische Meer bis zum Wolgaweg und von dort in
den Ostseeraum. Auf einem anderen Fernhandelsweg kamen im 9. bis Anfang
des 10. Jahrhunderts Silbermünzen aus den Bergbaugebieten des Hindukusch
bis in den Nahen Osten, nach Syrien sowie in den heutigen Iran.

In vielen Fällen ist ein Rückschluß von einer Münzlegierung auf ein ganz
bestimmtes Bergwerk allerdings nur dann möglich, wenn das Metall, wie beim
Silberbergbau im Hindukusch, gleich vor Ort vermünzt wurde. Dabei spielen
die Begleitelemente Gold, Bismut und Platin eine besondere Rolle für den chemischen Fingerabdruck. Stammen alte Münzen hingegen von großen Handels-
plätzen ohne eigenständigen Silberbergbau, wie etwa Bagdad, so wurden sie
meist aus ganz unterschiedlichen Münzen zusammengeschmolzen und neu geprägt. Dann verwischt sich die Spur, und eine Zuordnung zum ursprünglichen
Abbaugebiet des Rohstoffs ist nicht mehr möglich.

Die verschiedensten Metalle fanden und finden für die Münzprägung und
den Münzguß Verwendung. In den meisten Fällen verwendet man natürlich
Legierungen. Die wichtigsten Basismetalle dabei sind bzw. waren Gold, Kup-
fer, Silber, Chrom, Eisen, Aluminium, Blei, Magnesium, Nickel, Platin, Zink,
Zinn und auch Titan. Als wichtigste Legierungen sind zu nennen Kupfer–Zinn–
Bronzen (meist auch nur Bronze genannt), Messinge (Kupfer–Zink–Legierung
mit 56–67 % Kupferanteil), Nickel–Bronzen (Kupfer mit Zinn und Nickel),
rostfreie Chrom–Nickel–Stähle (VA–Stahl, Eisen–Kohlenstoff mit Chrom und
Nickel), Chromstähle (Eisen–Kohlenstoff mit Chrom), Neusilber (Kupfer–Zink–
Nickel–Legierungen), Aluminium–Bronzen (Bronzelegierung mit 7–10 % Alu-
miniumanteil), Elektron (Gold mit Silber), Shaku–Do–Legierungen (Bronze mit
Silber und Gold) sowie Tombak (Messing mit 85 % Kupfer und 15 % Zink).

Besonders Gold hat seine besondere Ausstrahlung als Münzmetall bis heute nicht verloren. Nach der Einführung von Gold als Geld etwa 650 v. Chr. durch die Lydier war der Siegeszug des Goldes als Währungsmetall unaufhaltsam. Selbst als in unserer Zeit das Papiergeld eingeführt wurde, verlor das Gold seine Bedeutung nicht. Immerhin hielten sich viele Länder lange Zeit an den sogenannten Goldstandard. Dieser besagte, daß das gesamte in Umlauf befindliche Geld eines Staates durch einen entsprechenden Vorrat an Gold gedeckt sein mußte. Das bekannteste Beispiel sind die Goldvorräte der USA im berühmten Fort Knox, auf die es in Romanen und Filmen immer wieder diverse Finsterlinge abgesehen haben. Auch heute noch sind der südafrikanische Krügerrand, das kanadische Maple Leaf, die deutsche 20 Mark–Münze mit Wilhelm II. als Verzierung oder das schweizerische Gold–Vreneli beliebte Sammlerstücke.

Aber auch die Kupfer–Nickel–Legierungen sind uns in Form der deutschen Fünfzigpfennig–, Mark– und Zweimarkstücke vertraut. Dieses sogenannte Silbergeld enthält heute natürlich kein einziges Gramm Silber mehr. Staatliche Stellen ließen Kupfer–Nickel als Münzwerkstoff in Deutschland erstmals am 9. Juli 1873 zu. Ein neues Münzgesetz legte seinerzeit auch fest, daß die in deutschen Landen geltende Währungseinheit fortan die Mark zu 100 Pfennigen sei. Immerhin wurden in Deutschland mit der Annahme dieses Gesetzes mehr als 100 unterschiedliche Münztypen in den verschiedenen deutschen Regionen ungültig. Der weltweite Erfolg von Legierungen auf der Basis von Kupfer und Nickel als Münzmaterial ist auf die äußere Ähnlichkeit mit Silber, die hohe Härte und die hervorragende Korrosionsbeständigkeit zurückzuführen. Heute wird die überwiegende Zahl der weltweit gebräuchlichen Münzen aus Legierungen auf der Basis von Kupfer und Nickel hergestellt.

Oft treten in der Münztechnik aber auch Mischungen unterschiedlicher Metallkörper auf, beispielsweise sogenannte Bicolor– oder Duplex–Münzen. So bestehen etwa die neuen Euromünzen aus unterschiedlichem Kern– und Mantelmetall. Diese beiden Stücke werden unabhängig voneinander gestanzt und erst in der endgültigen Münze zusammengepreßt. Ein anderes Beispiel ist die Walzplattierung. Seit 1948 erhalten Stahlplättchen in kupfer– und messingplattierter Ausführung in den deutschen Ein–, Zwei–, Fünf– und Zehnpfennigstücken auf diese Weise ihre Form. Auch die deutsche Fünfmarkmünze gehört in diese Kategorie. Sie besteht aus einem Schichtmaterial, bei dem eine Kupfer–Nickel–Legierung auf einen ferromagnetischen Nickelkern walzplattiert wird. Bei der Einführung dieses Konzeptes zwischen 1969 und 1975 war nicht nur der geringe Preis im Vergleich zum Silber wichtig, sondern auch die Automatensicherheit aufgrund der magnetischen Eigenschaften des Materials. Automaten prüfen bekanntermaßen die Echtheit einer Münze anhand von Volumen und Abmessung sowie elektrischen und magnetischen Eigenschaften. Je höher die Anzahl der physikalisch prüfbaren Merkmale einer Münze ist, desto größer ist ihre

Automatensicherheit. Durch den dreischichtigen Aufbau des Fünfmarkstücks, bei dem sowohl die Dicke als auch die Abfolge der Schichten variiert werden kann, ergibt sich eine große Zahl individuell prüfbarer Merkmalskombinationen. Da bei heutigen Münzen die Automatensicherheit eine große Rolle spielt und dabei wiederum nur die physikalischen Eigenschaften der Münze geprüft werden können, sind die Münzrohlinge zum Teil bereits vor der eigentlichen Münzprägung so wertvoll wie das spätere Geld – für *dumme* Automaten zumindestens. Die Produktionsstätten solcher Rohlinge sind deshalb ähnlich gut bewacht wie manche Bank.

Bei allen heutigen Münzlegierungen ist übrigens einer der wichtigsten Gesichtspunkte, daß der Nennwert einer Münze nicht hinter ihrem Materialwert zurückbleibt. Ansonsten würden Münzen allerorten eingeschmolzen und als Rohmetall veräußert. Übrigens wird auch größter Wert darauf gelegt, daß Münzen nicht zu leicht sind. Wer hätte schon Vertrauen in eine Währung mit der Dichte von Kunststoff oder Magnesium? Eine Münzwährung hat eben selbst in heutiger Zeit auch noch eine Menge mit Psychologie zu tun. Es gibt aber noch weitere Aspekte jenseits der rein physikalischen Merkmale des Münzmetalls: Münzen müssen langlebig (50 bis 100 Jahre Haltbarkeit muß heute von einem Münzhersteller gewährleistet werden), gut zu prägen und automatensicher sein. Nicht zuletzt sollen sie sich aber auch gut anfühlen und schön aussehen.

Heutige Prägemaschinen stellen hohe Anforderungen an die Maßhaltigkeit, Verarbeitbarkeit und Oberflächengüte von Münzrohlingen, da in den Pressen pro Minute immerhin mehr als 750 solcher Plättchen auf beiden Seiten mit einem Prägebild versehen werden müssen. Aufschlußreich ist die Betrachtung der Kosten der Münzherstellung. Die Herstellung eines Pfennigs – davon gibt es mehr als 16 Milliarden Stück – kostet derzeit immerhin 1,117 Pfennig. Ein Groschen kostet 1,31 Pfennig, das Markstück 2,27 Pfennig und das Zweimarkstück 3,91 Pfennig. Ein Ersatz aller deutschen Münzen kostet also etwa 600 Millionen Mark, worin der Materialwert noch nicht enthalten ist.

5.4 Taler aller Länder, vereinigt euch — der Euro kommt!

Ab 2002 ersetzt die europäische Währungseinheit die bisherige deutsche Währung. Es kursieren dabei gegenwärtig zwei Bezeichnungen für das europäische Geld, und zwar *ECU* und *Euro*. Die Bezeichnung ECU geht ursprünglich nicht auf die englische Bezeichnung *European Currency Unit* zurück, sondern auf die alte französische Bezeichnung *Ecu* für den Taler. Der einfache Ecu entstand unter Ludwig XIII. (1601–1643) im Jahr 1641 und wurde unter dem Sonnenkönig Ludwig XIV. (1643–1715) erstmals mit der Lilie der Bourbonen geprägt. Als

Gold–Ecu und älteste französische Goldmünze ist er seit der Zeit von Ludwig IX. (1266–1270) im Umlauf. Für die europäische Währung wurde der offizielle Name *Euro* gewählt.

Die Produktion der Euro–Münzen läuft gegenwärtig auf Hochtouren. Im September 2001 sollen die Banken mit den neuen Münzen versorgt sein. Bis dahin haben die Münzprägeanstalten noch eine Produktion von monatlich mehreren hundert Millionen Geldstücken hinter sich zu bringen. Angesichts der unterschiedlichen physikalischen, technischen und politischen Randbedingungen an das neue Münzsystem wird klar, warum die Vorarbeiten für die neuen Münzen rund sechs Jahre beansprucht haben.

Immerhin mußte ein Münzsystem gefunden werden, daß möglichst vielen Europäern gut gefällt, das Mensch und Automat gut unterscheiden können und das auch von blinden Menschen leicht ertastet werden kann. Geachtet wurde auch auf einen geringen Nickelgehalt der Münzen, da Nickel in hoher Konzentration bei einigen Menschen Allergien hervorrufen kann.

Das im Dezember 1997 veröffentlichte Ergebnis ist ein System mit sechs Münzen im Wert von Ein, Zwei, Fünf, Zehn, Zwanzig und Fünfzig Eurocent sowie einer Ein–Euro– und einer Zwei–Euro–Münze mit jeweils einer europäisch und einer national gestalteten Seite.

Die Durchmesser der Münzen reichen von 16,25 Millimeter für den Eurocent bis zu 25,25 Millimeter für die Zwei–Euro–Münze, das Gewicht liegt zwischen 2,2 und 8,5 Gramm.

Die Ein–, Zwei– und Fünf–Eurocent–Stücke werden auf kupferplattiertem Stahl geprägt, sind also nickelfrei. Die Zehn–, Zwanzig– und Fünfzig–Eurocent–Stücke werden aus einer *Nordisches Gold* genannten Kupfer–Zink–Zinnlegierung bestehen, wobei das Zwanzig–Eurocent–Stück zur besseren Unterscheidung eine Randkerbung erhält. Die Ein– und Zwei–Euro–Münzen sind Bicolor–Münzen, deren Kern aus einem dreischichtigen Werkstoff besteht, der auch in unserem bundesdeutschen Fünfmarkstück seinen Dienst versieht. Bei der Ein–Euro–Münze besteht der äußere Ring aus Nickel–Messing und ist gelb, während das dreischichtige Zentrum aus Kupfernickel mit einem Nickelkern weiß aussieht. Bei der Zwei–Euro–Münze besteht der Ring aus weißem Kupfernickel und das Zentrum aus Nickel–Messing, ebenfalls mit Nickelkern.

Die Produktion der Ein– und Zwei–Euro–Münzen gerät immer wieder ins Stocken. Weil die Bimetall–Münzen aus einem Kern und einem Ring unterschiedlicher Legierung bestehen, die maschinell gleichzeitig zusammengefügt und geprägt werden, kommt es beim Prozeß immer wieder zu Stillständen.

Allein in Deutschland werden bis zur Euro–Einführung 17 Milliarden Münzen mit einem Wert von 4,8 Milliarden Euro und einem Gewicht von rund 300.000 Tonnen geprägt. EU–weit soll es sogar rund 55 Milliarden Stück des neuen Kleingeldes geben. Die deutschen Versionen von Euros und Cent werden

Bild 5.3: Einige Rückseiten von Zwei–Euro–Münzen.

in den fünf Münzstätten Berlin, Hamburg, Karlsruhe, München und Stuttgart geprägt. Hinzu kommen vier Milliarden Banknoten, die knapp 133 Milliarden Euro wert sind. In den gegenwärtig elf Ländern der Eurozone sind es sogar insgesamt 13 Milliarden Scheine. Mit einer so gewaltigen Geldscheinmenge könnte man zweimal die Strecke zum Mond und zurück auslegen, immerhin 1,5 Millionen Kilometer.

Zuständig für die Produktion des neuen Münzgeldes ist das Bundesfinanzministerium. Die Kosten für die Prägung und das Material veranschlagt das Ministerium auf 2,25 Milliarden Mark. Gleichzeitig müssen etwa 21 Milliarden alte D–Mark–Münzen aus dem Verkehr gezogen und eingeschmolzen werden. Dies entspricht etwa 80.000 Tonnen Metall. Aus Sicherheitsgründen werden dabei die höheren Werte vor der Einschmelzung verwalzt oder verprägt und dadurch unbrauchbar gemacht. Teilweise kann das eingeschmolzene Material wieder für die Euro–Münzen genutzt werden.

5.5 Ganzer Batzen und keinen Deut — die Münze für den besonderen Ablaß

Wir alle kennen Redensarten wie *ganzer Batzen, keinen Deut, keinen Heller* oder *ein Quentchen*. Sie allesamt stammen, wie meist weniger bekannt, aus der Welt der Münzen. Einige der bekannteren Münznamen und abgeleiteten Redewendungen wollen wir in diesem Kapitel näher betrachten.

Der Ablaßpfennig beispielsweise war ein vom Papst geweihter medaillenartiger Gnadenpfennig. Der *Batzen* wurde gegen Ende des 15. Jahrhunderts zuerst in Bern als Rollenbatzen geprägt. Der Name Batzen soll von Batz (Petz, Bär) abstammen, der als Wappentier der Stadt Bern auf den ersten Batzenprägungen zu finden ist. Ein *Deut*, oder niederländisch *Duit*, ist eine Münze, die vom 14. bis zum Ende des 18. Jahrhunderts geprägt wurde. Sie war anfangs aus Silber, das man nach und nach durch billigeres Material ersetzte. Ab 1573 bestand sie nur noch aus Kupfer.

Eine berüchtigte Münze war die sogenannte *Satansmünze*, eine Version des böhmischen Pfennigs des Herzogs Wladislaus I. aus dem 12. Jahrhundert. Die Münze zeigte den Kopf Satans mit der Umschrift *Satanus*. Der Kopf trug Hörner, war langnasig und hatte struppige Haare, die wie ein Hahnenkamm wirkten. Der Herzog ließ die Münze prägen, als unerklärliche Naturerscheinungen auftraten, die man als Werk Satans ansah.

Wie steht es mit dem *Dukaten*? Der Dukat ist eine alte Goldmünze, die zwischen 1559 und 1857 in Deutschland geprägt wurde, in Österreich sogar bis ins 20. Jahrhundert hinein. Der Name *Dukate* wurde in der späten mittelhochdeutschen Zeit aus dem italienischen Wort *duca* für Herzog abgeleitet, was wiederum auf die Weiheaufschrift der Münze *sit tibi Christe datus quem tu regis iste Ducatus* zurückgeht[4]. Der seit 1284 in Venedig ausgegebene Dukat trug nach dem *Zecca* genannten Gebäude der Prägeanstalt den Namen *Zecchine*. Dukaten wurden alsbald auch in Ungarn, Böhmen, den Niederlanden und schließlich auch in anderen Staaten Europas nachgeprägt.

Das auch in unserem Sprachraum noch übliche Wort *Groschen* kommt ursprünglich vom lateinischen *grossus denarius turnosus*, übersetzt *dicker Pfennig von Tours*, auf französisch *Gros tournois*. Nach dem Vorbild des Gros tournois wurden um 1300 die Prager Groschen gestaltet und 1338 als Meissner Groschen von den Markgrafen von Meißen nachgemünzt. Diese Groschen hatten den Wert von 12 Denaren oder Pfennigen und beeinflußten fast das ganze deutsche Münzwesen, so daß der Groschen zu 12 Pfennigen bis 1871 auch in Deutschland eine weitverbreitete Handelsmünze war. In Norddeutschland war er auch als *Grote*, in Süddeutschland als *Schilling*, in Italien seit dem Mittelalter als *Grosso*, in Polen als *Grosz* und in England als *Groat* bekannt.

---

[4]lat.: Dir, Christus, sei dieses Herzogtum, welches du regierst, gegeben.

Der Taler wurde seit 1484 in Tirol als *Güldengroschen* oder *Güldener* geprägt und war zuerst in 72 Kreuzer unterteilt. Nach und nach entwickelte er sich zum Silberäquivalent des Goldguldens und wurde als Groß–Silbermünze geprägt. Die Reichsmünzverordnung 1559 legte ihn als silbernen *Reichsguldinier* zu 60 Kreuzern fest. Der Name leitet sich von den Münzen der Grafen Schlick ab, die zwischen 1520 und 1528 zwei Millionen *Joachimstaler* schlagen ließen. Durch diese enorme Menge wurde die Münze zeitweise zum Synonym für die unterschiedlichen Talerprägungen.

Die große Fläche der Münze ermöglichte eine künstlerische Gestaltung mit propagandistischem oder politischem Zweck. Davon zeugen all die unterschiedlichen Sondertaler, die sich im Laufe der Jahrhunderte auf dem Geldmarkt tummelten. Darunter befanden sich so merkwürdige Münzen wie die *Wahrheitstaler, Lügentaler, Rebellentaler, Angsttaler, Sterbetaler, Glückstaler* oder die große Reihe der bayerischen *Geschichtstaler* des 19. Jahrhunderts.

Angsttaler war beispielsweise eine Spottbezeichnung für die Taler, die Großherzog Friedrich Franz III. von Mecklenburg–Schwerin im Jahr 1848 prägen ließ. Er verzichtete in deren Umschrift auf die Buchstaben V.G.G. (von Gottes Gnaden). Das Volk legte das so aus, daß in der damaligen revolutionären Stimmung der Großherzog auf sein Gottesgnadentum auf den Münzen aus Angst vor dem Volkszorn verzichtete. Auch andere Münzen haben es aufgrund der Umstände bei ihrer Entstehung zu mehr oder minder zweifelhaftem Ruhm gebracht.

Der *Pfaffenfeindtaler* war eine Spottmünze des Herzogs Christian von Braunschweig, der von 1616 bis 1629 Bischof von Halberstadt war. Auf der Vorderseite stand *Gottes Freundt, der Pfaffen Feindt*. Diese Münzen wurden 1622 zur Zeit des Dreißigjährigen Krieges aus Kirchensilber geprägt. Nachprägungen existieren aus der Zeit um 1671, als Rudolf August von Braunschweig den Bischof von Münster befehdete und mit der Münze verspottete.

Der berühmteste aller Taler ist der *Maria–Theresien–Taler*. Das Geldstück mit dem Konterfei der Kaiserin Maria Theresia wurde zur wichtigsten Handelsmünze in der gesamten Levante (daher auch *Levantetaler* genannt). Bis ins 20. Jahrhundert hinein blieb er nicht nur gültiges, sondern manchmal sogar das einzige von der Bevölkerung akzeptierte Zahlungsmittel. Man prägte ihn über 200 Jahre lang in einer Gesamtauflage von schätzungsweise 300 bis 400 Millionen Stück. Eine solche Prägezahl wurde von keiner anderen Silbermünze vorher oder nachher erreicht. In Deutschland wurde der Taler erst nach der Reichsgründung 1871 als Münze abgeschafft. Der Name Taler hat sich bis heute in anderen Sprachen erhalten, so als *Daler* in Dänemark und Schweden, als *Tallero* in Italien und nicht zuletzt als *Dollar* in den USA.

Der Name der russischen *Bartkopeken* spielte auf die seinerzeit heftig kritisierte Steuer an, die Zar Peter der Große in Rußland auf Bärte erhob. Die seit 1705 eingeführte Kupfermünze wurde als Quittung für die bezahlte Bartsteuer verwendet. Peter ließ zur Finanzierung des Nordischen Krieges (1700–1721) allerlei besteuern, neben Bärten auch Mützen, Ofenrohre, Brennholz und Stiefel. Bei all diesen Dingen fällt auf, daß man sie im russischen Winter sicher besonders dringend benötigte. Auch damals schon hatten die Herrschenden eine blühende Phantasie bei der Erfindung neuer Steuern.

Die sogenannten *Ephraimiten* waren während des Siebenjährigen Krieges (1756–1763) von preußischen Münzpächtern verschlechterte Gold- und Silbermünzen (*August d'or, Achtzehngröscher*). Sofort nach Ausbruch des Krieges besetzte der preußische König Friedrich der Große das Kurfürstentum Sachsen unter Kurfürst Friedrich August II., der in Personalunion als August II. auch König von Polen war. Der preußische König verpachtete die besetzten Münzstätten an preußische Münzpächter, die minderwertiges Kriegsgeld herstellten, um Mittel zur Finanzierung des Krieges beizusteuern. Den Namen *Ephraimiten* erhielten die Kriegsmünzen nach dem Pächter der Leipziger Münzstätte, Veitel Ephraim, der die Münzverschlechterung und den damit einhergehenden Betrug auf Friedrichs Geheiß in großem Stil betrieb. Besonders betroffen waren die *Achtzehngröscher* und polnischen *Tympfe*, die unter betrügerischer Verwendung sächsisch–polnischer Münzstempel so verschlechtert wurden, dass ihre Ausgabe 1765 eingestellt werden mußte, denn die Bevölkerung wollte sie nicht mehr annehmen. Auch die verschiedenen Varianten des *August d'ors* wurden unter Verwendung erbeuteter Stempel und gefälschter Datierungen erheblich im Wert vermindert. Selbst der preußische *Friedrich d'or* wurde zum *Mittel–Friedrich d'or* verändert. Zu den Kriegsmünzen zählten auch die *Kriegssechstel* (verschlechterte Sechsteltaler), die von Preußen, seinen Verbündeten und Gegnern geprägt wurden. Durch Nachahmungen breitete sich diese systematische Falschmünzerei auch auf andere deutsche Regionen aus.

Manch einer, der jetzt über die staatliche Geldschneiderei zur Zeit der alten Preußen die Nase rümpft, mag sich die Geschichte des Fünfmarkstückes vor Augen halten. Aus den gleichen Beweggründen wie schon die Römer und der alte Fritz nahm auch die Bundesbank den Edelmetallanteil in der Fünfmarkmünze nach 1974 zurück. In den Jahren 1952–1974 war diese aus einer Legierung mit 62,5 % Silber und 37,5 % Kupfer gefertigt worden. Von 1974 bis 1979 hatten nur noch Gedenkmünzen einen Silberanteil. Die gewöhnlichen Fünfmarkstücke bestanden ab 1975 hingegen nur noch aus einer Kupfer–Nickel–Legierung, da ansonsten ihr Metallwert ihren Nominalwert überstiegen hätte.

Eine berühmte Münze ist auch das *Regenbogenschüsselchen*. Bauern von Süddeutschland bis Ungarn fanden nach Regenfällen immer wieder Goldmünzen auf ihren Äckern, die wie eine kleine Schüssel geformt waren. Sie glaubten, daß diese Münzen vom Ende eines Regenbogens herab ins Feld gefallen seien, daher der Name. In Wirklichkeit handelte es sich um keltische Münzen aus vorchristlicher Zeit, die der Regen freigelegt hatte.

Der *Heller* ist der unter den Hohenstauffenkaisern aus der Reichsmünzstätte Schwäbisch Hall hervorgegangene *Haller–Pfennig* oder *Häller*. Um 1200 wurde der Heller zum ersten Mal geprägt. Auf der einen Seite wies er ein Kreuz und auf der anderen eine Hand auf. Man nannte ihn deshalb auch *Händelheller* oder *Händleinheller*. Er entwickelte sich zur am meisten verbreiteten deutschen Münze des Mittelalters.

Zu Herkunft des Wortes *Pfennig* gibt es unterschiedliche Theorien. Darunter ist als Ursprung das althochdeutsche Wort *phantig* für Pfand am wahrscheinlichsten. Möglich wäre aber auch die Ableitung vom lateinischen *pannus*, was soviel heißt wie *Stück Tuch*, da in früheren Zeiten Tuche als Zahlungsmittel im Einsatz waren. Der Pfennig ist die älteste und allgemeinste deutsche Münzsorte. Er war das Äquivalent des karolingischen Denar und blieb bis zur Einführung des Groschens im Jahre 1266 fünfhundert Jahre lang das einzige Münznominal. Seit 1266 galt der Pfennig als ein zwölftel Groschen. Die Zeit vom 8. bis 13. Jahrhundert nennt man deshalb auch die Pfennigzeit. Bis Mitte des 18. Jahrhunderts wurde der Pfennig fast nur in Silber geprägt, dann wurde Kupfer der meistverwendete Werkstoff. Im 18. und 19. Jahrhundert trennt sich der norddeutsche Pfennig von der süddeutschen Kreuzerwährung. Erst seit 1871 ist der Pfennig ein Hundertstel der Mark.

Die deutsche Mark ist eine aus dem germanischen Wort *marka* im 9. Jahrhundert abgeleitete Bezeichnung für eine Gewichtseinheit, die im 11. bis 12. Jahrhundert das karolingische Pfund als Währungsgrundgewicht ablöste. Die bekanntesten Vertreter der Mark waren die Kölner Mark (233,75 Gramm), die Wiener Mark (276,98 Gramm) und die Pariser Troymark (244,75 Gramm). Sie wurden im Mittelalter als gravierte Barren mit Geldeigenschaften ausgegeben. Die Mark in Gold teilte man in 24 Karat zu 288 Grän ein. Die Mark in Silber entsprach 8 Unzen oder 16 Lot oder auch 64 Quentchen. Erst im 16. Jahrhundert wurde ein *Mark* genanntes Stück geprägt, zunächst in Norddeutschland und später in Schweden. Der Name, der in Hamburg als *Mark Banco* weiterlebte, wurde 1871 der neuen deutschen Währungseinheit verliehen.

Auch einige geläufige Redensarten haben etwas mit Gold und Geld zu tun, etwa der Begriff *Kohldampf*: Er kommt weder von Kohl noch von Dampf, sondern leitet sich aus dem rotwelschen *Kohler* für *Hunger* ab, was wiederum vom zigeunerischen *Kalo* für *ohne Geld* abgeleitet wurde. Auch *Dampf* stammt aus dem Rotwelschen und heißt ebenfalls Hunger. Kohldampf heißt also eigentlich frei übersetzt *Ohne Geld–Hunger*.

Wenn man sagt, jemand sei *von echtem Schrot und Korn*, denkt man nicht etwa an Ackerbau. *Schrot* bezeichnet das Rauhgewicht einer Münze, also den edlen und unedlen Metallanteil. Das *Korn* einer Münze ist das Feingewicht, also das Gewicht nur des edlen Metallanteils. Die Redensart bezeichnete somit ursprünglich eine unverfälschte Münze, bei der das Verhältnis zwischen Rau–

und Feingewicht mit den Vorschriften der Münzordnung übereinstimmte. Der Ausdruck erschien erstmals im Jahr 1530 auf Talern des albertinischen Herzogs Georg dem Bärtigen (1500–1539). Dieser weigerte sich, die verschlechterte Münzlegierung des Kurfürsten Johann zu übernehmen und setzte den Ausdruck *Nach altem Schrot und Korn* auf seine Münzen.

Auch der Ausdruck *ein Quentchen Glück* kommt vom Geld. Das Wort Quentchen stammt aus dem Lateinischen (*quintus*, der Fünfte). Ursprünglich bezeichnete man mit Quint wahrscheinlich den Fünftel–Solidus oder ein Hundertstel des karolingischen Pfunds.

Trägt man *sein Scherflein* zu etwas bei, dann spendet man ein wenig Geld zu einem größeren Ganzen hinzu. Ein Scherf war ein halber Pfennig oder Obol. Die Bezeichnung *Scherf* entstand aus dem Lateinischen *scripulum* (von *scrupulum*, kleinster Teil) und wandelte sich von *scrip* in das althochdeutsche *scerpf* und heutige Scherf um.

5.6   Die falschen Fuffziger — Falschmünzer

Die Falschmünzerei ist ein altes Geschäft und hat zu allen Zeiten stattgefunden, zu denen es etwas zu fälschen gab. Der berühmteste Geldfälscher der Geschichte war vermutlich Diogenes aus Sinope (um 412–323 v. Chr.). Dieser griechische Philosoph, das Sinnbild der Anspruchslosigkeit, lebte in einer Tonne und besaß nur einen Becher zum Trinken. Ausgerechnet dieser Bedürfnislose soll Falschmünzer gewesen sein, wenn man seinem Namensvetter Diogenes Laertios, der ungefähr 100 Jahre später gelebt hat, glauben will. In seinem Werk *Vitae philosophorum* (Die Lebensläufe der Philosophen) berichtet er, daß der Vater des Diogenes von Sinope Münzpächter und Geldwechsler war. Er soll den Sohn dazu angehalten haben, ihm bei der Herstellung gefütterter Münzen behilflich zu sein, und ihn somit auf die schiefe Bahn geführt haben.

Gefütterte Münzen werden Geldstücke genannt, die unter ihrer Gold– oder Silberoberfläche einen Kern aus Kupfer oder Bronze haben. Es handelt sich dabei aber keineswegs immer um *privat* gefälschte Münzen, sondern auch häufig um Verfälschungen im Auftrag des Münzherrn selbst, also Münzbetrug von staatlicher Seite, um Gold oder Silber zu sparen. Solche gefütterten Münzen werden auch als *Subaerati* bezeichnet. Sie sind besonders bei römischen Denaren des 1. Jahrhunderts n. Chr. zu finden.

Aus dem alten Griechenland ist uns das älteste Dokument über die Bestrafung der Falschmünzerei überliefert. Auf einer weißen Marmorplatte schrieb man im 3. Jahrhundert v. Chr. in der peloponnesischen Hafenstadt Dyme das Urteil eines einschlägigen Prozesses auf. Angeklagt waren ein Goldschmied und drei weitere Männer, heiliges Gut aus dem Tempel gestohlen zu haben, um daraus Kupfergeld zu prägen. Sie wurden allesamt zum Tode verurteilt. Allerdings ist dabei zu berücksichtigen, daß in der Antike solche Urteile nur dann in Stein gemeißelt wurden, wenn man die Verurteilten noch steckbrieflich suchte. Es wäre also denkbar, daß die dreiste Geldfälscherbande nie gefaßt worden ist.

Auch später in der römischen Republik wurden häufig Denare aus einem mit Silberfolie umhüllten Kupferkern hergestellt. Diese Technik der Geldfälschung wurde von den Kelten später fleißig nachgeahmt. Beispielsweise wurden 1979 in einer Abfallgrube 76 Tonformen mit Negativabdrücken von Münzen gefunden, außerdem Holzkohle, Tierknochen, ein Gußtiegel und eine verbrannte As–Münze des Antoninus Pius aus dem Jahr 148 n. Chr. Anhand von Tonscherben wurde die Grube auf die 1. Hälfte des 2. Jahrunderts n. Chr. datiert. Die runden, gebrannten Tonscheiben zeigten den Negativabdruck einer Münzseite. Auf dem breiten Rand waren der Gußkanal, Paßkerben und verschiedene Zahlen und Zeichen eingetieft. Bei 75 der Formen ließen sich die verwendeten Münztypen erkennen. Es waren vier leicht abgegriffene Denare darunter und zwar ein Denar des Trajan (98–117 n. Chr.) und drei Denare des Hadrian (117–138 n. Chr.). Die Zahlen am Rande markierten zusammengehörige Abdrücke der Vorder– und Rückseite. Die identifizierte Legierung aus Silber, Zinn und Kupfer im Verhältnis von 62 zu 30 zu 8 beweist, daß in den Münzförmchen Silbergeld nachgegossen wurde.

Im Mittelalter ging das üble Geschäft weiter. Dies belegen beispielsweise Münzfunde in der Gemeinde Brixlegg am Unterinntal. Bei Grabungen an einer Hügelkuppe wurde ein Keramiktopf mit gefälschten Kronentalern gefunden. Der falsche Schatz stammte aus der Zeit des letzten Kaisers des Heiligen Römischen Reiches, Franz I. Das zerbrochene Keramikgefäß mit insgesamt acht Münzen wurde in einer Felsspalte von Archäologen entdeckt. Die Münzen waren bereits stark versintert und korrodiert. Auf der Vorderseite war das Bildnis von Kaiser Franz I. erkennbar, auf der Rückseite, in den Winkeln des Andreaskreuzes, die Kronen von Österreich, Böhmen und Ungarn. Die acht Münzen, sechs Taler und zwei halbe Kronentaler, waren nach Untersuchungen von Numismatikern Gußfälschungen. Anders als die damals üblichen Kronentaler enthält das entdeckte Falschgeld keine Spur Silber, sondern besteht aus einer billigen Zinn–Blei–Legierung. Die Münzen sind aus diesem Grund auch deutlich leichter als die Originale[5]. Den Fälschern war allerdings ein peinlicher Fehler unterlaufen. Die Originale tragen die Randschrift *Fide et Lege*. Diese Worte jedoch fehlen auf den alten Falschmünzen.

Eine typische Betrugsmethode bestand im Mittelalter darin, sogenannte Beschneidungen vorzunehmen. Dies ist eine Gewichtsverminderung von Münzen durch Besäumen des Originalrandes mit einer Schere oder Feile. Auch das Ausbohren von Münzen zu betrügerischen Zwecken erfreute sich einiger Beliebtheit. Die Eingriffstellen sind selbst heute noch schwer erkennbar, da die Bohrungen

---

[5]Die Dichte von Silber ist 10,5 g/cm^3, die von Blei 11,3 g/cm^3 und die von Zinn 7,3 g/cm^3.

meist mit unedlem Metall gefüllt und hernach mit echtem Metall wieder verschlossen wurden. Schutz gegen solche Wertverringerungen boten Rändelungen
und Randschriften, wie wir sie auch heute noch kennen.

Dabei wurden Münzvergehen zu allen Zeiten hart geahndet. Die Herstellung
von Münzen mit einem nachgemachten Münzstempel, sowie die Prägung mit
einem echten Stempel unter Verwendung von minderwertigem Metall galten
im späten Mittelalter bereits als schwere Fälle von Münzfälschung. Teilweise
genügte es schon, nur im Besitz falscher Münzen zu sein, dann galt die Wieder-
verwendung als Vergehen. Die Menge des bei einem Verdächtigen gefundenen
Falschgeldes bestimmte im Mittelalter auch das Strafmaß. Lag der Betrag unterhalb von 60 Pfennigen, so wurde der Falschmünzer gebrandmarkt und der
Stadt verwiesen. Kehrte er in die Stadt zurück, kam er an den Galgen. Lag
der Betrag oberhalb dieser Grenze, wurde der Fälscher oft sogleich gehängt.
In Gegenden mit milden Gesetzen wurde häufig nur das Abtrennen der Hand
vom Gericht empfohlen. Im 13. Jahrhundert wurden Falschmünzer jedoch in
Deutschland fast durchgehend gesotten oder verbrannt.

Auch große Geister gingen Fälschern auf den Leim. So verkaufte der Of-
fenbacher Kunsthändler Carl Wilhelm Becker seine mit großer Geschicklichkeit
hergestellten Fälschungen seltener antiker, mittelalterlicher und neuzeitlicher
Münzen auch an erfahrene Sammler. Einige Münzen hatte Becker sogar selbst
entworfen. Alle Stempel für die mehr als 300 unterschiedlichen Falsifikate fertigte der Händler selbst. Er wurde wegen seines Kunstverständnisses und seiner Münzkenntnis von zahlreichen zeitgenössischen Sammlern, darunter auch
Goethe, geschätzt. Die Beckerschen Fälschungen bilden heute selbst ein spezi-
elles Sammelgebiet von Numismatikern.

Bild 5.4: Beispiele Becker'scher Münzfälschungen.

Zur Blütezeit der Alchimisten und vermeintlichen Goldmacher kam auch so mancher falscher Fünfziger in Umlauf. So wurde der Franzose LeCor als Goldmacher von König Karl VII. zum Finanzminister und Münzmeister bestellt. In dieser Funktion prägte er zahlreiche falsche Münzen, brachte sie in Umlauf und verursachte damit eine erhebliche Inflation.

Aber auch heute halten Münzfälschungen die Numismatiker auf Trab. Dabei stehen meist nicht Fälschungen gültiger Münzen, sondern Nachahmungen alter sehr wertvoller Sammlerstücke zur Debatte. Die unter Sammlern beispielsweise bekannten *Beirut–Fälschungen* sind technisch hervorragende Arbeiten aus dem Orient, die besonders seit Ende des zweiten Weltkriegs mit modernsten Methoden fast fabrikmäßig hergestellt werden. Für die Fälschungen antiker griechischer, römischer und byzantinischer Münzen in Gold und anderen Metallen werden dabei mitunter sogar echte, aber weniger wertvolle alte Münzen eingeschmolzen, um die richtige metallische Zusammensetzung anzunähern. Außer Prägungen werden sorgfältige Schleudergüsse produziert, bei denen Wachsabdrücke neuesten Fundmaterials als Modelle verwendet werden, um die Fachwelt zu täuschen. Außerdem wurden auch Fälschungen moderner Münzen aus vollwertigen Metallen, z.B. englische Goldpfunde, finnische Olympiamünzen zu 500 Markka oder Gedenkprägungen der Weimarer Republik und der Bundesrepublik hergestellt. Durch eine sorgfältige Nachbehandlung und Patinierung sind diese Fälschungen nur schwer erkennbar.

Aber auch eine andere Form von Münzvergehen, bei der nicht der Mensch, sondern der Automat der zunächst Betrogene ist, sind heutzutage ein großes Problem. Unter den Spitzenreitern beim Automatenschwindel sind die dem deutschen Fünfzigpfennigstück in den physikalischen Eigenschaften gleichende portugiesische Zwei–Escudo–Münze und das polnische Fünf–Zloty–Stück als Ersatz für das deutsche Markstück. Insbesondere in den Berliner Fahrkartenautomaten häuften sich diese Münzen bedenklich. Anfang der 1990er Jahre hatten allein die Berliner Verkehrsbetriebe Verluste weit oberhalb der 100.000–Mark–Grenze durch solche *falschen Fuffziger*.

Die Verluste durch Fremdwährungen in Automaten gehen allerdings in den letzten Jahren zurück. Heutige Testmethoden sind auf die häufig verwendeten Fremdwährungen feinjustiert. Die Prüfeinheiten kontrollieren Durchmesser, Stärke, Gewicht, Art der Legierung (durch den elektrischen Widerstand) und die Rändelung. Desweiteren wird kontrolliert, ob die Münzen – wie etwa die dänischen Öre – ein Loch aufweisen. Der Nachteil einer solch genauen Prüfung für den ehrlichen Kunden ist jedoch, daß abgenutzte oder verschmutzte Geldstücke vom Automaten nicht mehr akzeptiert werden.

Der sicherlich berühmteste Verfolger von Falschmünzern war übrigens kein geringerer als der englische Physiker Isaac Newton. Kurz nach seinem 50. Geburtstag, im Jahre 1693, hatte Newton einen schweren Nervenzusammenbruch.

Bild 5.5: Ein berühmter Falschmünzer (Diogenes von Sinope, links) und ein ebenso
bekannter Verfolger von Falschmünzern (Isaac Newton, rechts).

Viele Jahre hatte er schlaflose Nächte mit seiner Forschung verbracht. All diese Anstrengungen und der Verlust seines besten Freundes kosteten ihn viel
Kraft. Seine Karriere als kreativ arbeitender Wissenschaftler war praktisch beendet. Er beschäftigte sich fortan zumeist mit Alchimie und Religion. Nachdem Newton bereits 1689–1690 zum Abgeordneten der Universität Cambridge
gewählt worden war, folgte schließlich im Jahre 1696 die Ernennung zum *Münz-
warden*, das heißt zum Aufsichtsbeamten über die königlichen Münzen. Drei
Jahre später avancierte er zum Münzmeister, heute etwa vergleichbar mit einem Finanzminister. In dieser Stellung verfolgte er mit verbissener Energie
Falschmünzer und Banknotenfälscher und sorgte auch dafür, daß nicht wenige
von ihnen hingerichtet wurden.

Kapitel 6

Als die Wissenschaft noch jung war

Vom Mythos der Metalle

6.1   Hesiod, Platon und Ovid — die Weltzeitalter der Metalle

Bereits die antiken Dichter und Denker haben sich eingehend mit den Metallen und ihrer Gewinnung befaßt. Hesiod schrieb um etwa 700 v. Chr. sein Gleichnis von den fünf Geschlechtern in fünf aufeinanderfolgenden Zeitaltern auf. Er ließ das Weltgeschehen dabei mit einer goldenen Ära beginnen und diese von einer silbernen Epoche ablösen. Anschließend trat das bronzene Zeitalter auf, welches wiederum von der heroischen Epoche verdrängt wurde. Diese mündete schließlich in das eiserne Zeitalter.

In Hesiods Schema dienten die Metalle der Schaffung eines Sittengemäldes der Menschheit. Im goldenen Zeitalter lebte das dem Kronos untertane goldene Geschlecht in einer Art Paradies in grenzenloser Harmonie, Sorglosigkeit und ohne jegliche Arbeit. Sie alterten nicht und übten Gerechtigkeit gegen jedermann. Das silberne, ebenfalls von Göttern erschaffene Geschlecht hingegen war töricht, frevelhaft und überheblich sogar seinen Schöpfern gegenüber und wurde wegen seiner Streitsucht und Unwissenheit am Ende von Zeus kurzerhand vernichtet. Die Menschen der bronzenen Ära waren wild, hart und gewalttätig. Sie trugen Bronzewaffen, ernährten sich im Gegensatz zu den anderen Geschlechtern auch von Fleisch, waren ohne Mitleid und liebten den Krieg. Durch den

Schwarzen Tod kamen sie um. Edler und großzügiger war das von den Göttern mit sterblichen Müttern gezeugte vierte Geschlecht der Heroen, das bei Theben, auf der Argonautenfahrt und im Trojanischen Krieg tapfer gekämpft hatte und dafür die elysischen Gefilde bewohnen durfte. Das eiserne Geschlecht schließlich stammte von den Heroen ab und existiert bis auf den heutigen Tag als das geringste von allen weiter. Es vereint in sich alle schlechten Seiten der vorangegangenen Epochen, ist böswillig, unzüchtig, ungerecht, verräterisch und ohne Achtung vor den Eltern.

Hesiod und Homer lebten nach ihrer eigenen Epochenrechnung im eisernen Zeitalter. Zu dieser Zeit beherrschten die Griechen bereits die Eisenherstellung. Insbesondere den Dichtungen Homers verdankt die Nachwelt die ersten literarischen Darstellungen dieses Produktionszweiges bis hin zu Detailangaben. In dem Bericht über die Blendung des Polyphem durch Odysseus (Odyssee, Buch IX) baut Homer das Eisen auf eine Weise ein, die eindeutig bezeugt, daß die Griechen es zu seiner Zeit bereits verstanden, Stahl durch Abschrecken in Wasser zu härten: „Wie wenn ein Schmied das Schlachtbeil taucht in kühlendes Wasser, das laut mit Zischen emporwallt. Härtend mit Kunst, denn dieses erhöhet die Kraft des Eisens."

Auch in der Ilias geht Homer auf die Metalle ein. Beispielsweise hebt er hervor, daß das Schwert des Herakles aus Eisen und sein Helm aus Stahl bestanden. Zahlreiche weitere Beschreibungen antiker Stahlherstellung gibt es bei Hesiod, Horaz, Ovid und Plinius (dem Älteren). Diese frühen literarischen Dokumente prägten das bis in unsere heutigen Tage verwendete Bild von Eisen und Stahl als Sinnbilder für menschliche Härte, Stärke, Ausdauer und Zuverlässigkeit.

Dieses Thema der Gleichsetzung von Zeitalter, Metall und den Eigenschaften der Menschen zieht sich durch die gesamte antike Dichtung. Bekannte Varianten sind dabei Platons zum Teil an Hesiod angelehnter *Metallmythos* in seinem dritten Buch über den Staat, die Deutung des Traumes des Nebukadnezar im zweiten Buch Daniel in der Bibel sowie die *Metamorphosen* des Ovid.

Bei Platon steht der Zusammenhang zwischen Metall und Eigenschaften eines Menschen ganz im Zeichen der jeweiligen Eignung für eine bestimmte Tätigkeit in einem Staatsgebilde. Man erkennt hier sofort Intention und Interessen des Philosophen und Staatsrechtlers, der sich zur Formulierung seines Staatsverständnisses lediglich der von Hesiod überlieferten Mythen bedient. Danach werden bei Platon die Menschen unter der Erde geformt und erhalten als innere Werte die Eigenschaften eines Metalls mit auf den oberirdischen Weg. Beispielsweise drückte nach Platon die Zuordnung des Goldes zu einem bestimmten Menschen dessen besondere Tüchtigkeit und Tugendhaftigkeit im Hinblick auf staatstragende Funktionen aus. Die Menschen des silbernen Geschlechts zählte Platon immerhin noch zur begnadeten Elite, befähigt beispielsweise zur Ausübung des Wächteramtes.

6.2 Metalle in der Bibel

In der Bibel gibt es diverse Hinweise auf die Geschichte und die Bedeutung der Metalle. Zahlreich sind beispielsweise die mit glänzenden Metallen gespickten Beschreibungen der äußeren Erscheinung von Jesus und Gott, etwa in Kapitel 1 aus der Offenbarung des Johannes. Dort heißt es: *„Und als ich mich umwandte, sah ich sieben goldene Leuchter und mitten unter den sieben einen, der war eines Menschen Sohne gleich, der war angetan mit einem langen Gewand und begürtet um die Brust mit einem goldenen Gürtel. Sein Haupt aber und sein Haar war weiß wie weiße Wolle, wie der Schnee, und seine Augen wie eine Feuerflamme und seine Füße wie Messing, das im Ofen glüht, und seine Stimme wie großes Wasserrauschen. "*

Auch bei Hesekiel in Kapitel 22, Vers 18, werden Vergleiche mit Metallen herangezogen: *„Menschensohn, das Haus Israel ist für mich zu Schlacken geworden; sie alle sind Kupfer und Zinn und Eisen und Blei im Schmelzofen; Silberschlacken sind sie geworden. "*

Weiter heißt es in einer sehr bildlichen Warnung in Vers 20: *„Wie man Silber und Kupfer und Eisen und Blei und Zinn in einen Schmelzofen zusammentut, um Feuer darunter anzublasen, um es zu schmelzen, so werde ich euch in meinem Zorn [...] zusammentun und euch hineinlegen und schmelzen. "*

Aber nicht nur diese bildlichen Beschreibungen, sondern auch die sachlicheren Berichte der Chronisten geben Aufschluß über Metalle zu dieser Zeit. Die Propheten des alten Testaments haben die Bodenschätze meist ausführlich erwähnt, insbesondere wenn es darum ging, Israels Auserwähltheit, Reichtum und Macht zu unterstreichen. So steht beispielsweise bei Mose im Zusammenhang mit Abraham, daß dieser *sehr reich an Silber und Gold* gewesen sei und seiner Frau Sarah von dem Landesfürsten in Kanaan einen Begräbnisplatz für 400 Schekel Silber, immerhin rund 6,5 kg, gekauft habe.

Bei Hesekiel wird auch oft vom Erzreichtum und vom ertragreichen Handel mit Silber, Eisen, Blei und Zinn berichtet. Die Bücher Samuel, Richter, Chronik, Hiob und vor allem auch Mose vermitteln eine lebendige Vorstellung vom Verhältnis der Israeliten zu ihren Erzen.

Oft erweisen sich die Bücher des Alten Testamentes auch als ergiebige Quellen für moderne Geschäftsideen. Beispielsweise lernte der Industrielle Xiel Federmann einiges aus dem Studium der Geschichte von der Zerstörung Sodoms und Gomorrhas. In der Bibel heißt es dazu: *„...und siehe, ein Rauch stieg auf von der Erde, wie der Rauch eines Schmelzofens...".* Federmann horchte auf und vermutete Erdgas. Und wo Erdgas ist, wird bekanntlich auch oft Erdöl gefunden. Federmann ließ also am Ort der untergegangenen Städte Sodom und Gomorrha bohren und fand im November 1953 dort tatsächlich Erdöl. In der Bibel finden sich auch zahlreiche Einzelheiten über alte berg– und hüttenmännische Methoden. So zum Beispiel bei Jeremias und Hesekiel, die ausführlich über den Schmelzvorgang in Krummöfen mit Hilfe von Blasebälgen zum Reduzieren und Erschmelzen von Silber, Eisen, Blei und Zinn berichten. Ferner wird bei Hesekiel der Bronzeguß beschrieben.

Das 28. Kapitel des Buches Hiob kann als einer der ältesten und zugleich ausführlichsten Berichte über die Gewinnung von Bodenschätzen im orientalischen Raum angesehen werden. Die ersten elf Verse verraten persönliche Kenntnisse des Autors vom Kupferbergbau im 4. Jahrhundert v. Chr., wahrscheinlich aus Punan auf der Sinaihalbinsel. Hiob berichtet: *„Denn es gibt einen Fundort für das Silber und eine Stätte für das Gold, das man wäscht. Eisen wird aus der Erde geholt und Kupfer aus Erzen ausgeschmolzen. Der Finsternis hat man ein Ende gesetzt und [...] das Gestein der Finsternis [...] durchforscht. Er, der als Fremdling Weilende, trieb einen Schacht in den Kalkstein, die Vergessenen schwebten tief hinab, sie schwankten. Die Erde [...] wird innen vom Feuer umgewühlt. Der Saphir findet sich bei ihren Steinen, Goldstäubchen hat er [der Saphir]. Ein Weg, den der Adler nicht kennt und des Geiers Auge nicht erspäht. Den nie betraten stolze Raubtiere, auf dem der Löwe nie einherschritt. An harte Steine legte der Mensch seine Hand und wühlte alles um von der Wurzel der Berge an. In den Felsen trieb er Stollen, und allerlei Kostbares schaute sein Auge. Die verborgenen Quellen der Ströme verstopfte er, daß sie nicht weinten [durchsickerten], und Verborgenes bringt er ans Licht."*

Bild 6.1: Darstellungen der Bundeslade in einer gotischen Variante (links) und des Tanzes um das goldene Kalb (rechts), Miniaturen aus dem 15. Jahrhundert.

Auch die Bundeslade hat einiges mit Metallen zu tun. Im Alten Testament war sie das alle israelitischen Stämme verbindende Heiligtum, das von König David nach Jerusalem gebracht und von König Salomo im Allerheiligsten des Tempels aufgestellt wurde. Es wird vermutet, daß die Bundeslade zusammen mit dem Tempel im Jahr 587 v. Chr. bei der Eroberung Jerusalems von babylonischen Truppen zerstört wurde. Im Buch Exodus ist an zwei Stellen eine Anleitung zum Bau des Heiligtums überliefert. Danach sollten die Israeliten eine Lade aus Akazienholz fertigen, die zweieinhalb Ellen lang, eineinhalb Ellen breit und eineinhalb Ellen hoch war. Diese sollte mit Gold von innen und außen überzogen und ringsum mit einer Leiste aus Gold umgeben werden. Dazu waren vier goldene Ringe zu gießen, die an den Ecken angebracht werden sollten. Hinzu kamen hölzerne Tragestangen, die mit Gold überzogen waren. Schließlich benötigte man noch eine Deckplatte aus reinem Gold, zweieinhalb Ellen lang und eineinhalb Ellen breit. Zum Schluß sollten zwei Goldcherubim hergestellt und an der Deckplatte angebracht werden.

Die Herstellung mystischer und kultischer Götterfiguren aus Gold machte auf das Volk immer und überall Eindruck, so auch nachzulesen im Alten Testament, 2. Buch Mose, Kapitel 32 beim Tanz um das Goldene Kalb, welches Moses nach der Rückkehr vom Berg Sinai so erzürnte: *„Dann nahm er das Kalb, das sie verfertigt hatten, ließ es im Feuer verbrennen und zermalmte es zu feinem Staube, den er ins Wasser schütten ließ."*

6.3 Die Alchimisten

Zu Beginn der Metallforschung waren die Gebiete der Chemie und der Metallurgie vermutlich eng miteinander verbunden. Schon die unterschiedlichen Theorien zur Herkunft des Wortes Chemie machen diese Verwandtschaft deutlich. Einige Quellen führen das Wort auf das altägyptische *ch'mi* und auf das arabische *chemi* (schwarz) zurück. Die spätgriechischen Alchimisten verwendeten das Wort *chemi* für ein schwarzes Präparat, mit welchem die Umwandlung der Elemente möglich sein sollte. Damit verwandt sind die altgriechischen Worte *chemeia* und *chymia*, die sich aber auch von *chymos*, der Flüssigkeit, ableiten lassen. Andere Erklärungen dagegen greifen auf das griechische Wort *chyma* für Metallguß oder *chyta* für Schmelzbarren zurück.

Die antike Chemie und Metallurgie waren vermutlich zunächst durch naturwissenschaftliche Erfahrungen geprägte Fachgebiete, welche durch ausgefeilte Probiertechniken voran getrieben wurden. Bereits vor über 3500 Jahren besaßen die Ägypter, Hethiter, Babylonier und Chinesen umfassende Kenntnisse über die Herstellung und Verarbeitung von Werkstoffen aus Metall, Emaille, Ton und Glas. Sie versuchten sich auch an der Herstellung von Farben und Medikamenten sowie an der Gewinnung von Bier und Wein. Sie verstanden es, mittels Hefe Fruchtsäfte in Alkohol umzuwandeln und mit geeigneten Bakterien Essig aus Alkohol herzustellen. Auch die Römer trugen viel zur Erweiterung des chemischen Wissens bei. Sie bearbeiteten Metalle, stellten Gips, Soda und zahlreiche medizinische Stoffe aus Pflanzen her. Von den Priestern und Wissenschaftlern dieser frühen Kulturen wurde ein ganzer Schatz an Erfahrungen zu mineralischen und pflanzlichen Heilmitteln, Giften und Einbalsamierungstechniken zusammengetragen. Diese Kenntnisse wurden meist nur an wenige Eingeweihte weitergegeben und sorgsam vor Außenstehenden gehütet. Diese Geheimniskrämerei hat der Chemie und Metallurgie früh den Ruf von Geheimwissenschaften eingebracht.

Neben diesen uralten anwendungsbezogenen Kenntnissen der Chemie sind erste theoretische Vorstellungen über den Aufbau der Materie aus der Antike von Leukipp (um 450–370 v. Chr.) und dessen Schüler Demokrit (460–370 v. Chr.) überliefert. Nach deren Ansicht bestimmte die Kombination von endlich vielen Atomen (der chemische Teil) in unterschiedlichen Anordnungen (der strukturelle Teil) das Material und seine Eigenschaften. Dies ist die früheste uns bekannte Formulierung der Atomhypothese als Basis von Kristallographie und Chemie. Auch Plato (427–347 v. Chr.) übernahm die Vorstellung kleinster Bausteine (Atome), aus denen die Materie bestehe und die in einem neuen Stoff nur ihre Anordnung änderten. Er vermutete beispielsweise, die Atome im *Element Feuer* seien tetraedrisch, im *Element Erde* kubisch, im *Element Luft* oktaedrisch und im *Element Wasser* ikosaedrisch angeordnet. Für lange Zeit ging diese im Grunde in die richtige Richtung weisende Atomhypothese des Demokrit aber wieder verloren, aufgrund der in diesem Falle schädlichen Autorität des Aristoteles (384–322 v. Chr.) mit seiner gegenläufigen Lehrmeinung zu diesem Thema. Aristoteles vermutete, daß alle Stoffe Mischungen der Urelemente Feuer, Erde, Luft und Wasser sein müßten. Als Urelemente bezeichnete er jene unzertrennbaren Urstoffe, in denen alle Gegensätze bereits vorhanden wären. So vereinigte nach Ansicht des Aristoteles das Element Erde Kälte und Trockenheit, Feuer die Eigenschaften Wärme und Trockenheit, Luft die Merkmale Wärme und Feuchtigkeit und das Wasser Kälte und Feuchtigkeit.

Ausgerechnet an diese Theorie knüpfte die Alchimie des Mittelalters an. Sie übernahm den Elementbegriff des Aristoteles wie auch die antike Phlogiston–Theorie (griech.: *phlox*, die Flamme; *phlogiston*, das Feuerteilchen). Diese Theorie nahm an, daß ein als Phlogiston bezeichneter Stoff aus verbrennenden Körpern entweicht. Ein wesentliches Prinzip der Phlogistontheorie war, daß alle chemischen Vorgänge unter dem Aspekt der Phlogistonierung und Dephlogistonierung betrachtet wurden. Hinzu kamen Bezüge zur Astrologie, die auf eine Darstellung des Ptolemäus und vermutlich noch weiter auf die Babylonier zurückgingen. Es wurde angenommen, daß die sieben antiken Metalle sieben Gestirnen entsprächen. Daraus wurde gefolgert, daß die Metalle auch nur unter dem Einfluß eben jener Planeten ihre Eigenschaften ändern könnten. In dieser Vorstellung wurde die Sonne mit Gold (gelb, hell, schön, königlich), der Mond mit Silber (hellglänzend, kalt), der Mars mit Eisen (rostrot–glänzend, rötlich rostend, kriegerisch), der Merkur mit Quecksilber (flink, schnell, flüchtig), der Jupiter mit Zinn (kühl glänzend, majestätisch), der Saturn mit Blei (schwerfällig, langsam) und die Venus mit Kupfer (schön, strahlend) gleichgesetzt.

Die alchimistischen Schriften des Orients wurden im Abendland erst im frühen Mittelalter bekannt. Es waren meist lateinische Übersetzungen griechisch-arabischer Werke. Neben alchimistischen Inhalten finden sich darin auch blumige theosophische und philosophische Betrachtungen, die die damals enge Bindung der Naturwissenschaften an Astrologie und Religion belegen.

Die Alchimie beherrschte für etwa 1500 Jahre die Vorstellungen über die stoffliche Beschaffenheit unserer Welt. Die Periode der Alchimie erscheint uns heute als ein dunkles und geheimnisvolles Zeitalter der Wissenschaft, vielleicht weil einige Grundannahmen der Alchimisten nach heutigen Erkenntnissen völlig falsch und somit viele Versuche von vornherein zum Scheitern verurteilt waren. Wesentlich zu diesem Eindruck trug auch die von den Alchimisten praktizierte Geheimhaltung ihrer wissenschaftlichen Arbeit und ihre verschlüsselte Form der Dokumentation bei. Hinzu kam, daß die Alchimisten gewöhnlich nicht wie die Wissenschaftler heute in Universitäten oder Großforschungsanstalten arbeiteten, sondern in versteckten Gewölben der Burgen ihrer jeweiligen Geldgeber ihren Dienst versahen, wo sie bei Fackelschein an allerlei seltsamen Geräten hantierten und bei trübem Licht über riesigen Folianten brüteten.

Auf der Theorie des Aristoteles aufbauend, ließen die Alchimisten nur vier grundlegende Materieformen gelten: Feuer, Luft, Wasser und Erde. Auch die Suche nach einer Methode zur Herstellung von Gold aus minderwertigem Metall stützte sich allein auf diese falsche Annahme. Derjenige Stoff, der diese geheimnisvolle Umwandlung ermöglichen sollte, wurde als *Stein der Weisen* bezeichnet. Schon aus der Zeit der alexandrinischen Schule ist uns die Suche der Menschen nach dieser geheimnisvollen Urmaterie, der *materia prima*, wie der Stein der Weisen auch genannt wurde, überliefert. Diese Substanz sollte den Besitzer nicht nur in die Lage versetzen, billigen Tand in Gold umzuwandeln, sondern auch Krankheiten zu heilen, ewiges Leben zu spenden oder das Kunstwesen Homunkulus zu erschaffen. Entsprechend der damaligen Vorstellung sollte es sich bei dem Stein um eine Art androgynen, also geschlechtslosen Kristall im Sinne des Aristoteles handeln. Er sollte die Eigenschaften sowohl des weiblichen Silbers als auch des männlichen Goldes aufweisen. Dies glaubten die Alchimisten im Quecksilber zu erkennen, dem allerdings ihrer Meinung nach noch die kosmische Lebenskraft fehlte. Unermüdlich versuchten sie in ihren Schmelztiegeln den siedenden Quecksilberlösungen diesen Geist einzuhauchen, indem sie Eidechsen, Spinnen, aber auch Urinstein und andere merkwürdige Zutaten verwendeten. Das Verfahren der Verwandlung und Reinigung von Dingen mit Hilfe des Steins der Weisen wurde als Transmutation bezeichnet. Nach Ansicht der Alchimisten schloß die Transmutation keine Umkehrung der Umwandlung ein. Demnach sollte sich Quecksilber zwar in Gold verwandeln, jedoch umgekehrt Gold nicht wieder in Quecksilber. Bei diesen bizarren Versuchen spielten nicht nur praktisch–methodische Überlegungen, sondern auch die Sternenkonstellation eine Rolle: Nur wenn bestimmte Planeten günstig zueinander standen, konnte die Goldherstellung erfolgreich sein.

Die Eingeweihten in die hohe Kunst dieser wissenschaftlichen Lehre wurden als *Adepten* der Alchimie bezeichnet. Eine ihrer wichtigsten Aufgaben bestand darin, den Stein der Weisen aufzuspüren. Die Realität holte die Forscher allerdings ernüchternd ein. Die Entwicklung der mittelalterlichen Metallurgie und Chemie mit ihren bereits recht genauen Kenntnissen über Reaktionen, Legierungen und Eigenschaften brachte die alte Theorie des Aristoteles allmählich ins Wanken. Bald schon kam die Quecksilber–Schwefel–Theorie auf: Nach vielen langen erfolglosen Versuchsreihen erweiterten die Alchimisten die vier Grundstoffe der Materie um drei weitere, und zwar um Quecksilber, Schwefel und Salz. Das Quecksilber war der Inbegriff für alle metallischen Eigenschaften, der Schwefel galt als das Prinzip der Brennbarkeit und das Salz stand für Wasserlöslichkeit und einen salzigen Geschmack.

Die Adepten waren aber im Gegensatz zur heute weitverbreiteten Meinung keineswegs ausschließlich an der Herstellung von Gold aus weniger edlen Stoffen interessiert, sondern auch an Naturerkenntnis und medizinischem Fortschritt. Obwohl sicherlich kaum einer dieser frühen Wissenschaftler die Goldherstellung als profitträchtiges Nebengeschäft verschmäht hätte, lag das tiefere Ziel des ernsthaften Alchimisten grundsätzlich in der Vervollkommnung der unedlen Metalle oder – noch allgemeiner – in der Veredlung des Unedlen schlechthin. Der wahre Alchimist, der sich von den Zeitgenossen unterschied, die sich ihren Unterhalt als Quacksalber und Zauberkünstler verdienten, besaß in der Regel eine wissenschaftliche Ausbildung, die ihn zu einer komplizierten Experimentierkunst befähigte. Einige Alchimisten verwehrten sich auch deutlich gegen jeglichen Mißbrauch ihrer Zunft und des Begriffs Alchimie. So schrieb Alexander von Suchten: *„Derowegen sind wir nicht Goldmacher, sondern Arzt, so wir Alchymiam brauchen, den armen Krancken umb der Barmherzigkeit willen, damit zu dienen von GOTT verordnet, daß wir deren große Noth betrachten, und angelegen seyn lassen. Daß die göttliche Kunst der Alchymey von bösen Buben, deren jetzt die Welt voll ist, Betrug und Arglistigkeit wegen, damit sie hoch und niedriges standes Personen ansetzen, in großen Verachtung gerathen ist, als were diese Gottes Gab allein Triegerei, was gehet das uns an? Es ist uns leid, daß man das mißbraucht, was uns zur Wiederbringung und Erhaltung des Menschen Gesundheit von GOTT geoffenbahret worden.“*

Bisweilen gelangen mit den oft unorthodoxen Forschungsmethoden der Alchimisten durchaus wichtige Entdeckungen. Diese verhalfen ihren Auftraggebern zwar nicht unbedingt zu Reichtum, jedoch sind sie uns heute noch bestens geläufig. Beispiele dafür sind das Feuerwerk, verschiedene Messinglegierungen oder das Meissner Porzellan (siehe Seite 3). Auch chemische Arbeitsweisen wie das Destillieren oder die Herstellung von Säuren waren wichtige Fortschritte. Aus der altchinesischen Alchimie stammt unsere Kenntnis von Salpeter und vom Schießpulver. Bei vielen alchimistischen Erfindungen verrät noch heute die Vorsilbe *al* die arabische Herkunft, zum Beispiel *Alkohol*, *Alkali* oder *Alaun*. Auch Begriffe wie *Soda*, *Salmiak* und *Elixier* haben diese Wurzel.

Bis weit in die Spätrenaissance gab es unter den bedeutenden Fürsten wohl kaum einen, der sich nicht für die Kunst der Alchimie interessierte. Getrieben von der Gier nach Gold, Macht und ewiger Gesundheit und angesichts der bisweilen rigorosen Mittel, die zur Erlangung dieser Güter eingesetzt wurden, geriet die Alchimie zunehmend in Verruf. Trotzdem umgaben sich die meisten Fürsten mit Alchimisten, die für sie den Stein der Weisen finden sollten, um billiges Quecksilber in Gold zu verwandeln. Auch mag viele Geldgeber das Verlangen nach ewigem Leben getrieben haben.

Es fanden sich immer wieder Experten, die es beim Ausnehmen ihrer Kunden zur Meisterschaft brachten. Die Förderer der Alchimisten waren allerdings mitunter so sehr an dem wissenschaftlichen Erfolg, also in erster Linie an der Goldherstellung interessiert, daß ein Mißerfolg für den Forscher durchaus unangenehme Folgen wie Gefängnis oder Tod nach sich ziehen konnte. Glücklicherweise sehen die Forschungsförderer diesen Punkt heutzutage wesentlich gelassener als damals.

Was einem in Ungnade gefallenen Alchimisten geschah, schildert ein Bericht, den 1591 ein Mitarbeiter der Fugger aus Prag nach Augsburg schickte: *„Der englische Alchimist, der kürzlich in Purglitz gefangengenommen worden ist, scheint in den letzten Tagen zu verzweifeln. Er verweigert die Nahrung, man fürchtet deshalb, daß er sterben werde. Seine Kaiserliche Majestät hat einen Arzt beordert und einen Advokaten des Hofes, um mit ihm ins Gericht zu gehen. Auch andere Beamte sind zu ihm gesandt worden mit dem Befehl, ihm seine Geheimnisse zu entlocken, wenn es nötig ist, mit den Mitteln der Tortur. Es ist erstaunlich, daß die Edelleute sich auf solche Art so leicht täuschen lassen. Den Kaiser soll er um beinahe 1000 rheinische Taler gebracht haben.“*

Wenige Monate davor war in München der Goldmacher Marco Bragadino an einem vergoldeten Strick öffentlich gehängt worden. Der gebürtige Zypriote und venezianische Staatsangehörige hatte auf seiner letzten Station den Bayern–Herzog Wilhelm V. um eine große Summe Geldes gebracht. Zuvor war er dem ebenfalls geprellten venezianischen Dogen nur entkommen, weil man ihm von vornherein freies Geleit zugesichert und sich erstaunlicherweise daran gehalten hatte. Auch am Hof von Mantua hatte Bragadino gearbeitet und den dortigen Herzog fast ruiniert. In München schließlich ereilte ihn die Strafe für seine Missetaten, die er unter dem Galgen öffentlich beichtete: *„Da ich, Marco Bragadino, vor den Richterstuhl des Höchsten treten soll, gestehe ich offen vor dem Angesicht Gottes, daß ich es nicht verstanden habe, die Seele des Goldes herauszuziehen und auch nicht glaube, daß irgendein Mensch es könne, sondern alles, was ich getan habe, bloßer Betrug gewesen ist.“*

Der genarrte Auftraggeber Herzog Wilhelm aber war noch immer nicht geheilt. Nach der Abdankung experimentierte er bis an sein Lebensende höchstselbst und natürlich vergebens in einer Alchimistenküche weiter, die er sich eigens in seinem Schloß Schleißheim hatte einrichten lassen.

Auch der Abenteurer und Frauenheld Giacomo Casanova betätigte sich als Adept der Alchimie. Er versuchte, dem Prinzen Carl von Kurland ein fingiertes Rezept zum Goldmachen zu verkaufen, und war diesem auch bei der Besorgung von alchimistischer Damentinte behilflich. Dies war eine Spezialtinte, die nach einigen Tagen völlig verblaßte. Eigentlich gedacht zum Abfassen eventuell kompromittierender Liebesbriefe, wurde sie vom findigen Prinzen allerdings zum Zeichnen von Wechseln verwendet.

Ein besonders *vielseitiger* Betrüger war Alessandro Graf Cagliostro. Dessen Repertoire reichte von der Herstellung eines Elixiers zur Erlangung ewiger Jugend über die Vermehrung beziehungsweise das Wachsenlassen von Diamanten bis hin zur Transmutation des Goldes. Bis ins 19. Jahrhundert noch trugen zahlreiche kosmetische Präparate die Aufschrift *a la Cagliostro*.

Der württembergische Herzog Friedrich I. fiel in seiner Goldsucht sogar elfmal hintereinander auf Hochstapler herein. Auch zahlreiche Kaiser und Könige wurden Opfer ihrer Goldgier und Leichtgläubigkeit. Der sächsische Kurfürst August der Starke litt wegen seiner verschwenderischen Hofhaltung an chronischem Geldmangel und ließ sich auf den Goldmacher Johann Friedrich Böttger ein. Auch der konnte zwar kein Gold erzeugen, entdeckte aber bei seinen Versuchen ein Verfahren zur Porzellanherstellung. Die in der Folge berühmt gewordene Meissner Manufaktur brachte dem Dresdner Hof so viel Geld, daß man Porzellan fortan als *Weißes Gold* bezeichnete (siehe auch Seite 3).

Ende des 18. Jahrhunderts behauptete in England der Physiker James Price, er habe aus einer Mischung von Quecksilber, Schwefel und Arsen sowie einem geheimnisvollen weißen und roten Pulver Gold erzeugt. Als ihm das bei einer öffentlichen Demonstration aber nicht gelang, beging er Selbstmord.

Das alles ist lange her. In unserer aufgeklärten Zeit kann man darüber nur lächeln, oder? Weit gefehlt, denn auch in jüngerer Zeit trieben gelegentlich *Goldmacher* ihr Unwesen. Einer von ihnen war Franz Tausend, gescheitert als Spengler, Drogist, Lehrer und Unteroffizier. Im Herbst 1924 ließ er folgende Zeitungsanzeige erscheinen: *„Kapitalisten finden Gelegenheit zur Beteiligung.*

Große Gewinne werden garantiert." Den Interessenten, die sich darauf meldeten, spielte er scheinbar erfolgreiche Versuche zur Goldherstellung vor, worauf
15 Herren insgesamt fast 800.000 Mark als Startkapital beisteuerten. Darunter
waren keine Geringeren als der General Erich Ludendorff und der Fabrikant Alfred Mannesmann. Sie und 13 andere sahen natürlich nie einen Pfennig wieder
und schon gar kein Gold. Aber auch Franz Tausend zog aus seiner Trickserei
keinen dauerhaften Gewinn. Nach einem Prozeß, der über zwei Jahre dauerte,
wurde er 1931 zu drei Jahren und acht Monaten Gefängnis verurteilt.

Franz Tausend war nicht der letzte Schwindler, der Prominente mit dem
Fetisch Gold betrog. 1937 behauptete der Ingenieur Karl Markus, er könne aus
Quarzsand vom Ufer der Isar bei Prittlbach Gold gewinnen. Das war insofern
nicht völlig unglaubwürdig, als schon seit der Keltenzeit an diesem Fluß immer
wieder Goldwäscher zugange gewesen waren. Die Bayerische Münzanstalt hatte aus Flußgold sogar Dukaten geprägt mit der lateinischen Aufschrift *ex auro
Isarae.* Erst mit der letzten Lieferung 1879 wurde das landesherrliche Privileg
der Goldwäscherei wegen zu geringer Ausbeute aufgegeben. Karl Markus behauptete jedoch, ein Verfahren entwickeln zu können, das die Goldgewinnung
aus Isarsand wieder lohnend machen sollte. Da wurden die Nazi-Herrscher angesichts ihres ständig wachsenden Devisenmangels hellhörig. Der Reichsführer
SS Heinrich Himmler nahm sich der Sache selbst an und ließ Karl Markus ein
großes Labor direkt neben dem Konzentrationslager Dachau einrichten. Irgendwann wurde dem Betrüger dann aber der Boden zu heiß, und er verschwand
spurlos, möglicherweise, um nicht selbst im KZ zu landen.

Wenn man von diesen Hochstaplern absieht, dauerte die alchimistische Epoche in Europa etwa 1500 Jahre. Erst als Autoren wie Paracelsus, Biringuccio
und Agricola zu Beginn der Renaissance erkannten, daß ein Stein der Weisen
nicht existierte, und mit der Entwicklung der modernen Chemie Hilfsmittel
für die Herstellung von Heilmitteln und zur Erforschung der Lebensvorgänge
gefunden wurden, trat die Bedeutung der Alchimie in den Hintergrund.

Der Mathematiker und Philosoph René Descartes (1596–1650) entwickelte
in seinen Schriften *Regulae ad irectionem ingenii* und *Meditationes* erstmals
strenge Entscheidungskriterien über die Richtigkeit von Aussagen. Descartes
Methode beginnt mit dem Zweifel. Die Möglichkeit, daß sich der Verstand irrt
und sich die Sinne täuschen, veranlaßte Descartes, nichts als gesichert hinzu-
nehmen. Er folgerte seinen berühmten Satz *„cogito ergo sum"* (ich denke, also
bin ich), nach dem nur die Tatsache, daß er überhaupt etwas anzweifeln kann,
bereits beweist, daß er selbst existieren muß. Denn wäre er selbst nicht vorhanden, so könnte er sein Vorhandensein nicht anzweifeln. Dieser simple Punkt
ist das einzige, worauf sich Descartes zunächst verlassen mochte. Diese Sicht-
weise hatte in der Tat nichts mehr gemein mit den Ansätzen der Alchimisten,
sondern eröffnete erstmals ein kritisches Umgehen mit Aussagen und Ergeb-

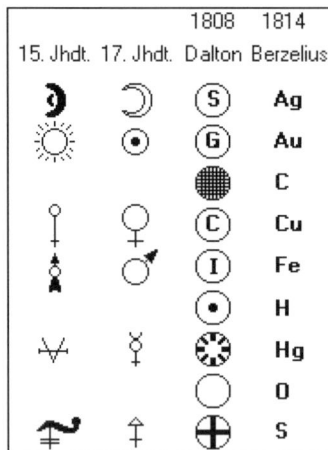 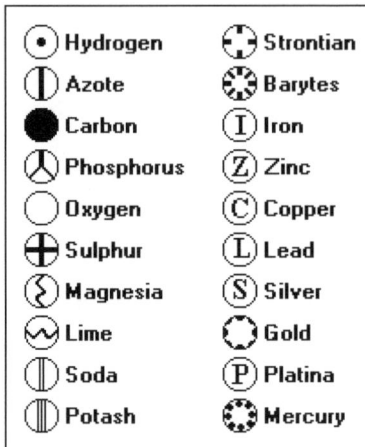

Bild 6.2: Die Alchimisten verwendeten eine symbolische Schreibweise. Dalton verein-
fachte dieses System und stellte durch die Aneinanderreihung der Elementsymbole die
Zusammensetzung von Molekülen dar. Schließlich setzte sich die 1814 von Berzelius
vorgeschlagene Schreibweise durch. Rechts: Dalton'sche Schreibweise.

nissen. Die neue wissenschaftliche Schule verlangte auch erstmals die Trennung
der Person des Forschers sowie der Gestirne vom Experiment. Descartes führte die Mathematik als die universale Grundlage aller Naturwissenschaften ein.
Wichtige Beiträge hierzu leisteten auch Isaac Newton (1643–1727) und Gottfried Wilhelm Leibniz (1646–1716). Zur Mathematik kam nach und nach ein
reichhaltiges Arsenal neu entwickelter Meßwerkzeuge hinzu, um Theorien durch
Experimente auf ihre Richtigkeit hin zu überprüfen.

Zu jener Zeit definierte der englische Forscher Robert Boyle (1627–1691) das
Element als das Endprodukt der Analyse. Nach seinen Vorstellungen bestand
die Materie aus Teilchen, die sich in Größe, Form und Bewegung unterscheiden.
Boyle widerlegte die damalige Auffassung, daß das Feuer der beste chemische
Analysator sei, und führte das nasse Analysenverfahren ein. Berühmt wurde er
durch sein Buch *The Sceptical Chymist*, das 1661 erschien.

Der endgültige Übergang von der Alchimie zur modernen wissenschaftlichen
Chemie vollzog sich mit dem Franzosen Antoine Laurent Lavoisier (1743–1794).
Noch bis ins Jahr 1625 war es in Paris immerhin bei Todesstrafe verboten, die
anti–aristotelische Atomistik des Demokrit zu vertreten! Lavoisier schuf eine
systematische Nomenklatur für die Chemie und damit die Grundlage für eine einheitliche Fachsprache. Auch deutete er die Verbrennung als Sauerstoff-
aufnahme, und verdrängte somit die bis dahin gültige alchimistische Phlogi-

Bild 6.3: Alchimistische Welt nach Matthäus Merian. In den unteren Halbkreisen ist
der Nachthimmel mit sieben Planeten eingetragen, außerdem Rabe, Schwan, Basilisk,
Pelikan und Phönix. Ihnen zugeordnet sind Saturn, Jupiter, Mars, Venus und Merkur.
Den oberen Halbkreis bilden die Tierkreiszeichen. Dem folgen der Kreis des Erd–,
Sonnen– und Sternenjahres sowie die *Operatoren* Salz, Schwefel und Quecksilber.

stontheorie. Nach und nach mußten also die alchimistischen Vorstellungen der
Theorie einer chemischen Atomistik weichen. Dieser vollständige Paradigmen-
wechsel hatte fast 2000 Jahre benötigt. Lavoisier konnte seine umwälzenden
Forschungen übrigens nach seiner wichtigen Erkenntnis nicht mehr lange fort-
setzen, da ihn die Revolutionäre in Paris 1794 guillotinierten, allerdings nicht
wegen Demokrit, sondern wegen Politik.

Aus der heutigen Sicht einiger Schwerionenforscher lagen die mittelalterlichen Alchimisten bei ihren Versuchen, Gold aus Quecksilber herzustellen, gar
nicht so falsch. Quecksilber hat schließlich nur ein Proton mehr als Gold. Leider
waren und sind die technischen Möglichkeiten, dieses überschüssige Proton aus
dem Quecksilberatom herauszuschießen, technisch recht eingeschränkt. Ein anderer Vorschlag zur Goldherstellung besteht im Beschuß von Atomkernen des
Rhenium–Isotops 102 mit Molybdän–Ionen. Dabei könnten in der Tat ab und
zu ein paar Goldatome anfallen.

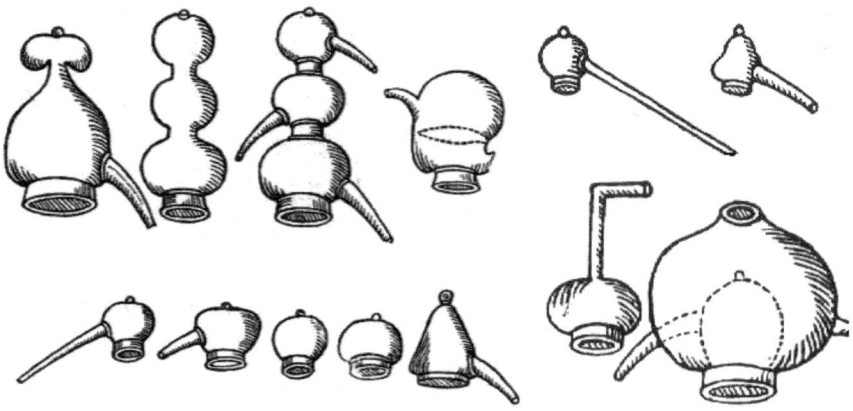

Bild 6.4: Abbildungen typischer alchimistischer Geräte aus dem Manuskript *Alchymia* von Andreas Libavius aus dem Jahre 1606.

6.4   Die Zwerge und das Erz

Folgt man der alt–isländischen Mythensammlung Edda, so ist das Volk der Zwerge älter als das der Menschen. Am Anfang waren Feuer und Eis. Dies hat sich in Island bis heute auch nicht wesentlich geändert. Aus der Vermischung von Feuer und Eis ging der zweigeschlechtliche Frostriese Ymir hervor, der von seinen eigenen Nachfahren gemeuchelt wurde. Aus Ymirs Fleisch wurde die Erde, aus seinem Blut das Meer, aus seinen Knochen die Gebirge, aus seinen Haaren die Pflanzen und aus seiner Schädeldecke das Himmelsgewölbe. In dem dermaßen zerlegten Leichnam sammelten sich jedoch bald schon Maden. Die Götter hoch oben in ihrer Götterburg bemerkten dies und statteten diese Maden mit Sprache, Verstand und Gestalt aus – fertig waren die Zwerge. Was die normalen Sterblichen anbelangt, so wurden sie viel später eher nebenbei aus zwei Eschen geschnitzt. Auch in den Heldenbüchern des Hochmittelalters erschienen die Zwerge in der Schöpfungsgeschichte meist vor den Menschen auf der Weltbühne. Danach schuf Gott zuerst die Zwerge, damit sie zunächst Land und Berge schufen. Dann kamen die Riesen hinzu, um die Zwerge vor wilden Tieren und Drachen zu schützen. Doch taten die Riesen oft nicht, wie ihnen geheißen, sondern rückten den Zwergen bald ihrerseits zu Leibe. Daraufhin erst schuf Gott zusätzlich menschliche Helden von Schlage eines Siegfried, um in diesem Chaos Ordnung zu schaffen.

   Im Volksglauben war das Bild vom Zwergenvolk stets durch den Bergbau geprägt. In den alten Vorstellungen liebte der Zwerg Verborgenheit und Dunkelheit. Er galt als Naturbursche und war ganz und gar mit seinem Mutterboden verhaftet. Die Wälder und Berge waren seine Leidenschaft. Böse Zungen behaupteten zwar, der *twerc*, wie er in der mittelhochdeutschen Dichtung heißt, lebte allein deshalb so gerne im *berc*, weil das so einen schönen Reim ergibt. Eine gewisse Schwäche für Höhlen und unterirdische Behausungen wurde den Zwergen aber in der Tat weltweit nachgesagt, von südamerikanischen Indianern ebenso wie von französischen oder deutschen Volkskundlern.

Was ihre Scheu anbelangt, so resultierte sie vor allem aus den Erfahrungen, die die Zwerge sowohl mit den Göttern als auch mit den Sterblichen machen mußten. Mythen, Märchen und die mittelalterlichen Heldendichtungen berichteten immer wieder von den wenig erbaulichen Umgangsformen der Großen mit den Kleinen. Die Gründe hierfür liegen auf der Hand. Die Zwerge waren zwar klein, aber wohlhabend. Loki, das schwarze Schaf der germanischen Götterfamilie, tötete beispielsweise einmal im Beisein von Odin und Hönir versehentlich den Sohn eines mächtigen Zauberers, der dafür eine stattliche Summe Schmerzensgeld forderte. Was lag näher, als sich dafür des Schatzes eines Zwerges zu bemächtigen? Der Unglückliche hieß Andvari. Als er seinen Schatz herausgeben mußte, belegte er ihn allerdings mit einem Fluch, der sich in der Folgezeit als äußerst wirksam erwies.

Ihren Reichtum verdankten die Zwerge meist ihrem umfangreichen Wissen über Bergbau und Metallurgie sowie ihrem Fleiß. Sie waren sozusagen die berg– und hüttenmännischen Ahnen unserer Montanindustrie. Während sich die Götter in ihren Himmelspalästen vergnügten und die Sterblichen sich gegenseitig bekriegten, drangen die Zwerge systematisch in die Geheimnisse der Erde und der Mineralien ein, betrieben intensive Grundlagenforschung und entwickelten daraus das Berg– und Schmiedehandwerk zu höchster Blüte. Ihre Produktpalette umfaßte neben Schmuckgegenständen auch hochbegehrte Konsumgüter. Die Goldperücke der Göttin Sif, der Frau des Donnergottes Thor, stammte aus einer Zwergenwerkstatt, ebenso Freyas kostbares Halsband *Brisingamen*. Vier in einer dunklen Höhle hausende Zwerge hatten es angefertigt. Die germanische Göttin der Liebe wollte es unbedingt besitzen, auch wenn die Zahlungsmodalitäten etwas zweifelhaft waren. Sie mußte nämlich mit jedem der Zwerge eine Nacht verbringen. Noch spektakulärer war Odins Ring *Draupnir*, der aus der Werkstatt von Brokk und Sindri stammte, zwei sagenhaften Zwergenhandwerkern. Draupnir war ein ganz besonderer Ring. Jede neunte Nacht nämlich tropften von ihm acht ebenso kostbare Ringe ab.

Den größten Ruhm erwarben sich die Zwerge allerdings mit ihrer Waffenproduktion. Die halbe Götterwelt besaß Kriegsgerät aus Zwergenhand. Freyr, Gott der Fruchtbarkeit und der Ernte, nannte das aus einer Zwergenwerkstatt stammende Kriegsschiff *Skidbladnir* sein Eigen. Es konnte alle Götter aufnehmen und nach Gebrauch sogar auf Taschenformat zusammengeklappt werden. Odins Speer *Gungnir* war eine Präzisionslanze mit höchster Treffgenauigkeit.

Auch Thors gewaltiger Hammer *Mjöllnir* wurde von Brokk und Sindri herge-stellt. Zu einem nicht unerheblichen Teil verdankten also die Götter ihre Macht dem Können der Zwerge.

Bald schon interessierten sich auch die Sterblichen für Produkte aus Zwer-genhand. So berichtet etwa die Edda von einer Königin, die sich die Schmie-dekünste des Zwerges Völund zunutze machen wollte, indem sie ihn mit durch-schnittenen Beinsehnen auf eine Insel verbannte, wo er sein Handwerk für sie ausüben mußte. Doch Völund rächte sich grausam. Erst lockte er die beiden Söhne der Königin auf die Insel, tötete sie, faßte ihre Schädel kunstvoll in Silber und schickte sie der Königin ehrerbietig als Trinkgefäße zu. Danach schmiede-te er sich aus hauchdünn geschlagenem Gold Flügel und entschwand durch die Lüfte. Eine Variante dieses Themas begegnet uns auch bei der Sage von Wieland dem Schmied (siehe auch Seite 152).

Auch in den mittelalterlichen Heldendichtungen, so etwa im Eckenlied oder in der Dietrichsage, ist Schmuck und Kriegsgerät aus Zwergenhand im Einsatz. Vieles davon ging durchaus rechtmäßig in den Besitz der Sterblichen über, sei es durch Schenkung oder für entsprechende Gegenleistungen. Bisweilen aber befleißigten sich die Ritter auch unfeinerer Umgangsformen. Einer der bekann-testen Fälle in diesem Zusammenhang ist die Geschichte von Siegfried und dem Gold der Nibelungen: Auf einem seiner Streifzüge beobachtete Siegfried, wie kleine Männer einen Schatz aus einer Höhle holten. Es war der legendäre Hort der Nibelungen, den die Könige Nibelung und Schilbung gerade unter sich aufteilen wollten. Als Siegfried näher kam, erkannten ihn die Könige und baten ihn, den Hort zu teilen, da sie sich nicht einigen konnten. Zum Lohn schenkten sie ihm das Schwert Balmung. Siegfried nahm an, doch er konnte es den Köni-gen nicht recht machen. Alsbald fielen beide mit ihren Recken über ihn her. Allerdings waren sie dem jungen Helden nicht gewachsen und er erschlug sie alle mit seinem neuen Schwert Balmung. Das sah Alberich, der zauberkundige Zwerg der Nibelungen. Um die Könige zu rächen, nahm er seine Tarnkappe, die ihn unsichtbar machte und ihm zugleich die Stärke von zwölf Männern verlieh, und griff Siegfried an. Der wehrte sich nach Leibeskräften und mühte sich lange vergeblich, den Unsichtbaren zu packen. Endlich gelang es ihm, Alberich die Tarnkappe vom Kopf zu reißen und ihn zu überwinden. Nun war Siegfried der Herr über das Nibelungenland und den Nibelungenhort. Er befahl, den Schatz wieder in den Berg zurückzubringen. Nachdem Alberich ihm Treue geschworen hatte, setzte Siegfried ihn zum Hüter über das Gold ein.

Einen ähnlich aufregenden Verlauf nahm die Auseinandersetzung zwischen Dietrich von Bern und dem Zwergenkönig Laurin. In den Zeiten, da Germanen das Römerreich beherrschten, regierte in der Stadt Bern der Gotenkönig Diet-rich, der trotz seiner Jugend bereits durch zahlreiche Heldentaten bekannt war. Eines Tages berichtete ihm sein Waffenmeister Hildebrand von einem Zwergenvolk, das tief im Innern der Berge hause und dessen König Laurin, obwohl nur drei Spannen groß, so stark sei, daß niemand ihn besiegen könne. Laurin besitze in Tirol einen Rosengarten mit goldener Pforte, und statt einer Mauer umspanne ihn ein Seidenfaden. Wer diesen zu zerreißen wage, den lasse Laurin furchtbare Rache spüren. Sofort brach Dietrich auf, um sich mit dem Zwergenkönig anzulegen. Im Verlauf der Rauferei zog der Zwergenkönig seine Tarnkappe hervor und streifte sie über. Unsichtbar für den Gegner, setzte er Dietrich nun arg zu. In großer Bedrängnis schließlich konnte Dietrich ihm die Kappe entreißen, und es gelang ihm, den Zwerg zu bezwingen. Da bat Laurin um Gnade, die ihm auch gewährt wurde. Als er die Recken in sein Reich einlud, folgten sie ihm in das Innere des Berges. Die Gäste wurden bewirtet und mit allerlei Kurzweil, mit Gesang, Tanz und ritterlichen Kampfspielen, die das Zwergenvolk zeigte, unterhalten. Laurin aber sann auf Rache. Mit einem betäubenden Trank versetzte er sie alle in tiefen Schlaf, dann ließ er die Wehrlosen fesseln und in den Kerker werfen. Über diesen Verrat geriet Dietrich in unbändigen Zorn, konnte sich befreien, und besiegte die Zwerge erneut. König Laurin wurde gefangengenommen und von Dietrich mit nach Bern geführt. Später versöhnte sich Dietrich mit Laurin und ließ ihn in den Berg zurückkehren.

All diese Vorkommnisse zwangen die Zwerge natürlich zu wachsender Vorsicht gegenüber den Menschen. Auch wenn sich manche der Helden aus der frühen Literatur nicht immer ganz fair verhielten, konnten sich die Zwerge über ihre Behandlung zunächst wenig beklagen. Verspottet wurden sie nur selten, im Gegenteil: Während viele Überlieferungen den bärtigen und kauzigen Zwerg äußerlich als eher unattraktiv schildern, setzte sich in den mittelhochdeutschen Epen ein eher höfischer Zwergentypus durch. Bekleidet mit Helm, Harnisch und Sporen oder mit feinsten Festgewändern war er bis auf die fehlenden Zentimeter das vollständige äußerliche Ebenbild des Ritters. Und auch innerlich wurde der Zwerg *veredelt*. Aus der ursprünglich heidnischen Seele wurde eine christliche. Desweiteren hatten die Zwerge ein lehensmäßig geordnetes Gemeinwesen sowie einen König samt Schwert und Zepter. Behaupteten frühe Berichte noch, daß es unter den Zwergen keine Frauen gab und sie daher gezwungen waren, sich ihre Nachkommenschaft eigenhändig aus dem Fels zu meißeln, so war später von äußerst attraktiven Zwerginnen die Rede.

Was ihre traditionellen Fertigkeiten anbelangte, so nahmen diese im Lauf der Sagengeschichte stetig zu. Die geschickten Ingenieure verwandelten sich in regelrechte Hochtechnologie–Experten. Einer ihrer begehrtesten Artikel war die Tarnkappe, durch die man unsichtbar wurde. Weiterentwicklungen dieses Produktes verliehen darüber hinaus die bereits erwähnte vielfache Körperkraft sowie die Fähigkeit, sich mit hoher Geschwindigkeit von einem Ort zum anderen zu bewegen. Daß sich die Vermögensverhältnisse der Zwerge unter diesen Umständen sehr positiv gestalteten, versteht sich von selbst. Das Behüten von

enormen Schätzen wurde daher zu einer ihrer Hauptaufgaben. Und dennoch
überrascht es nicht, daß sich in den Märchen der europäischen Völker der ver-
edelte Typus des Zwergs als Spiegelbild des höfischen Ritters letztlich nicht
durchsetzen konnte. Die mündliche Überlieferung im vorwiegend bäuerlichen
Milieu formte aus den Miniaturhöflingen recht schnell wieder den kleinen Wicht
mit Mütze, Bart und reichlich Falten im Gesicht. Fahrende Sänger berichteten
zwar mitunter noch vom höfischen Zwergenhelden, von Laurin oder Alberich,
doch das einfache Volk glaubte an andere Zwerge.

Dort sah man sie als klein und kräftig von Gestalt. Die Zwergenmänner
trugen meist lange Bärte. Sie hatten dunkle Augen und konnten bis zu 400
Jahre alt werden. Im allgemeinen galten Zwerge als mürrisch und wortkarg,
aber auch als tapfer und stark. Sie liebten Bier und Schnaps. Ihre größte Leidenschaft galt jedoch Edelmetallen. Natürlich schätzten sie auch Edelsteine,
besonders Diamanten, nur Perlen mochten sie nicht, denn gegen die See hegten
sie eine tiefe Abneigung. Aufgrund ihres Körperbaus war das Reiten auf Pferden und anderen größeren Tieren für sie schwierig, so daß sie solchen Kreaturen
skeptisch gegenüber standen. Zwerge galten im allgemeinen als gutmütig, wenn
sie ordentlich behandelt wurden. Sie wurden nur böse und dann auch gefährlich,
wenn sie verspottet wurden und Undank ernteten. Die Zwerge waren in ihrem
Erscheinungsbild oft mit den traditionellen Attributen des Bergbaus und der
Metallurgie ausgestattet, wie Schlägel, Schaufel und Kapuzenkleidung. Auch
in der Geschichte von Schneewittchen wird darauf verwiesen, daß die Zwerge
im Berg Erze schürfen. Diese Bergbauzwerge aus der deutschen Märchenwelt
könnten sogar einen realistischen Kern enthalten:

In den frühen Jahrhunderten der Erzgewinnung mußten die Bergleute der
Erde ihre Schätze mit Schlägel und Eisen mühsam entreißen. Ein erwachsener
Bergmann brauchte in früher Zeit mit Muskelkraft und den üblichen einfachen
Geräten für einen Gang von zehn Metern Länge ein ganzes Jahr. Die erzführen-
den Adern selbst hatten oft nur eine geringe Dicke. Im deutschen Kupferbergbau kamen dabei durchaus Strecken von nicht mehr 75 Zentimeter Höhe vor.
An einigen Stellen konnte das Erz nur im Liegen abgebaut und daher auch nur
vergleichsweise kleines Werkzeug eingesetzt werden. Da diese Arbeit körper-
lich sehr anstrengend war und nur sehr langsam voranging, versuchte man mit
dem kleinstmöglichen Gangquerschnitt durch das taube Nebengestein an die
Erzgänge heranzukommen. Dies bedeutete, je kleiner die Menschen waren, die
im Bergbau arbeiteten, desto geringer konnte der Querschnitt und desto schneller der Vortrieb sein. Zusätzlich war ein geringer Körperwuchs auch wichtig,
um das herausgelöste Erz durch die engen Stollen abzutransportieren. Aus diesen Gründen wurden in vielen Gruben Kinder eingesetzt. Einige Bergarchive
besitzen noch Lohnabrechnungen aus Bergwerken aus dem 15. und 16. Jahrhundert, in denen von Kindern die Rede ist.

Vermutlich ist die Kinderarbeit unter Tage so alt wie der Bergbau selbst. Oft mußten sie im Liegen arbeiten und die Erze kriechend durch die niedrigen Stollen transportieren. Für diese Tätigkeit setzte man wegen ihrer Beweglichkeit vorwiegend Jungen ein, die in Wachstum und Körperbau noch nicht voll entwickelt waren. Sie mußten einen niedrigen Kasten, der mit Rädern versehen war, den sogenannten Hunt, mit den Füßen vor sich herstoßen. Die Kinder mußten zum Teil schon im Alter von nur fünf Jahren in die Bergwerke einfahren. Ihr Oberkörper entwickelte sich unter den Belastungen oft auf Kosten der Beine, das heißt, die kleinen Bergleute bekamen eine starke Brust und breite Schultern, während die Beine kurz und schwach blieben. Durch die harte Arbeit im Berg vergreisten sie oft mit Erreichen der Geschlechtsreife. Mit zwanzig Jahren und ihren Bergbaukappen sahen sie dann mitunter klein und hutzelig aus, eben wie Zwerge. Auf eine grausige Art gab es also solche Zwerge tatsächlich: verkrüppelte und früh gealterte Kinder aus dem Bergbau.

6.5 Hephaistos und Kollegen — eine kleine Mythologie der Schmiede

Viele Redensarten und Sprichworte gehen auf das Schmiedehandwerk zurück: *Er schmiedet Pläne; er hat mehrere Eisen im Feuer; Schmiede das Eisen, solange es noch heiß ist; jeder ist seines Glückes Schmied; Nägel mit Köpfen machen; zum Schmied und nicht zum Schmiedchen gehn.*

Welche Art von Beruf steht hinter all diesen Redewendungen? Definitiv einer der ältesten der Menschheit. Denn lange bevor Metalle erschmolzen werden konnten, wurden gediegene Fundstücke und metallische Luppen (Metallbrocken aus Rennöfen) umgeformt. Die große Bedeutung der Schmiede zur Zeit der ersten Hochkulturen beruhte auf drei Tätigkeiten, der Herstellung von Schmuck, von Werkzeugen und von Rüstungsgütern.

Insbesondere die Fertigung von Waffen rückte den Schmied früh in eine etwas düstere Ecke. Ein Schwert war eine furchterregende Sache, war es doch ausschließlich zum Töten von Menschen bestimmt. Der Hersteller eines solchen Gerätes wurde von seinen Mitmenschen in der Regel mit Argwohn betrachtet, denn wer die unheimliche Fähigkeit besaß, Leben zu vernichten, konnte möglicherweise auch mit übernatürlichen Gaben ausgestattet sein. Auch wegen ihrer üblicherweise größeren körperlichen Stärke und der Arbeit am Feuer mag den Schmieden etwas Geheimnisvolles angehaftet haben. Allein ihre lichtscheue Arbeitsweise in verdunkelter Werkstatt oder bei Nacht muß empfängliche Gemüter mißtrauisch gemacht haben. Dabei war die Dunkelheit nur ein einfacher Kunstgriff zur genaueren Kontrolle der Temperatur eines Werkstücks. Im Dunkeln ist die temperaturabhängige Farbskala glühenden Metalls viel besser abzulesen als bei Licht. Auch murmelten Schmiede beim Abschrecken oft etwas vor sich hin. Dies waren aber sicherlich keine Zaubersprüche, sondern einfache Verse, um die richtige Dauer des Eintauchens abzumessen.

Neben der Waffenherstellung waren auch Hufeisen für das Kriegshandwerk von großer Bedeutung. Hauspferde wurden erstmals etwa 2000 v. Chr. in Babylonien und ungefähr 300 Jahre später in Ägypten gehalten. Sieg oder Niederlage ganzer Heerscharen hingen damit schon bald nicht mehr nur von der Qualität der Schwerter und Rüstungen, sondern auch vom Leistungsvermögen der Pferde ab. Mit Eisen beschlagene Pferde vergrößerten den Aktionsradius und die Geschwindigkeit bewaffneter Reiter beträchtlich. Es ist daher nicht verwunderlich, daß ein so altes und sagenumwobenes Geschäft wie das Schmiedehandwerk von einem Schleier aus Mythen und Legenden umgeben ist.

Als erster Schmied ist Hephaistos zu nennen. Er war der technisch begabteste Bewohner des antiken griechischen Olymp, Sohn von Zeus und Hera. Da er mit einem lahmen Bein auf die Welt kam, wurde er ausgesetzt und anschließend vom Olymp hinab ins Meer geworfen. Die Titanin und Meeresgöttin Thetis rettete ihn. Schnell entwickelte Hephaistos seine ungeahnten technischen Talente, so daß er letztendlich in den Olymp zurückkehrte und dort zum Gott technischer Schöpfungen, des Feuers und der Schmiedekunst avancierte. Zu guter letzt durfte er sogar noch Aphrodite ehelichen, die schönste aller Göttinnen. Dies spiegelt die große Bedeutung seiner technischen Begabung und seiner loyalen Zuarbeit für die Götter wieder. In der ägyptischen Mythologie war in der Person des Ptah bereits früher eine ähnliche Götterfigur aufgetaucht. Später wurde die Gottheit als Hephaistos nach Griechenland exportiert und von dort zu den Römern unter dem Namen Vulkan und zu den Germanen unter dem Namen Wieland der Schmied weitergereicht.

In allen Varianten (außer der ägyptischen) erscheint der Gott der Schmiede als hinkender häßlicher Mann. Dies soll sicher andeuten, daß die Götter stets daran interessiert waren, ihm die Kraft der Beine zu nehmen, um ihn an der Flucht zu hindern, denn sein metallurgisches Wissen war wertvoll. Ähnliches kennen wir aus der Geschichte der *irdischen* Werkstoffentwicklung. Beispielsweise durften venezianische Spitzenhandwerker zur Blütezeit Venedigs die Stadt nicht verlassen, um das Wissen womöglich an ungeliebte Konkurrenten weiterzugeben. Sonst riskierten sie die Todesstrafe. Für Attentate auf Handwerker, die illegal außerhalb Venedigs tätig wurden, gab es sogar eine eigene Abteilung der venezianischen Geheimpolizei. Die Agenten verfolgten und ermordeten beispielsweise geflohene Glasbläser mit eigens dafür hergestellten Glasdolchen.

Die große technische Begabung kam Hephaistos bei seiner Tätigkeit als Feuer– und Schmiedegott sehr entgegen. Zu seinen Erfindungen zählten immerhin so einzigartige Schöpfungen wie das Zepter und der Donnerkeil des Zeus, der Sonnenwagen des Helios, die Rüstung des Kriegsgottes Ares, die weitreichenden

Liebespfeile des Eros, das Waffenarsenal des Helden Achilles, der Brustpanzer der Athene, das Halsband der Harmonia, die Büchse der Pandora sowie die goldenen und silbernen Wächterhunde des Alkinoos.

Bild 6.5: Römischer Schmied bei seiner Arbeit.

Der Obermetallurge des Olymp betrieb einen *mittelständischen* Betrieb im Inneren eines Vulkans mit immerhin zehn Essen sowie zwanzig Blasebälgen. In seiner Werkstatt beschäftigte er laut Hesiod die gewaltigen Zyklopen Brontes, Arges und Pyrakmon. So konnten diese rauhen Gesellen immerhin nicht in den Hainen des heiligen Berges herumstreunen und harmlose Götter belästigen. Die Zyklopen waren sozusagen auf Hafturlaub aus dem Tartaros, der so tief unter der Erde lag, daß ein Schmiedeamboß neun Tage lang hätte fallen müssen, bis er unten angekommen wäre. In den Tartaros waren sie auf Befehl ihres Vaters Uranos verbannt worden, weil sie sich gegen diesen aufgelehnt hatten. Weitere Helfer rekrutierte Hephaistos aus den Reihen der Pygmäen, Kabiren, Daktylen und Telchinen. Über die neun hundeköpfigen, flossenhändigen Telchinen aus den Meeren berichtete die griechische Mythologie, daß sie bei der Schmiedegöttin Rhea in gutem Ansehen standen. Nach der Sage hatten sie auf Rhodos die Städte Kameiros, Lalysos und Lindos gegründet und das erste Eisen geschmiedet, das später auch als Telchinis bekannt wurde. Mit einer von den Telchinen gefertigten Sichel hat Kronos nach dieser Überlieferung seinen Vater Uranos im Krieg der Götter entmannt.

Interessant sind auch die Überlieferungen über die Daktylen. Nach der Mythologie sollten sie an jener Stelle der Erde entsprungen sein, an der Rhea im Wehenschmerz die Finger in den Boden gekrallt hatte, bevor sie Zeus gebar. Die vier männlichen Daktylen (neben fünf weiblichen) waren allesamt Schmiede, die nach der Sage im Jahre 1432 v. Chr. in der Nähe des Berges Berekynthos auch das Eisen entdeckt haben sollen. Nach einer anderen Überlieferung sind sie mit den Kureten identisch, denen der Schutz der Wiege des Zeus auf Kreta anvertraut worden war. Ihre Namen sind überliefert als Herakles, Paionios, Epimedes, Lassos und Akesidas. Ein weiterer Bericht, in dem die drei ältesten Daktylen als Akmon, Damnameneus und Kelmis bezeichnet werden, schildert sie ebenfalls als bedeutende Meister des Schmiedehandwerks. Kelmis, der die Göttin Rhea einst beleidigte, wurde von ihr sogleich in Eisen verwandelt. Lange Zeit hindurch galt er daher als Personifizierung des geschmolzenen Eisens, was zugleich Rheas Abneigung gegen ihn ausdrückte, da sie nur Gold, Silber, Kupfer, Blei und Zinn als irdische Metalle anerkannte.

Aber nicht nur auf dem Olymp, auch in der germanisch–skandinavischen Sagenwelt der Völkerwanderungszeit lebt der Ruf legendärer Waffenschmiede fort, so in der Sage von Wieland dem Schmied. Dieser Mythos ist eine Nebenhandlung der Dietrichsage. Danach war Wieland der jüngste von drei Söhnen des Riesen Wate und der Meerfrau Waghilde. Der Vater schickte ihn mit neuen Jahren in die Handwerkslehre, damit er ein tüchtiger Schmied werden sollte. Mime (Mimir), der berühmte Waffenschmied aus dem Hunnenland, unterwies den geschickten Jungen. In der gleichen Lehrwerkstatt diente aber auch der junge Raufbold Siegfried. Als Wate erfuhr, daß Siegfried seinen Sohn schlug und mißhandelte, holte er ihn nach drei Wintern wieder ab. Der Vater hörte alsbald von zwei Zwergen, die im Berg Ballofa eiserne Schwerter und Helme, aber auch edles Geschmeide aus Gold und Silber besser zu schmieden verstanden als alle anderen. Vater und Sohn wanderten daraufhin zum Berg Ballofa. Gegen eine Mark Lehrgeld in Gold versprachen die Zwerge, Wieland zwölf Monate lang das Schmieden zu lehren. Als Wate pünktlich nach einem Jahr erschien, um Wieland abzuholen, weigerten sich die Zwerge, den Knaben wieder freizugeben, da aus diesem mittlerweile ein Meister seines Fachs geworden war. Um über Wieland ein weiteres Jahr verfügen zu können, zahlten die Lehrmeister Wate die eine Mark Gold zurück, drohten aber, seinem Sohn den Kopf abzuschlagen, wenn er nicht auf den Tag genau abgeholt werde. Mißtrauisch geworden, verbarg Vater Wate beim Abschied sein Schwert in dichtem Buschwerk. Wieland sollte sich bei drohender Gefahr wehren können.

Wielands Schmiedekunst übertraf bald die seiner Meister, die ihn neidvoll zu hassen begannen. Als Wate drei Tage vor der Zeit kam, um seinen Sohn abzuholen, fand er den Berg verschlossen. Von der langen Reise ermüdet, legte er sich am Fuß eines Berghangs nieder. Ein Unwetter überraschte ihn im Schlaf. Schnee, Steine und Baumstämme, die sich vom Berg lösten, begruben ihn. Später öffneten die Zwerge den Berg. Wieland fand seinen Vater vom Berg erschlagen. Er wähnte Böses, weil der bestimmte Tag schon verstrichen war, zog das Schwert seines Vaters aus dem Busch und tötete die beiden Zwerge in ihrer Bergwohnung. Schmiedewerkzeug und Kleinodien lud er auf ein Pferd und machte sich auf den Weg in seine Heimat. Nach einer Weile hörte Nidung, der König der Njaren, von Wielands Kunstfertigkeit und sann darauf, ihn sich dienstbar zu machen. Heimlich ließ er Wieland in seinem einsamen Haus gefangennehmen und entführte ihn in sein Reich. Damit er nicht entfliehen konnte, ließ ihn der König auf eine nahe Insel bringen und ihm die Sehnen zerschneiden. Tagsüber stand der einst kraftvolle und nun verkrüppelte Mann am Amboß und mußte für den König arbeiten. Doch im Schutze der Nacht schuf er ein Werk, das noch keinem Menschen gelungen war. Er schmiedete ein Federkleid aus Eisen, das ihn befähigen sollte, sich in die Luft zu erheben. Eines Morgens kamen die beiden jungen Königssöhne, ohne daß es jemand wußte, auf Wielands Insel, um seine Werkstatt anzusehen. Nun fand der Verstümmelte endlich die Gelegenheit zur Rache. Er erschlug die beiden Knaben und warf sie in die Grube unter der Esse. Mit den Schädeln aber vollbrachte er ein grausiges Werk. Er faßte sie in Silber und fertigte Trinkschalen daraus, die er König Nidung zum Geschenk machte. Nach der Verführung der Tochter des Königs sah Wieland schließlich seine Rache erfüllt. Er schlüpfte in sein Federkleid und entschwand (man beachte die Parallelität zur Völund–Sage aus der Edda, Seite 146).

Auch die Christen haben an diese Traditionen angeknüpft. Katholische Metallurgen und Schmiede haben mindestens zehn Schutzpatrone, die eine beachtliche himmlische Unterstützung bieten. Teilweise haben diese Heiligen und deren Legenden aber eher regionale Bedeutung. Zu den wichtigsten Schutzpatronen gehören beispielsweise Adrianus (Schmiede, Gefängniswärter, Soldaten), Eligius (Goldschmiede, Schmiede, Kutscher, Sattler, Pferdehändler, Tierärzte), Dunstan (Hufschmiede, Goldschmiede, Schlosser, Musikanten), Florian (Schmiede, Köhler, Feuerwehrleute), Petrus (Schlosser, Schmiede, Bleigießer), Georg (Waffenschmiede, Pferde), Johannes (Schmiede, Sattler, Hirten, Bauern), Leonhard von Limoges (Bauern, Pferde, Stallknechte, Fuhrleute, Schmiede) und Patrick von Irland (Irland, Bergleute, Schmiede).

6.6 Agricola — der Biograph der Metalle

Der Beginn des 16. Jahrhunderts, in Deutschland geprägt durch die Reformation, in Frankreich und Italien durch die Renaissance, wird oft als Aufbruch in die Neuzeit verstanden. In diese Zeit hinein wurde Georg Bauer am 24. März 1494 in Glauchau in Sachsen geboren. Später übersetzte er seinen Namen in *Georgius Agricola*. Er wuchs zu einem der bedeutendsten Gelehrten seiner Epoche auf den Gebieten des Hüttenwesens, des Bergbaus, der Medizin, der Pädagogik, der Staatsführung und der Kriegskunst heran. Über seine Jugend weiß man wenig. Doch bereits 1518 hielt er sich als außerordentlicher Rektor der lateinischen Schule in Zwickau auf. Dort blieb er bis 1522, ging dann nach Leipzig, unternahm zwei Jahre später eine Reise nach Italien mit den Stationen Venedig, Bologna und Padua und legte dort auch sein medizinisches Doktorexamen ab. 1526 kam Agricola in die Sudeten, das silberreichste Gebirge des damaligen Europa. Er berichtete über seine Ankunft: *„Ich war kaum dort angelangt, als ich von Begierde brannte, das Bergwesen kennenzulernen, weil ich fast alles über meine Erwartung fand.“*

Bild 6.6: Porträt des Georgius Agricola alias Georg Bauer (1494–1555).

In Joachimsthal forschte er den vergessenen mineralogischen Heilmitteln des Altertums nach und kam so in Berührung mit Berg- und Hüttenleuten. So führte ihn sein Forschergeist schnell zur Mineralogie, zur Technik des Bergbaus und zum Hüttenwesen. Schließlich wurde er in Joachimsthal Stadtarzt, Montangelehrter, Sachverständiger und Berater der Reviere in Thüringen, Schlesien, Mähren und im Harz. 1533 ging er nach Chemnitz, wo er Bürgermeister wurde. Er erwarb beträchtlichen Reichtum und wurde Anteilseigner an ertragreichen Bergwerken. Goethe, selbst ein profunder Bergbau-Kenner, charakterisierte diesen Technikpionier später mit den Worten: *„Er hatte freilich das Glück, in ein abgeschlossenes, schon seit geraumer Zeit behandeltes, in sich höchst mannigfaltiges und doch immer auf einen Zweck hingeleitetes Natur- und Kunstwesen einzutreten. Gebirge, aufgeschlossen durch Bergbau, bedeutende Naturprodukte, roh aufgesucht, gewältigt, behandelt, bearbeitet, gesondert, gereinigt und menschlichen Zwecken unterworfen.“*

Unter seinen zahlreichen Betrachtungen zu fast allen damals wichtigen Wissensgebieten brachte ihm sein Hauptwerk aus dem Bereich der Geo– und Montanwissenschaften mit dem Titel *De re metallica* weltweite Berühmtheit ein.

Im Verlauf der Renaissance hatten sich zahlreiche Verfahren und Techniken der Metallverarbeitung entwickelt. Gegen Ende des 14. Jahrhunderts waren die Erkenntnisse so stark angewachsen, daß man sie dringend systematisch zusammenfassen mußte.

Georgius Agricola bezieht sich in seinem Werk vor allem auf seinen eigenen Wirkungskreis, den Bergbau und das Hüttenwesen im sächsisch–böhmischen Erzgebirge. Dieses Gebiet war bereits im Mittelalter ein Zentrum des deutschen Silber– und Eisenerzbergbaus. In der Region existierten zur Zeit Agricolas immerhin mehr als 900 Bergbaubetriebe mit 800 Steigern, 400 Schichtmeistern und 8000 Bergarbeitern. Hier gewann Agricola seine umfangreichen theoretischen und praktischen Erfahrungen.

Agricola listet in seinen zwölf Büchern über den Bergbau und die Metalle sämtliche mechanischen Hilfsmittel und Maschinen auf, die zu seiner Zeit bekannt waren. Darunter befanden sich Winden mit Zahnradübersetzung, um das Fördergut aus der Tiefe zu ziehen oder das Wasser abzuschöpfen, sowie Apparate, um Stollen zu belüften. Auch die Wasserkraft gab er als mögliche Energiequelle für diese Maschinen an.

Das Manuskript stellte Agricola 1553 fertig. Als es in geduckter Version auf den Markt kam, war der Autor bereits tot (verstorben 1555). *De re metallica* erschien 1556 in lateinischer Sprache bei Froben in Basel. Die einzigartige Synthese von Text und Illustrationen, von naturwissenschaftlicher und technischer Darstellung, von Mensch und Umwelt sowie von künstlerischer Aussage und Werkanlage trug dazu bei, daß dieses Buch bis heute nichts von seiner Faszination eingebüßt hat. Die dem Werk beigegebenen 292 Illustrationen wurden von dem Zeichner Basilius Weferinger aus Joachimsthal sowie dem Holzschneider Rudolf Manuel Deutsch aus Basel angefertigt. Manche der Skizzen lieferte Agricola sogar selbst.

Wer dieses Werk liest, findet sich schnell in eine noch von mittelalterlichen Vorstellungen geprägte Zeit zurückversetzt. Dort ist mitunter von geheimnisvollen Lebewesen unter Tage und allen möglichen Kobolden und sonstigen Ungetümen und Geistern die Rede. In moderne Sprache übersetzt, behandeln die zwölf Bände die Themen *Vom Beruf des Berg– und Hüttenmannes, Das Aufsuchen der Erzgänge, Von Gängen, Klüften und Gesteinsschichten, Das Vermessen der Lagerstätten und die Ämter der Bergleute, Der Aufschluß der Lagerstätte und die Kunst des Markscheiders, Das Probieren der Erze, Das Aufbereiten der Erze, Das Schmelzen der Erze, Das Scheiden der Edelmetalle, Das Scheiden des Silbers vom Kupfer, Von Salz, Soda, Alaun, Vitriol, Schwefel, Bitumen und vom Glas.*

De re metallica erschien in deutscher Übersetzung bereits im Jahre 1557. Die Fachsprache darin kommt einem heutzutage reichlich merkwürdig vor. Die Technologie der Halbzeugherstellung durch Schmieden beschrieb Agricola beispielsweise wie folgt: *„Der geschmolzene kuchen aus eisen wurde verzerrst und zerteilst, als bis er so weich dem sauerteig gleich wurde. Darnach soll der meister von seim fürlauffer geholfen einen solchen kuchen aus eisen mit der zan aus dem feuer herausziehen und auff den amboß legen, daß also der hammer von dem rad auffgehebt und herab gelassen diesen breit schlage. Darnach solle er das eisen so es noch warm ist, in das Wasser werfen und ablöschen. "*

Aus solchermaßen geschmiedeten Eisenbarren wurden Werkzeuge oder Pflugschare gefertigt. Gegen Ende des 16. Jahrhunderts erfuhr der stark wachsende Eisenbedarf eine Weiterentwicklung der Roheisenerzeugung. Durch den Einsatz wasserradgetriebener Blasebälge konnten größere Frischluftmengen und damit höhere Temperaturen erzielt werden, so daß bei 1200 °C bis 1400 °C nicht mehr Luppen entstanden, sondern kohlenstoffreiches Roheisen.

Neben seinem Hauptwerk verfaßte Agricola auch zahlreiche weitere bedeutsame geowissenschaftliche und hüttenmännische Bücher, darunter so illustre Titel wie *Bergmannus sive de re metallica* (Bergmann oder ein Dialog über den Bergbau), *De ortu et causis subterraneorum* (Die Entstehung der Stoffe im Erdinnern), *De natura eorum, quae effluunt ex terra* (Die Natur der aus dem Erdinnern hervorquellenden Stoffe), *De natura fossilium* (Die Minerale), *De veteribus et novis metallis* (Erzlagerstätten und Erzbergbau in alter und neuer Zeit), *De animantibus subterraneis liber* (Die Lebewesen unter Tage) oder *De precio metallorum et monetis* (Der Preis der Metalle und die Münzen).

Die meisten Arbeiten des Agricola über das Hüttenwesen und den Bergbau entstanden in der Stadt Chemnitz, wo der Gelehrte auch dreimal Bürgermeister war. Sein späteres Leben verlief eher tragisch. Im Zuge der Reformation wurde Agricola verkannt, verleumdet und verlassen. Nach seinem Tode sollte ihm zunächst sogar das christliche Begräbnis verweigert werden.

Kapitel 7

Schaum–Metall und Keuschheitsgürtel

High–Tech aus Metall damals und heute

7.1 Edelstahl aus dem All

Einige Erzbrocken vom Mond sind von Astronauten sozusagen im Weltraum-tagebauverfahren auf die Erde gebracht worden. Darüber hinaus erhalten wir ständig weitere Proben aus dem All zugeschickt, die als Meteoriten auf die Er-de fallen. Allgemein werden im himmlischen Flugverkehr Kometen, Asteoriden, Meteoriden, Meteore und Meteoriten unterschieden.

Kometen ziehen meist eigene Bahnen im All und weisen einen mehrere Mil-lionen Kilometer langen Schweif auf. Sie bestehen aus gefrorenem Wasser und Kohlendioxid sowie aus Eisen und Gestein. Sie verlieren ständig Substanz, aus der sich Meteoritenmaterial bildet. Meteoriden sind kleinere, höchstens einige Kubikmeter große Fragmente kosmischer Urmasse oder Asteoriden. Sie haben keinen Leuchtschweif und treten einzeln oder in Schwärmen auf. Asteoriden sind Meteoride mit einem Durchmesser von bis zu mehreren hundert Metern, die oft Umlaufbahnen um Planeten ziehen. Erst wenn Meteoride in die Erdat-mosphäre eintreten, beginnen sie in einer Höhe von etwa 100 km zu leuchten und werden so zu der Erscheinung, die wir als Meteor bezeichnen.

Der größte Teil der Meteoriden ist so klein, daß er durch die Reibungswärme, die beim Eintritt in die Erdatmosphäre entsteht, zu mikroskopisch feinem Staub verglüht, der sachte auf uns niederfällt. Etwa 10.000 Tonnen dieses jährlichen Meteoridenaufkommens ziehen beim Eintauchen in die Atmosphäre Leuchtspuren. Erst, wenn solches Meteormaterial die Erdoberfläche erreicht, was aber nur in etwa 10% der Atmosphäreneintritte der Fall ist, wird von Meteoriten gesprochen. Bisher wurden auf der Erde insgesamt nicht mehr als etwa 10.000 Meteoriten entdeckt.

Was haben nun diese Geschichten über Meteoriten mit Metallen und deren Nutzung zu tun? Um diese Frage zu beantworten, ist ihre Zusammensetzung genauer zu betrachten. Es wird im allgemeinen nach vier Hauptgruppen unterschieden: Stein–Meteoriten (Aerolithe), Eisen–Meteoriten (Siderithe), Eisenstein–Meteoriten (Siderolithe) und Glas–Meteoriten (Tektite). Im Hinblick auf das Thema dieses Buches sind die Eisen–Meteoriten von besonderem Interesse: Bei diesen chemisch hochdifferenzierten Gebilden, deren Anteil auf etwa 6% aller Meteoriten geschätzt wird, handelt es sich um vielkristalline, oftmals sehr reine Legierungen von Eisen und Nickel. Fachleute unterscheiden Eisen–Meteoriten weiter in Oktaedrite, Hexaedrite und Ataxite.

Die Oktaedrite sind durch das sogenannte Widmanstätten–Gefüge charakterisiert, welches überwiegend aus sich gegenseitig kreuzenden oktaederförmig angeordneten metallischen Lamellen und gröberen Zwischenbereichen besteht[1]. Diese ungewöhnliche Mikrostruktur entsteht aus dem Wechselspiel zweier unterschiedlicher Eisen–Nickel–Legierungen (Phasen) im Verlauf der Erstarrung[2] von metallischen Himmelskörpern, aus denen Meteoriten entstehen können. Die nickelarme Phase wird als Kamazit oder Balkeneisen bezeichnet. Sie bildet meist längliche Lamellen aus. Die nickelreichere Phase wird als Taenit oder Bandeisen bezeichnet. Sie bildet meist gröbere Strukturen aus. Forscher vermuten, daß metallische Meteoriten nach der Erstarrung zunächst nur aus Taenit bestehen, aus dem sich nach und nach Kamazit bildet. Die Zwischenräume der Lamellen werden in Oktaedriten meist von Plessit gebildet. Diese Phase besteht aus einer sehr feinen Mischung von Kamazit und Taenit.

Oktaedrite sind die häufigsten Eisenmeteoriten. Ihr Nickelgehalt schwankt zwischen 4,5% und 20%. Je mehr Nickel die Meteoriten enthalten, desto feiner geraten ihre Lamellen, da Nickel die Bildung des Kamazits verzögert. Die als Hexaedrite bezeichneten, besonders nickelarmen Meteorite bestehen fast ausschließlich aus Kamazit. Die nickelreichen Ataxite, mit einem Nickelgehalt von bis zu 40%, weisen hingegen hauptsächlich Taenit auf.

Dank ihrer charakteristischen Zusammensetzung gehören Eisen–Meteoriten zu den am häufigsten vom Menschen gefundenen Himmelskörpern. In der Erdrinde kommen solche reinen Eisen–Nickel–Ansammlungen nämlich nicht vor.

---

[1]Im Jahr 1808 ging in der Nähe des Ortes Iglau in Mähren ein großer Meteoritenschauer nieder. Das Ereignis wurde von Karl von Schreibers, dem damaligen Direktor des Wiener Hof–Mineralien–Kabinetts und dem mit ihm befreundeten Leiter der Kaiserlichen Porzellanfabrik, Alois von Widmannstätten, untersucht. Die Wissenschaftler fanden über 100 Steine von bis zu 12 Pfund Gewicht und ansonsten ähnlicher Beschaffenheit. In einer zerschnittenen und polierten Probe entdeckte Widmannstätten jenes nach ihm benannte Gefüge.

[2]Unter Erstarrung versteht man den Übergang vom Flüssigen ins Feste.

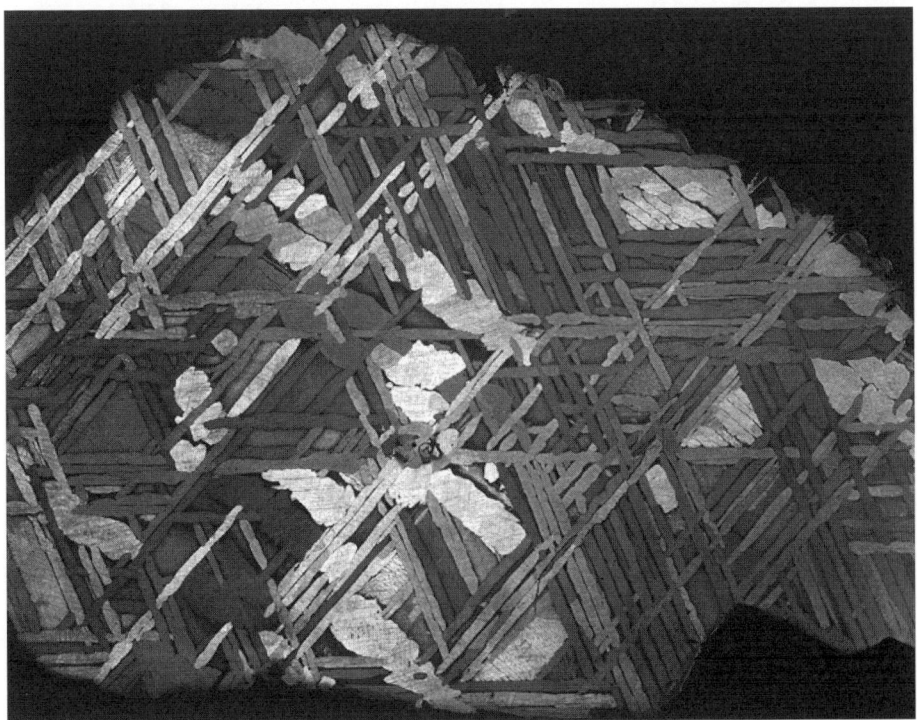

Bild 7.1: Schliffbild eines Eisen–Nickel–Meteoriten der Oktaedritsorte. Die Probe ist durch das Widmanstätten–Gefüge charakterisiert.

Insbesondere der hohe Nickelanteil macht diese Meteoriten säure– und korrosionsbeständig, so daß sie auf der Erde lange überdauern können ohne zu verrosten. In ihrer Zusammensetzung sind sie einigen Münzlegierungen und Edelstählen nah verwandt. Die Eskimos haben aus Eisen–Nickel–Meteoriten bereits vor langer Zeit Waffen, Werkzeuge und Angelgeräte hergestellt.

Neuere Studien zeigen, daß Meteoriten nicht nur Eisen und Nickel, sondern mitunter auch erhebliche Mengen an Gold, Platin und anderen Edelmetallen auf die Erde mitbringen können. Zahlreiche Edelmetalle verbinden sich nämlich leicht mit eisenhaltigen Schmelzen. Bei der Entstehung unserer Erde, die ja einen sehr eisenreichen Kern aufweist, reicherten sich, so vermuten Geologen, große Edelmetallvorräte im flüssigen Kern an. Im Mantel unseres Planeten sollten nach dieser Theorie Gold und Platin hingegen kaum vorkommen. Wie ist das zu verstehen?

Bisher erklärten Forscher das Vorhandensein von Edelmetallen im Erd-
mantel damit, daß sich die Metalle bei sehr hohen Drücken in einem tiefen
Magma–Ozean mit Silikaten aus dem Mantel verbunden hätten. Neuere Arbeiten hingegen zeigen, daß auch unter Bedingungen, wie sie 500 Kilometer
unter der Erdoberfläche herrschen, weder Platin noch Palladium mit silikati-
schen Schmelzen reagieren, sondern im Eisen gelöst bleiben. Die neue These
der Forscher ist daher, daß Gold, Platin und andere Edelmetalle, die heute in
der Erdkruste gefunden und geschürft werden, als Bestandteil von Meteoriten
sozusagen von außen anstatt von innen auf die Erdoberfläche gelangten, lange
nachdem der Planetenkern gebildet war.

Aus kommerzieller Sicht haben Meteoriten auch noch einen weiteren Reiz,
und zwar als Handels– und Sammlerobjekte. Sie haben in den letzten 20 Jahren
immerhin einen mittleren Wertzuwachs von über 500% erfahren, weit mehr, als
die meisten Aktienfonds, Edelweine, Edelmetalle oder Immobilien. Diese Wert-
steigerung nimmt wenig wunder, wenn man bedenkt, daß kompakte Meteoriten
weit seltener auf der Erde vorkommen als Gold oder Platin.

7.2   Hochtechnologie in grauer Vorzeit

Im Jahr 1936 wurde in der Nähe von Bagdad ein mysteriöser Gegenstand entdeckt. Er befand sich in einem Terrakotta–Topf, war röhrenförmig und zweieinhalb Zentimeter breit. Er war außen mit einer Kupferschicht verkleidet, mit
einer Legierung aus Zinn und Blei zusammengelötet und etwa zwölf Zentimeter hoch. Das eine Ende wurde von einer enganliegenden Kupferkappe, die mit
Pech isoliert war, bedeckt. Das andere Ende wurde durch einen Pechstopfen
verschlossen. Aus diesem Pfropfen ragte ein eisernes, mit Kupfer isoliertes
Stäbchen. Wenn man das Rohr mit einer Säurelösung wie Essig, Wein oder
Zitronensaft oder auch einer alkalischen Flüssigkeit (Lauge) füllte, dann könnte man, so vermuteten die Forscher, Elektrizität erzeugen. Diese erste uns heute
bekannte *Batterie* wurde auf 250–220 v. Chr. datiert.

Der Fund blieb nicht der einzige seiner Art. Es wurden noch Überreste von
mindestens vier weiteren Batterien gefunden sowie mehrere Einzelteile, aus denen man bis zu zehn neue Batterien hätte bauen können. Vielleicht wurden diese Batterien sogar in Reihe geschaltet, um eine höhere Spannung abzugeben.
Vor ein paar Jahren wurde von Forschern eine Kopie dieses antiken Gegen-
standes erstellt und mit einer Kupfersulfatlösung gefüllt. Die Spannung betrug
immerhin 5 Volt.

Es gibt inzwischen vage Vermutungen, daß auch die alten Ägypter bereits
über die Technologie verfügten, elektrischen Strom zu erzeugen. In den Pyramiden und sonstigen Grabstätten gibt es an keiner Stelle Rußspuren an den
Wänden. Diese wären typische Hinweise auf die Verwendung von Fackeln in

den völlig dunklen Gängen. Außerdem gibt es keine Wandhalterungen oder sonstigen Anzeichen für den Gebrauch von offenem Feuer zur Beleuchtung. Im Tempel von Dendera, am Ufer des Nils gegenüber der Stadt Kena, fand man Relieffiguren, die neben großen Objekten stehen, die aussehen wie riesige Glühbirnen. Von diesen Birnen geht am unteren Ende eine Art Schlauch weg, der in einem rechteckigen Kasten mündet. Innerhalb der Birnen formte dieser Schlauch, der als Schlange dargestellt wurde, eine Art Glühwendel, der wellenförmig verläuft, ähnlich wie die Glühfäden in unseren heutigen Glühbirnen. Belastbare wissenschaftliche Beweise für solche Spekulationen liegen allerdings bis heute nicht vor.

Überraschende technische Leistungen wurden in der Antike auch von Medizinern vollbracht. Schon vor knapp 2000 Jahren waren Zahnärzte beispielsweise in der Lage, künstliche Eisenzähne zu implantieren. Dank der gut organisierten medizinischen Versorgung im römischen Reich erhielten offenbar selbst einfache Einwohner im ländlichen Gallien brauchbaren Zahnersatz. In der bei Paris gelegenen Nekropole von Chantambre stießen Archäologen und Anthropologen auf ein Skelett mit einem künstlichen Eisenzahn, der an heutige Medizintechnik erinnert. Der Mann mit dem Stiftzahn, der an der Wende vom ersten zum zweiten Jahrhundert n. Chr. im Alter von mindestens 30 Jahren verstarb, war auf eine funktionsfähige Beißhilfe auf seiner rechten Kieferseite angewiesen, da ihm schon die Backenzähne des linken Kiefers fehlten. Die Kunst der Zahnbehandlung hatten die Römer früh von den Etruskern erlernt, der Eisenzahn aus Chantambre aber ist der älteste Fund einer mit dem Kiefer fest verwachsenen Prothese. Die feste Verbindung mit dem Knochen ist ein Indiz dafür, daß der ländliche Dentist seine Prothese exakt nach dem Vorbild des herausgefallenen Originals geschmiedet hatte, bevor er sie wie einen Nagel in die Höhlung von Zahnfleisch und Kiefer einkeilte. Mindestens ein Jahr vor dem Tod des Patienten muß die sicherlich schmerzhafte Behandlung erfolgt sein. Das reaktionsfreudige Material Eisen ist zwar nicht ideal für ein Implantat, bietet dafür aber mit seiner rauhen Oberfläche genug Angriffsfläche zum Verwachsen. Da auch Zahn und Sockel perfekt zusammenpassen, hatte die Prothese genügend Halt, so daß der Behandelte vermutlich kraftvoll zubeißen konnte.

7.3 Das Lied von der Glocke

„Fest gemauert in der Erden, steht die Form, aus Lehm gebrannt. Heute muß die Glocke werden! Frisch, Gesellen, seid zur Hand!"

Wer kennt diese Zeilen Schillers nicht? In seiner berühmten Ballade begleitet die Glocke den Lebensweg des Menschen und markiert sein Schicksal von der Wiege bis zum Grab. Das Besondere an diesem Gedicht ist nicht nur seine tiefe Wirkung auf den Leser, sondern auch die überaus genaue Beschreibung der Glockenherstellung. Kaum ein Metallurge kann das heute besser erläutern als dieser große Dichter. Die Anregung zu dem Gedicht stammte von der Aufschrift auf einer Glocke. Im Jahre 1486 wurde eine fünf Tonnen schwere Glocke für das Münster zu Schaffhausen gegossen. Sie wird heute auch als *Schillerglocke* bezeichnet. Sie trägt die Aufschrift *Vivos voco, mortuos plango, fulgura frango* (die Lebenden rufe ich, die Toten beklage ich, die Blitze breche ich), mit der Schillers Ballade überschrieben ist. Die Kirchenglocken begleiteten die Menschen mit ihrem Geläut nämlich nicht nur von der Geburt bis zum Grab, sondern sie dienten gleichzeitig auch als Blitzableiter für den Bau. Die Aufschrift hatte Schiller in der *Oekonomisch-technologischen Encyklopädie* von Krünitz gelesen, als er die technischen Einzelheiten des Glockengusses studierte, und sie als Motto für sein Gedicht übernommen. So schrieb er es Goethe in einem Brief 1797. Die schwere Münsterglocke wurde 1895 zum letzten Male geläutet und 1904 als Denkmal aufgestellt.

Bild 7.2: Stationen auf dem beschwerlichen Weg zum Glockendasein.

Die Glocke ist ein faszinierendes Instrument. Sie hat 4000 Jahre fast unbeschadet überstanden. Ihre Bedeutung, vor allem für das Christentum, ließ sie aus Kriegen und Revolutionen immer wieder gestärkt hervorgehen. Beispielsweise läßt der Dichter Christian Morgenstern die Glocke zur Kanone sprechen: *„Wird mich erst der Rechte läuten, wird es deinen Tod bedeuten.“* Oft ging es aber bekanntermaßen zunächst in die umgekehrte Richtung. Allein im Zweiten Weltkrieg wurden weltweit mehr als 80.000 Glocken durch Umschmelzen und Bombenabwurf zerstört.

Manchmal ging es aber tatsächlich auch nach dem Wunsch von Morgenstern. So geschehen bei der großen Glocke des Kölner Doms. In den Jahren 1870 und 1871 gab es durch den deutsch–französischen Krieg eine empfindliche Störung des Baubetriebes. Wegen der Einberufung zahlreicher Handwerker, der Konfiszierung von Baumaterial sowie des Ausfalls der Eisenbahntransporte konnten die Türme des ehrwürdigen Doms innerhalb eines ganzen Jahres nur um drei Meter erhöht werden. Der Zentral–Dombauverein zu Köln erbat zur Kompensation für diese Rückschläge vom König die Überlassung einer Anzahl von den Franzosen erbeuteter Kanonen zum Gießen einer Glocke für den Dom. Um das vorhandene Geläut wirkungsvoll zu ergänzen, bedurfte es einer großen Glocke mit dem Ton C. Ihr Gewicht war auf 25 bis 27 Tonnen errechnet worden. In der Tat wurde der Stadt vom neugekrönten Kaiser höchstselbst nach dem Sieg über Frankreich das französische Kanonenmetall zugestanden. Die Glocke wurde im Jahre 1874 mit einem Gewicht von 27,15 Tonnen gegossen und auf den Namen *Kaiserglocke* getauft.

Die ältesten gegossenen Glocken stammen wahrscheinlich aus China. Manche Forscher vermuten hier sogar ihren Ursprung und datieren ihr Erscheinen als Musikinstrument und militärischer Signalgeber auf das vierte vorchristliche Jahrtausend. Die Glocken im chinesischen Kulturkreis waren zumeist klöppellose, von außen angeschlagene Instrumente. Ihre Bedeutung kann man auch daran erkennen, daß der Glockenhohlraum lange als Maßeinheit für Getreide und der Durchmesser des Glockeninnenraumes als Längenmaß diente. Die Glocke war das dominierende Instrument bei politischen wie kultischen Handlungen. Eine gestimmte Glocke gab den Ton im gesamten Kaiserreich an, es sollte eine einheitliche *Stimmung* im Lande herrschen. Ihre Klänge galten als Bindeglied zwischen Himmel und Erde.

In China gab es häufig nicht nur Glocken mit rundem Querschnitt, sondern auch mit mandelförmiger Geometrie. Letztere schwingen in zwei Grundtönen. An den spitzen Enden der Mandelform und in der Mitte der bauchigen Rundungen war der Rand nur halb so dick wie dazwischen. Der Schlaghammer versetzte entweder die dünnen oder die dicken Stellen der Bronze in Schwingungen, erzeugte also einen höheren oder tieferen Ton. Diese Grundtöne lagen eine kleine oder große Terz auseinander. Bei einigen Fundstücken waren die Verdickungen des Randes für ein Glockenspiel optimiert. Sie dämpften Vibrationen so schnell, daß die Melodien deutlich hörbar waren. In einem jüngst ausgegrabenen chinesischen Glockenspiel reichen die Töne über mehr als fünf Oktaven, bis hinunter zum großen C einer 204 Kilogramm schweren Glocke. Bei Untersuchungen mit Röntgenstrahlen, Lasern und Ultraschall staunten die Archäologen über die Reinheit des Gußmaterials. Die damaligen Techniker der Zhou–Dynastie erschmolzen dafür Bronze aus sechs Teilen Kupfer, einem Teil Zinn sowie Beimengungen an Blei, um den gewünschten Klang zu erzielen.

Das Zweistromland Mesopotamien kannte die Glocke vor allem am Hals der Leitpferde, Elefanten und Kamele von Königen und Heerführern. Ihr Klang sollte die Götter besänftigen und böse Geister vertreiben. In Vorderasien dienten Glöckchen ebenfalls als Behang der Tiere.

Bei den alten Griechen trug der dreiköpfige Wachhund des Hades Cerberus eine Glocke um den Hals. In Ägypten verwendete man sie darüber hinaus als Amulett und Grabbeigabe verstorbener Kinder. Von ihrer weit verbreiteten Verwendung im Totenkult zeugt auch eine Beschreibung des mit Glöckchen behangenen Wagens mit der Leiche von Alexander dem Großen im Jahre 323 v. Chr. bei der Überführung nach Ägypten. Auch bei den Römern gibt es zahlreiche Hinweise, etwa als Stunden- oder Warnglocke. Plutarch erwähnt um das Jahr 100 kleine Glocken, durch die auf den Fischmärkten die Käufer zusammengerufen wurden. Der römische Dichter Avienus beschrieb um 350 Glocken an Hundehalsbändern. Desweiteren kündigte der Glockenschlag bei den Römern das Öffnen der Bäder an und markierte den Tagesablauf der Legionäre in den Kasernen und der Sklaven.

Ein früher Beleg für die Verwendung der Glocke im Judentum ist das Jaspissiegel aus dem 8. Jahrhundert v. Chr. mit der Inschrift *Amos der Schreiber*. Amos gilt als erster klassischer Schriftprophet und Verfasser des Buches der Propheten. Auf dem Siegel sind zwei Männer, vermutlich Priester, beim Gebet zu erkennen. Zwischen ihren Köpfen und über den gefalteten Händen schwebt eine Glocke. Man denke an die Beispiele aus China und Indien: Der Klang der Glocke verbindet Himmel und Erde. Vielleicht sollten die Gebete auch von ihren Klängen gen Himmel getragen werden.

Der Ursprung der europäischen Glocke findet sich zunächst in den Ländern der Bibel. So ist im 2. Buch Mose an zwei fast gleichlautenden Stellen zu lesen: *„Und sie machten an seinem Saum Granatäpfel aus blauem und rotem Purpur, Scharlach und gezwirnter feiner Leinwand und machten Glöckchen aus feinem Gold; die taten sie zwischen die Granatäpfel ringsherum am Saum des Obergewandes, je ein Granatapfel und ein Glöckchen ringsherum am Saum, für den Dienst, wie der Herr es Mose geboten hatte.“*

Nach der Geburt Christi wird zuerst beim Apostel Paulus von Glöckchen gesprochen: *„Wenn ich mit Menschen- und mit Engelszungen redete und hätte die Liebe nicht, so wäre ich ein tönend Erz, ein klingendes Glöckchen.“* Für die ersten christlichen Schriftsteller wie Justinus (100–165 n. Chr.) und Origines (185–254 n. Chr.) galten die zwölf Glöckchen am Rocksaum des Hohepriesters als akustisches Symbol der Verkündigung der christlichen Botschaft. Nach dem Mailänder Toleranzedikt des römischen Kaisers Konstantin 313 n. Chr. führten koptische Mönche in Ägypten vermutlich als erste in ihren Gemeinden die Glocke ein. Ein bis heute verehrter koptischer Mönch war der heilige Antonius. Sein Attribut ist die Glocke.

Zunächst dürfte die Glocke zum Beginn des 5. Jahrhunderts n. Chr. in
Klöstern Einzug gehalten haben. Unter ihnen war das berühmte Kloster Le-
rinum, auf einer kleinen Insel südlich von Cannes. Es war im Jahre 395 vom
heiligen Honoratius gegründet worden und durch Beziehungen zu den kopti-
schen Mönchsgemeinschaften Ägyptens und Galliens bekannt geworden. Das
Kloster war daher ein wichtiger Übergangspunkt der Glocke von den Regionen der Bibel nach Europa. Der Nachfolger von Papst Gregor dem Großen,
Papst Sabinian (604–606), ordnete das Läuten einer Glocke auch außerhalb
der Klostermauern zu den Gebetszeiten an. Von ihrem Klang sollte die damals noch verstreute christliche Gemeinde zu gemeinsamem Gebet aufgerufen
werden. Karl der Große sorgte später durch verschiedene Edikte für die Verbreitung der Glocke in seinem Herrschaftsbereich. Erhalten haben sich aus dieser
frühen Zeit wohl deshalb keine gegossenen Glocken, weil das wertvolle Metall
besonders in Kriegszeiten immer wieder eingeschmolzen wurde.

Bild 7.3: Frisch gegossene Glocken aus heutiger Produktion.

Um das Jahr 1100 machte der Mönch Theophilus die damals ausgeübte
Technik des Glockengießens bekannt. Man bezeichnet die von ihm beschriebenen und durch ihre steile Form auffallenden Glocken heute noch als Theophilus–
Glocken. Theophilus war aber keineswegs der Schöpfer einer neuen Technik,
sondern nur Aufzeichner eines Verfahrens, das im Orient bereits seit vorgeschichtlicher Zeit bekannt war. Meistens wurde danach die Wachstechnik zur
Herstellung gegossener Gegenstände eingesetzt. Dieses prinzipiell auch heute

noch angewandte Verfahren besteht darin, daß man zunächst aus Lehm einen Körper formt, der dem inneren Hohlraum des anzufertigenden Gußstückes entspricht. Dann modelliert man aus einer geeigneten Wachsmischung über dem sogenannten Kern das später aus Bronze zu gießende Stück. Will man also eine Glocke anfertigen, so wird zunächst ein Kern geformt, der dem inneren Hohlraum der Glocke gleicht. Darüber wird eine Glocke aus Fett und Talg modelliert und mit allen Inschriften und Verzierungen versehen. Über diese wird ein dicker Mantel aus Lehm gelegt und mit Eisenbändern zusammengehalten. Wenn man dann den Kern und den Mantel zum Zweck des Trocknens über ein Feuer bringt, fließt die aus Fett modellierte Glocke aus, so daß man in den auf diese Weise entstandenen Hohlraum das Metall gießen kann. Die beschriebene Technik hat allerdings den Nachteil, daß sich beim Austrocknen der Lehmform kleine Stückchen ablösen können und infolgedessen später im Gußstück rauhe Stellen entstehen. An solchermaßen aufgerauten Oberflächen erkennt man heute noch die Anwendung der beschriebenen Gußtechnik. Die älteste datierte, genau nach den Vorschriften des Theophilus gefertigte Glocke stammt aus dem Jahre 1144 und hängt in der Kirche zu Iggensbach in Bayern.

Die heute angewandte Herstellungstechnik kam bereits hundert Jahre nach Theophilus auf. Dabei wird folgendermaßen verfahren: Zunächst wird aus einem Brett die Schablone der inneren Form der Glocke herausgeschnitten. Dann wird aus Ziegeln das Gerippe des Glockenkernes hohl aufgemauert. Über die Steine wird schichtenweise Lehm aufgetragen und währenddessen im Inneren des Mauerwerkes ein Holzkohlenfeuer unterhalten, damit das Material langsam trocknet. Der sorgfältig vorbereitete Lehm wird in immer feiner gemahlenen Schichten aufgetragen und mit der Schablone genau nach der Form, die die Glocke innen bekommen soll, geglättet. Darauf wird von der Schablone soviel herausgetrennt, daß die äußere Form zustande kommt. Nun wird der fertige Kern mit Talg bestrichen, damit die aus Lehm aufgetragene *Dickung* nicht anklebt. Diese Dickung entspricht der später zu gießenden Glocke. Die Dickung wird mit der Schablone gedreht und durch Holzkohlenfeuer getrocknet. Danach kühlt sie etwa zwei Tage ab. Auf dieser nun in Lehm modellierten Glocke werden mit Talg und Wachs Verzierung aufgebracht.

Zuletzt wird die ganze Dickung mit Fett bestrichen, damit der nun anzusetzende Mantel nicht anhaftet. Der Glockenmantel wird zunächst aus feinem Lehm und Tierhaaren mit einem Pinsel auf alle Verzierungen aufgetragen. Mit gröberem Lehm wird der Mantel nun zunehmend verdickt. Um ihm Halt zu geben, wird in die Lehmschichten Eisen eingelegt. Alsdann wird wiederum durch Feuer getrocknet. Um den Mantel später abzuheben, werden in den Lehm eiserne Haken eingelassen. Schließlich wird er mit Eisenreifen umgeben und getrocknet. Die zum Aufhängen der Glocke dienenden Henkel werden aus einem Gemisch von Pech und Wachs in Gips gegossen, zusammengesetzt, und in

Lehm eingebettet. Wenn dieser Lehmklotz am Feuer getrocknet wird, schmelzen Wachs und Pech aus, so daß die Hohlräume für den Guß entstehen. Dieser Teil der Form wird dann auf den Mantel aufgepaßt. Inzwischen ist vor dem Gießofen eine so tiefe Grube ausgehoben worden, daß die größte zu gießende Glocke darin aufrecht stehen kann. Mit einem Kran werden Mantel, Dickung und Kern in die Gießgrube hinabgelassen. Der Mantel wird abgehoben und die nun freiliegende Dickung zerschlagen. Der Mantel wird wieder über den Kern gestülpt, so daß nun der Hohlraum, in den das Metall fließen soll, zwischen Mantel und Kern entstanden ist.

Ihren Höhepunkt erreichte die Glockengießerei im europäischen Raum Anfang des 16. Jahrhunderts. Sie war zum Kunsthandwerk geworden, dessen Geheimnisse streng gehütet und nur innerhalb einer Familie weitergegeben wurden. Die größten und wohlklingendsten Geläute stammen aus dieser Zeit. Neben ihrer Funktion als christliches Symbol und Signal des religiösen Lebens behielten die Glocken ihre Bedeutung im Alltag als Kommunikationsinstrument. Riesige Glockenspiele in den Kirchtürmen oder auf Rathäusern, angetrieben von Uhrenmechanismen mit Walzen, teilen den Tag bis heute in viertel, halbe und ganze Stunden.

Bild 7.4: Deutscher Glockenfriedhof im zweiten Weltkrieg.

Wie steht es mit den Tönen einer Glocke? Zunächst fand man heraus, daß bei einer europäischen Glocke das für den Klang ideale Verhältnis von Höhe zu unterem Durchmesser etwa 4 zu 5 sein sollte. Im 17. Jahrhundert wuchs das Verständnis über das Wesen der Harmonie eines Klangs. Man erkannte, daß das Obertonspektrum einer Glocke zu ihrem Grundton einer harmonischen Reihe entsprach. Diese ist durch einfache Frequenzverhältnisse bestimmt, etwa 1 zu 2 für die Oktave, 2 zu 3 für die Quinte und so weiter.

Im Glockenklang gibt es zwei Hauptkomponenten, den Schlagton, einen harten, kurz klingenden Ton mit wenig vernehmbaren harmonischen Teiltönen und die Summtöne, die als Nachhalltöne langsam nach dem Anschlag aufklingen und bei guten Glocken ziemlich lange mit sich gleichmäßig verringernder Tonstärke summen. Bei guten Glocken beträgt die Ausklingzeit des Grundtons in Sekunden etwa das 70fache ihres Durchmessers in Metern. Außerdem ist der Klang abhängig von der Wandstärke. Bei geringerer Stärke klingen Grundton und tiefe Obertöne kräftiger und länger nach als bei dickwandigeren Glocken. Auch die Kontaktzeit des Klöppels spielt eine Rolle. Die Glocke vibriert am meisten am Rand, dem sogenannten Klangbogen, und ist im Mittelpunkt, dem sogenannten Scheitel, ruhend.

Neben dem oben erwähnten Geläut des Kölner Doms gibt es weitere berühmte Glocken, so etwa das Glockenspiel von Big Ben, dem Londoner Glockenturm von Westminster, der mit 106 Metern Höhe die Houses of Parliament überragt. In Wirklichkeit bezeichnet der Name *Big Ben* ursprünglich nicht den Turm, sondern die 13,5 Tonnen schwere Glocke der historischen Turmuhr. Dabei verweist *Big* auf ihre beträchtliche Größe, während *Ben* die Verkleinerungsform von Sir Benjamin Hall ist. Dies war der städtische Baubeamte, der die stolze Glocke 1858 in Whitechapel gießen ließ und die Arbeiten daran beaufsichtigte. Heute schlägt Big Ben jede volle Stunde. Vier kleinere Glocken im Gewicht von einer bis vier Tonnen läuten die Viertelstunden.

Die größte Glocke der Welt ist *Zar Kokol*, zu deutsch *Glockenkaiser* in Moskau. Sie wurde 1533 gegossen und wiegt etwa 198 Tonnen. Sie stürzte 1737 bei einem Brand ab und wurde 1836 als Denkmal aufgestellt.

Eine bewegte metallurgische und politische Geschichte hat auch die amerikanische Freiheitsglocke, die heute in Philadelphia ausgestellt ist. 1751 wurde sie zur Verwendung bei offiziellen Anlässen, unter anderem auch zur Proklamation der Unabhängigkeitserklärung geläutet. Nachdem sie 1751 in England gegossen worden war, bekam sie einen Sprung. Die Metallurgen John Pass und John Stow schmolzen daraufhin die Glocke wieder ein und gossen aus diesem Material 1753 eine Neue. 1846 bekam sie erneut einen Riß und man reparierte sie noch im selben Jahr, da sie zu George Washingtons Geburtstagsfeier läuten sollte. An diesem Tag bekam sie während des Läutens abermals einen Sprung, der bis heute erhalten ist. Seitdem wurde die Glocke nicht mehr geläutet.

Eine der größten asiatischen Tempelglocken ist die *Himmlische Glocke von König Songdok* aus Korea, ein künstlerisches Meisterwerk aus der Shilla–Zeit (57 v. Chr. – 935 n. Chr.). Sie besteht aus 72 Tonnen Bronze und wurde vor 1200 Jahren gegossen. Ihr Durchmesser am Boden beträgt 2,28 Meter. Eine so große Glocke muß auch für die damals in ganz Asien hochgerühmten koreanischen Glockengießer eine große Herausforderung gewesen sein, ist doch der Mantel allein 24 cm dick. Die Außenseite ist kunstreich mit langen Inschriften, Arabesken, Lotosblüten und vier paarweise angeordneten himmlischen Jungfrauen verziert. Wie alle großen Glocken Asiens wurde auch diese von außen angeschlagen.

7.4   Eine kleine Geschichte des Magneten

Der Universalgelehrte Thales von Milet beschrieb bereits 585 v. Chr. die Eigenschaft gewisser Eisenerze, Eisenspäne und dünne Eisenstücke anzuziehen. Die magnetische Kraft nannte er die *Seele* des Stoffes. Thales interpretierte die Erscheinung als eine von der Materie untrennbare Energie, die jedem Stoff innewohnte. Ungünstigerweise wurde diese Ansicht von Aristoteles später auf alle Materialien ausgedehnt.

Plato legte 387 v. Chr. in einer seiner Schriften seinem Lehrer Sokrates die Äußerung in den Mund, daß der Magnetstein nicht nur einen eisernen Ring anziehen könne, sondern seine Kraft auch durch diesen Ring hindurch auf andere Ringe zu wirken vermöge, so daß man eine lange Reihe von Ringen und Eisenstücken aneinanderhängen könne.

Titus Carus Lucretius beobachtete um das Jahr 60, daß der Magnetismus sogar bronzene Schalen durchdringen kann. Er berichtete weiter, der Stein trage den Namen *Magnet*, weil er aus dem Lande der Magneter komme. Alexander aus Aphrodisias, der zu Athen um das Jahr 200 lehrte, beschrieb die Anziehungskraft des Magneten durch Wasser hindurch. Der heilige Augustinus kannte um 420 bereits die Wirkung des Magneten durch eine Schicht aus Silber. Alexander Neckam gab 1195 in seinen Schriften *De naturis rerum* und *De utensilibus* die erste bekannte empirische Anweisung zur magnetischen Polarisierung von Stahl, ohne daß diese allerdings explizit erläutert wird. Im Jahr 1269 schließlich unterschied Pierre aus Maricourt namentlich die beiden Pole des Magneten und entdeckte die Anziehung der ungleichnamigen Pole. Nicolaus aus Cues beschrieb 1439 in seinem Werk *De staticis experimentis*, daß man die Stärke des Magneten durch Gewichtsbelastung feststellen könne. Das Wort *Magnetismus* brauchte Agrippa von Nettesheim 1531 zuerst in seiner Schrift *De occulta philosophia*. Daß auch die Erde selbst ein Magnet sei, schrieb William Gilbert in seinem Werk *De magnete* um 1600.

Seit etwa 1580 versah man die natürlichen Magnetsteine an den beiden Polen mit kleinen Eisenkappen. Stabmagnete gingen aus den Nadeln der Magnetkompasse hervor. Den hufeisenförmigen Stahlmagneten erwähnte bereits Daniel Bernoulli 1743.

Eine Theorie, der zufolge um 1108 auch die isländischen Wikinger schon den Gebrauch des Magneten auf ihren Schiffen gekannt haben, geht auf eine Bemerkung des Mathematikers Hauk Erlendssön in seiner Abschrift des *Landnamabok* aus dem Jahre 1330 zurück. Alexander Neckam beschrieb in seinem Werk *De naturis rerum* auch zum ersten Mal in Europa den Seekompaß. Der Minnesänger Guiot besang um 1205 in seinem Gedicht *La bible* den Seekompaß als Hilfsmittel der Schiffer *in dunkler Nacht*.

Der möglicherweise älteste erhaltene Kompaß befindet sich im Ferdinandeum in Innsbruck. Er stammt aus dem Jahr 1451 und trägt eine östliche Deklinationslinie. Den Kompaß im Ringgehänge schwebend zeichnete zuerst Leonardo da Vinci um das Jahr 1500.

Eine andere bereits aus der Antike bekannte Anwendung des Magneten war die Magnetoperation. Im Buch *Ayur Veda* des indischen Arztes Susruta wird um das Jahr 500 n. Chr. der Magnet als ein Mittel vorgeschlagen, um eine eiserne Pfeilspitze herauszuziehen. Besonders wirksam sei die Behandlung, wenn der Pfeil gerade und nicht zu fest im Fleisch eingebettet sei. Susruta schrieb: *„Eine eiserne Pfeilspitze, die in der Richtung der Fasern der Gewebe liegt, nicht fest eingebettet ist, keine Ohren [Widerhaken] hat, und mit einer weiten Öffnung in der Haut [liegt], kann ausgezogen werden mit dem Magneteisenstein."*

Auch der Araber Halifa aus Aleppo gab 1256 den Magneten als Mittel an, um beim Abbrechen der Spitze einer Aderlaßlanzette diese aus der Wunde zu entfernen. In der *Chirurgie* des Mondeville werden 1314 magnetische Pflaster zum Ausziehen von Eisensplittern erwähnt. Später wurde die Methode auch für Augenoperationen herangezogen.

7.5   Keuschheitsgürtel

Keuschheitsgürtel, auch *Florentiner Gürtel*, *Venusgurt* oder *Italienisches Schloß* genannt, waren *Kleidungsstücke* aus Metall, die aus zwei sich kreuzenden Spangen aus leichtem Metall bestanden. Der eine der beiden Reifen schloß sich um die Taille, der andere hingegen wurde zwischen den Schenkeln hindurchgeführt und durch ein Schloß versperrt.

Der Keuschheitsgürtel wurde von Ehefrauen und Töchtern während der Abwesenheit des Ehemannes bzw. Vaters getragen, um ihre Keuschheit zu bewahren, während sich der Hausherr in den Krieg, auf eine Pilgerreise oder zu seiner Geliebten begab. Besonders wenn die Ritter für mehrere Jahre in fremde

Länder zogen, beispielsweise auf Kreuzzüge, um sich mit Osmanen und Arabern zu raufen, wollten sie sich der Treue ihrer Ehefrauen sicher sein. Den Schlüssel nahmen sie üblicherweise mit. Vermutlich wurde der Keuschheitsgürtel auch zur Zeit der Kreuzzüge erfunden.

Auf mechanische Weise sollte der Keuschheitsgürtel also den Geschlechtsverkehr verhindern. Für die Alltagstauglichkeit gab es eine Öffnung mit messerscharfen Zacken für die menschlichen Bedürfnisse. Diese funktionierten vermutlich nur in der Theorie so wie vorgesehen. In der Praxis wird es den betroffenen Frauen kaum möglich gewesen sein, sauber zu bleiben. Infektionen, Hautausschlag und Geschwüre werden sicherlich oft die Folge gewesen sein. 1889 wurde auf einem österreichischen Friedhof aus dem 15. Jahrhundert das Skelett einer Frau ausgegraben, das noch immer den Keuschheitsgürtel trug. Dieser hatte womöglich ihren Tod verursacht.

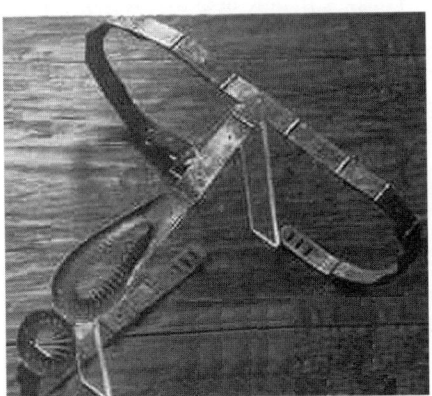 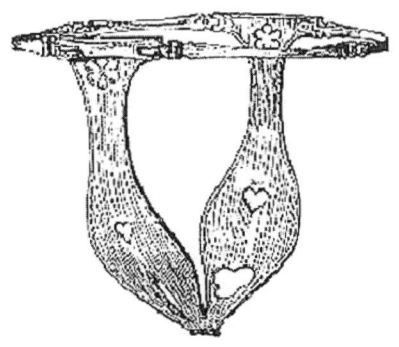

Bild 7.5: Darstellungen mittelalterlicher Keuschheitsgürtel.

Die früheste Darstellung eines Keuschheitsgürtels stammt aus dem Jahr 1405. In einem Dokument aus diesem Jahr heißt es: *„Dies ist ein harteiserner Gürtel florentinischer Frauen, der vorne so geschlossen wird."* Einige Quellen sagen, ein Italiener in Padua habe 1395 den ersten Gürtel gefertigt. Um 1520 zeichnete der Künstler Hans Baidung eine nackte Frau zwischen einem alten und einem jungen Mann. In der Abbildung nimmt sie dem Alten das Geld aus dem Beutel, um es dem Jungen zu geben. Der junge Mann hat einen Schlüssel in der Hand, der zu dem Schloß an dem Gurt der Frau paßt. Auf drei Bändern stehen Sprüche, die die Situation kommentieren. Die Frau sagt: *„Es hilft kain sloss für frauwen list"*, und der junge Mann fügt hinzu: *„Ich drag ain Slüssel zu sollichen slossen."*

7.6   Gutes aus der Konservendose

Ein typisches Beispiel aus der Geschichte der Metallverarbeitung ist die Entwicklung der Konservendose, angefangen von der Zeit, in der Dosen noch einzeln von Hand gefertigt wurden, bis zum heutigen Tag, wo bis über 2500 Konserven pro Minute vom Band der Serienfertigung laufen. Damals wie heute diente sie zur Sterilisierung des Inhalts mittels Erwärmung und luftdichtem Verschluß. Sie hat den Menschen seit ihrer Erfindung durch den Pariser Konditor und Likörmeister Nicolas Appert im Jahr 1795 auf rauhsten Wegen durch Kriege und Entdeckungsreisen, aber auch durch den normalen Alltag begleitet.

Betrachten wir zunächst die Anfänge der Lebensmittelkonservierung: Bereits seit der Antike gab es eine Reihe unterschiedlicher Methoden. Im Altertum waren *salgamae* (gesalzene Gemüse– und Obstkonserven) und *salsamenta* (gesalzene Fleisch– und Fischkonserven) bekannt. Um 1430 wurden erstmals *panes biscocti* (Brotkonserven) erwähnt. Diese sollten sich angeblich dreißig Jahre lang zur Verpflegung von Truppen im Felde eignen. Über Geschmack ließ sich vermutlich auch damals nicht streiten.

Das Konservieren in Zucker läßt sich auf die aus dem alten Orient bekannte Methode mit Honig zurückführen. Zucker wurde sowohl zum Einmachen von Fleisch als auch von pflanzlicher Nahrung verwendet. Auch die Räucherung oder die Schnellräucherung durch Eintauchen in Holzessig waren typische Konservierungsverfahren.

Die Notwendigkeit des luftdichten Verschlusses von Nahrungsbehältnissen betonte Papin bereits 1685 in einem Brief an Leibniz. Das erste Patent auf konservierende Nahrungsbehältnisse wurde, allerdings ohne Hinweise auf das Verfahren, Porter und White im Jahre 1691 unter der Nummer 278 in England zuerkannt. In seinen Utrechter Denkschriften erwähnte Leibniz 1714 zur Verpflegung der Truppen im Feld Konserven. Eine nähere Erläuterung der Konservierungsmethode oder gar des Geschmacks des Inhaltes liegt allerdings nicht vor. Johann Heinrich Pott erfand 1756 ein *Pulver wider den Hunger* für die preußische Armee. Dabei handelte es sich vermutlich schlicht um einen Vorläufer der späteren Tütensuppe. All diese Methoden waren jedoch nicht für einen längeren Krieg oder die Seefahrt geeignet.

Die Erfindung der Konserve heutiger Machart wurde schließlich durch das Revolutionsdirektorium von Paris angestoßen. Dieses hatte im Jahre 1795 einen Preis von immerhin 12.000 Francs für jeden ausgeschrieben, der Nahrung mit einer neuen technischen Methode haltbar machen konnte. Appert, der bereits mit der Verpackung und Verkorkung von Nahrung in leeren Weinflaschen experimentiert hatte, fühlte sich sogleich berufen. Während der folgenden zehn Jahre bastelte er an der Lösung des Problems, insbesondere an der Sterilisation. Erfolg hatte er schließlich damit, die Vorräte in luftdichte Gläser zu geben, die-

Bild 7.6: Widersacher im Dosenwettlauf: Napoleon Bonaparte und George III.

se zu verschließen und anschließend stundenlang zu erhitzen. Nachdem Appert zunächst nur Behälter aus Glas und Keramik verwendet hatte, versuchte er sich später auch an Blechbüchsen. Im letzteren Fall wurde der Konserveninhalt, roh oder kurz abgekocht, in die Behältnisse gegeben, der Deckel aufgelötet und die Dose dann ebenfalls für mehrere Stunden im Wasserbad erhitzt. Gegenüber den zerbrechlichen Glas– und Keramikgefäßen hatte die Dose für die Soldaten den Vorteil der größeren Stabilität.

Seine Methode demonstrierte Appert schließlich Napoleon persönlich. Dieser war seit 1799 erster Konsul und seit 1804 französischer Kaiser und hatte den ausgelobten Preis der Revolutionäre aufrecht erhalten. Zur Demonstration übergab Appert ihm eine Reihe von verkorkten sterilisierten Proben in Flaschen. Diese enthielten Geflügel, Gemüse und Soße. Nach einer Seereise von vier Monaten und zehn Tagen an Bord eines Schiffes wurden die Proben geöffnet. Angaben des stolzen Erfinders zufolge wurden aus dem Inhalt immerhin noch achtzehn verschiedene Speisen zubereitet, die angeblich alle ihre Frische behalten hatten. Appert erhielt die ausgeschriebene Belohnung von 12.000 Francs, und zwar aus der Hand des Napoleon Bonaparte höchstpersönlich.

Diese Herausforderung konnte der Erzrivale des Korsen, der englische König George III., natürlich nicht auf sich sitzen lassen. Immerhin fiel der Truppenverpflegung eine herausragende Bedeutung für den Krieg zu. Die Wichtigkeit der Konservierung von Nahrung zu dieser Zeit kann man daran erkennen, daß nach Schätzungen von Militärhistorikern Napoleon beispielsweise auf seinem Rußlandfeldzug mehr Soldaten durch Verhungern als bei Kampfhandlungen verloren haben soll.

Der Engländer Peter Durand übernahm Apperts Sterilisationsmethode, benutzte dabei allerdings von Anfang an Behältnisse aus Blech anstatt aus Glas. Rasch ließ er sich die Idee des französischen Erfinderkollegen in England patentieren. Seine Landsleute Bryan Donkin und John Jall setzten sie mit ihrer 1811 gegründeten Fabrik in die Tat um – die heutige Konservendose war geboren. Um Korrosion zu vermeiden, verwendeten sie dabei bereits Stahlbleche mit Zinnbeschichtung.

Im Jahre 1812 tauchten überall in Europa die ersten, meist kiloschweren Konservendosen aus Metall auf. Im Jahre 1813 wurden Konservendosen bereits für Versuchszwecke an die britische Armee und Marine geliefert. Ab dem Jahr 1814 wurden die Dosen nach und nach zum Bestandteil der Standardverpflegung britischer Militärbasen. Auf der Verteilerliste der königlich–britischen Armee stand ironischerweise auch die Insel St. Helena, auf die Napoleon im Juni 1815 in Verbannung geschickt worden war.

Einige Jahre später begannen auch die Amerikaner mit der Dosenherstellung. 1825 wurde ein entsprechendes Patent an die Tüftler Thomas Kensett und Ezra Daggett erteilt, die bereits einige Jahre lang versucht hatten, Austern und Gemüse zu sterilisieren und zu verpacken. Die amerikanische Konservenindustrie erlebte einen starken Aufschwung durch den Goldrausch von 1849 und durch den Ausbruch des Bürgerkrieges (1861–1864). In dieser Zeit stieg die Zahl dort jährlich hergestellter Dosen auf über 30 Millionen Stück an. Heute verbrauchen allein die US–Amerikaner *täglich* mehr als 200 Millionen Blechbüchsen mit mehr als 2500 unterschiedlichen Produkten.

Ein makaberes Datum in der Laufbahn der Dose ist das Jahr 1955, in dem Konserven erstmals bei amerikanischen Atombombenversuchen in Nevada ausprobiert und hinterher von Versuchspersonen verzehrt wurden. Manch einem Stahlfreund stößt besonders das Datum 1957 bitter auf, da in diesem Jahr erstmals Aluminium zur Herstellung von Dosen verwendet wurde.

Das Erstaunlichste in der Geschichte der Dose ist die Tatsache, daß bereits 1811 die ersten Konservendosen den Markt eroberten, die ersten brauchbaren Dosenöffner aber nicht vor 1860 erhältlich waren. Vorher ließen sich die Büchsen nur mit roher Gewalt oder großem Geschick. Beispielsweise hatte die britische Royal Navy als einer der ersten Großabnehmer der Dose im Krieg gegen Napoleon noch keinerlei Werkzeug zum Öffnen. Die englischen Soldaten benutzten zumeist ihre Bajonette, Taschenmesser oder, wenn nichts mehr half, sogar ihr Gewehr. Es gibt Historiker, die behaupten, daß das Bajonett, das etwa um diese Zeit in Gebrauch kam, ursprünglich gar nicht als Waffe, sondern als Büchsenöff-

Bild 7.7: Alte und neue Büchsen; in der Mitte eine der ersten Dosen.

ner gedacht war. Solche *Forschungsergebnisse* sollte man aber vermutlich eher dem britischen Humor zuschreiben. Der Polarforscher William Parry führte auf einer Arktisexpedition 1824 Kalbfleischdosen mit sich, deren Leergewicht nicht weniger als ein Pfund betrug. Die Dosen trugen die Aufschrift: *„Mit Hammer und Meißel öffnen!"*

Auch der erste Großunternehmer in Sachen Dosenkonservierung, William Underwood, der schon zu Beginn des 19. Jahrhunderts in New Orleans die erste Konservenfabrik in den USA errichtete, riet seinen Kunden, zum Öffnen seiner Dosen das nächstbeste Werkzeug zu nehmen.

Erst die Patentierung des Büchsenöffners im Jahr 1858 durch den Amerikaner Ezra J. Warner aus Waterbury in Connecticut bedeutete den endgültigen Durchbruch für die Dose. Warners Öffner bestand aus einer großen gekrümmten Klinge, mit der man den Dosendeckel durchbohren mußte, um ihn dann mit kräftigen Druckbewegungen den Rand entlang aufzuschneiden. Ein Ausrutscher dabei konnte blutig enden.

7.7   Der Stahl der Titanic

Das Geheimnis und die unheimliche Faszination des Titanic–Unglücks sind vermutlich in dem unfaßbaren Ausmaß der Katastrophe begründet, bei der das mit 269 Metern Länge und 46329 Bruttoregistertonnen seinerzeit größte Schiff der Welt auf seiner Jungfernfahrt sank und die meisten Passagiere mit

sich in die Tiefe riß. Der Untergang der Titanic war das schwerste Unglück
der zivilen Schiffahrt bis zum heutigen Zeitpunkt. Die makabere Faszination
wurde aufgefrischt, als eine Expedition am 1. September 1985 unter Leitung von
Robert D. Ballard das Wrack in 3658 Meter Tiefe vor der neufundländischen
Küste entdeckte. In den folgenden Jahren wurde die Titanic in ihrem nassen
Grab von Tiefsee–U–Booten detailliert untersucht. Dabei stellte man fest, daß
das Schiff unter der Wasseroberfläche auseinandergebrochen war und daß das
Hinterschiff etwa 600 Meter weit vom Vorschiff entfernt liegt.

Am 10. April 1912 hatte die Titanic im britischen Hafen Southampton
die Anker gelichtet. Ziel der Jungfernfahrt war New York, wo das Schiff am
16. April eintreffen sollte. Am 14. April fuhr die Titanic ihrem Zielhafen entgegen. Kapitän John Edward Smith hatte die Geschwindigkeit trotz Eiswarnung
nicht gedrosselt. Die White Star Line, der die Titanic gehörte, wollte unbedingt
das Blaue Band für die schnellste Überquerung des Atlantiks erringen.

Um 23.40 Uhr bemerkte der Ausguck einen Eisberg. Trotz eines Ausweich-
manövers kam es unterhalb der Wasserlinie zur Kollision. Durch einen 100 Meter langen Riß auf der Steuerbordseite lief Wasser ins Schiff und drang rasch
in den Bug ein, so daß sich die Titanic stark senkte. Da das Wasser völlig
ruhig war, weigerten sich zunächst viele Passagiere, in die Rettungsboote zu
steigen. Unterdessen empfing die Carpathia der Cunard–Line den Notruf der
Titanic und nahm Kurs auf den Unglücksort. Auf dem Schiff brach gegen 2
Uhr die erste Panik aus, nachdem fast alle Rettungsboote davongefahren waren. Mehr als 1500 Passagiere blieben an Bord zurück, als sich das Schiff um
2.20 Uhr fast senkrecht aufstellte und in der Tiefe verschwand. Die Bilanz der
Tragödie war erschreckend. Bis zum Morgengrauen konnte die Carpathia nur
705 Überlebende aufnehmen.

Soweit zu den traurigen Fakten der Katastrophe. Wie aber steht es mit
dem Stahl der Titanic? Was hat er mit dem Unglück dieses nach damaligen
Maßstäben absolut modernen Schiffes zu tun? In den Untersuchungen nach der
Katastrophe wurden allerhand seemännische und technische Ursachen ermit-
telt, die kritisch zum Untergang beigetragen haben sollen. Die zum Bau des
Schiffes eingesetzten Werkstoffe blieben allerdings unerwähnt.

Im Jahr 1991 wurde durch eine Expedition dem Rumpf der Titanic eine
Stahlprobe entnommen. Damit konnte man erstmals prüfen, ob möglicherweise
minderwertiger Stahl zum Untergang des Schiffes beigetragen hat. Die Probe wurde im Hinblick auf ihre Zähigkeit (Duktilität) und ihre chemische Zusammensetzung untersucht. Bei der Zähigkeitsprüfung wurde die *Übergangstemperatur* bestimmt. Oberhalb dieser kritischen Temperatur zerreißen Schiffbaustähle zäh und unterhalb brechen sie spröde wie Glas. Die Tests ergaben,
daß die Übergangstemperatur bei etwa $+30\,°C$ lag. Dieser Wert war weit höher,
als es die heutigen Vorgaben zulassen würden. Mit anderen Worten hatte der

Bild 7.8: Unterwasseraufnahme vom Bug der Titanic in 3658 Meter Tiefe.

Rumpf der Titanic bei den eisigen Temperaturen des Nordatlantik eher die Zähigkeitseigenschaften von Glas als von duktilem Stahl. Zum Vergleich: Ein heutiger Schiffbaustahl hoher Qualität müßte auf immerhin unter $-60\,°C$ abgekühlt werden, um ein vergleichbar ungünstiges Verhalten wie der Stahl der Titanic aufzuweisen.

Die chemische Analyse der Stahlprobe aus dem Rumpf einschließlich der Prüfung eines seinerzeit auf der Werft in England übriggebliebenen Niets ergaben abgesehen vom Eisen einen Gehalt von 0,2% Kohlenstoff, 0,025% Silicium, 0,52% Mangan, 0,065% Schwefel, 0,01% Phosphor, 0,0043% Chrom, 0,004% Stickstoff sowie geringfügige Anteile weiterer Elemente. Dies weist auf einen sogenannten halbberuhigten Stahl hin, der seinen hohen Schwefelanteil vermutlich dem damals üblichen Siemens–Martin–Schmelzprozeß verdankt (siehe dazu auch die Erläuterung auf Seite 194). Zudem war dieser Stahl durch einen hohen Sauerstoffgehalt gekennzeichnet, womöglich aufgrund geringer Siliciumkonzentration im Hochofen, wodurch sich die stark erhöhte Übergangstemperatur erklärt. Das Material war sehr grobkristallin und der hohe Schwefelanteil lag in Form von langgestreckten Mangansulfidfasern vor. Diese können die Ausbreitung von Rissen entlang ihrer Grenzflächen mit dem sie umgebenden Eisen stark unterstützen. Moderne Schiffbaustähle weisen eine deutlich feinere Kristallgröße und einen wesentlich geringeren Schwefelgehalt auf.

Auch die Methode der Bauausführung könnte maßgeblich zu der Havarie beigetragen haben. Die Nietlöcher wurden kalt gestanzt, wobei sich in ihrer Umgebung aufgrund der Sprödigkeit des Stahls feine Risse im Blech bildeten. Beim Zusammenstoß mit dem Eisberg konnten sich diese bereits existierenden Haarrisse unter der Kraft des Aufpralls zu großen Rissen aufweiten, wachsen und sich mit entsprechenden Rissen anderer Nietlöcher verbinden. Der etwa 100 Meter lange Riß im Schiff kann daher so verstanden werden, daß das direkt vom Eisberg geschlagene Leck vermutlich nur wenige Meter lang war, der harte Schlag auf das glasartig spröde Baumaterial aber mindestens ein Drittel des Schiffskörpers entlang der Nieten hat aufplatzen lassen.

Bild 7.9: Beim Bau der Titanic auf der Werft.

Nachdem sich das Schiff zu senken begann und immer mehr Eiswasser eindrang, erfolgte eine Abkühlung weiterer Rumpfbereiche, wodurch der Stahl noch weiter versprödete. Dabei traten mit zunehmender Hebelwirkung beim Neigen des Schiffes vermutlich immer mehr Risse auf, über die wiederum mehr

Wasser eindringen und das Schiff noch weiter in Schräglage bringen konnte. Unmittelbar vor dem Untergang ragte das Heck der Titanic schließlich steil aus dem Wasser auf, wodurch aufgrund der schweren Maschinen im Heck enorme Spannungen in der Rumpfbeplankung und der darunterliegenden Stahlkonstruktion entstanden sein müssen.

Überlebende bezeugten, sie hätten in dieser letzten Phase des Untergangs ein berstendes Geräusch ähnlich zerbrechendem Porzellan gehört. Dies wurde ursprünglich auf das an Bord befindliche Geschirr sowie herabfallende Schiffsteile zurückgeführt. Im Anschluß an dieses Geräusch hatten die Zeugen jedoch den Eindruck, das Heck des Schiffes habe sich im Wasser gesetzt, so daß der Schluß naheliegt, daß der Lärm durch das Auseinanderbrechen des versprödeten Stahls bei der Trennung von Bug und Heck der Titanic verursacht wurde.

Bild 7.10: Die aus Platten zusammengeschweißten Liberty–Schiffe brachen bei geringen Wassertemperaturen spröde entlang der Schweißnähte auseinander.

Ähnliche Probleme mit sprödem Material traten und treten in der Seefahrt immer wieder auf. Ein Beispiel dafür ist der Totalverlust von 19 jeweils plötzlich auseinanderbrechenden 10.000–Tonnen–Schiffen der amerikanischen Liberty–Klasse in den 1940er Jahren. Viele dieser Unglücke waren seinerzeit nicht sorgfältig untersucht worden, da man den Verlust der meisten dieser Schiffe schlichtweg deutschen U–Boot–Angriffen zuschrieb. Alle diese Brüche erfolgten unerwartet und explosionsartig bei statischer Belastung auf See und tiefen Temperaturen. Unglücke dieser Art in wärmeren Seegebieten traten praktisch nicht auf. Als Ursache dieses katastrophalen Materialversagens hat man heute die mangelhafte Qualität und das resultierende spröde Verhalten der Schweißnähte erkannt.

Dabei hat Eisen als Schiffsbaumaterial durchaus eine lange Tradition. Bereits im Jahre 1787 baute Wilkinson in England das erste eiserne Schiff, ein Frachtschiff, das auf dem Severn fuhr. Im Jahre 1810 versuchte man zuerst, in hölzerne Schiffe Eisenkonstruktionen einzubauen, um die Länge der Boote zu erhöhen. Eiserne Masten und Bugsprite beispielsweise ließ sich Robert Bill im Jahre 1820 in England patentieren. Drei Jahre später rüstete man in Plymouth erstmals ein Schiff damit aus. Vollständige Schiffsrümpfe aus Eisen wurden in England aber erst ab 1835 eingeführt.

7.8 Die Schöne und das Biest —
Filigranes aus Eisen

Anfang des 19. Jahrhunderts erlebte Eisen, das klassische Material von Werkzeugen und Waffen, eine kurze Renaissance als Werkstoff für Schmuck und dekorative Elemente. Die Mode ging von Preußen aus, griff aber bald auf ganz Europa und Amerika über. Die Redensart *Gold gab ich für Eisen*, die zur Zeit der Befreiungskriege in Preußen aufkam, belegt, daß patriotische Gefühle den Aufstieg des Eisens zum Schmuckmaterial begünstigten.

Die Geschichte des Eisenkunstgusses begann in Preußen bereits im 17. Jahrhundert. Zu dieser Zeit wurde Eisen in Holzkohle–Hochöfen erschmolzen und zur Fertigung von kunstreich verzierten Ofenplatten und Reliefs verwendet. Diese Produkte waren allerdings noch verhältnismäßig grob, denn das mit Holzkohle geschmolzene Eisen verfügte noch nicht über die für Feinguß erforderliche hohe Gießtemperatur.

Ab 1787 experimentierten Hütten in Schlesien, die auf Geschütz– und Munitionsherstellung spezialisiert waren, erstmals mit dem Umschmelzen von Roheisen in Feineisen. Insbesondere die Einführung des Kupolofens mit Koks als Brennmaterial ergab gute Ergebnisse. Nach und nach entdeckten Architekten und Künstler das Gußeisen. Neben Brücken, Geländern und Laternen produzierten die preußischen Eisengießereien eine Reihe von Denkmälern zur Erinnerung an die Befreiungskriege. Das bekannteste dieser Monumente ist das Mahnmal auf dem Berliner Kreuzberg, das nach Entwürfen von Schinkel gefertigt wurde. Von hier aus hatten die Berliner am 23. August 1813 die Kämpfe bei Großbeeren zwischen preußischen und napoleonischen Truppen beobachtet.

Die Nutzung von Eisen für die Schmuckherstellung geht auf Marianne von Preußen zurück. Am 16. März 1813 hatte Preußen Frankreich den Krieg erklärt. Nachdem Friedrich Wilhelm III. am 17. März seinen berühmten „Aufruf an mein Volk" erlassen hatte, folgte ihm Prinzessin Marianne mit einem ebenso patriotischen „Aufruf an die Frauen im Preußischen Staate". Darin bat sie als Vorsitzende des *Frauen-Vereins zum Wohle des Vaterlandes* nicht nur um

Geldspenden, sondern auch um *„...jede entbehrliche werthvolle Kleinigkeit, das Symbol der Treue, den Trauring und die glänzende Verzierung des Ohrs, den kostbaren Schmuck des Halses."*

Im Austausch gegen die goldenen Pretiosen schlugen geschäftstüchtige Berliner Gießereimeister eiserne Ringe vor, in die der Spruch *„Gold gab ich für Eisen"* eingraviert war. Obwohl dies der Prinzessin mißfiel und sie den Eisenschmuck mit dem Wort *garstig* belegte, hatten die Eisenringe bei den Berlinerinnen Erfolg. Die preußisch–patriotische Gesinnung, die ihre Trägerinnen damit zum Ausdruck brachten, hat möglicherweise auch die Beliebtheit des Eisenschmucks im allgemeinen gefördert.

Bild 7.11: Preußisches Diadem in Form eines Zierkamms aus Eisenguß, um 1820 von Johan Conrad Geiss aus Berlin.

War das Eisen zunächst nur Ersatz für hochwertigere Werkstoffe, so stellte sich dieses spröde und nüchterne Metall in Verbindung mit der stilisierenden und strengen Gestaltung im Klassizismus mit seiner herben Anmut als ideales Material dar. Die Formensprache des Eisenschmucks war zunächst an den Gold– und Silberschmuck der Zeit angelehnt. Bald fanden die Feingießer und Ziseleure allerdings zu einer eigenen künstlerischen Ausdrucksweise, die dem dunklen Eisen besser gerecht wurde. Anders als Schmuckstücke aus Edelmetall, die allein schon durch ihren Glanz wirken, reflektiert der Eisenschmuck das Licht kaum. Dem Zeitgeschmack entsprechend verwendeten die Schmuckkünstler go-

tische und antike Motive, wie zum Beispiel Kreuzblumen, Gitterornamente oder
Rosetten. Später kamen auch Biedermeier–Motive hinzu. Ringe, Armbänder,
Broschen und Zierkämme wurden aus Eisen hergestellt, viele davon so filigran,
daß man sich kaum vorstellen kann, wie solche Stücke aus dem sonst eher
geringgeschätzten Metall entstanden. Diese Schmuckstücke, die nur in Berlin
hergestellt wurden, waren unter dem Namen *fer de Berlin* (Eisen aus Berlin)
bald weltberühmt.

7.9   Rost im Mund — Dentallegierungen

Seit einigen Jahren sind Zahnfüllungen aus Amalgam Gegenstand kontroverser
Diskussionen. Die Suche nach geeigneten Ersatzlegierungen kommt allerdings
nur mäßig voran. Amalgame bestehen in der Regel zu etwa einer Hälfte aus
Quecksilber und zur anderen aus Silber, Zinn, Kupfer und Zink. Oft wird nach
hoch– und niedrigsilberhaltigen sowie nach kupferreichen Amalgamen unterschieden. Mehr als 50 Materialien werden derzeit als Ersatz für das bei vielen
Patienten unbeliebte Amalgam angepriesen. Die Industrie hat in den letzen
fünf Jahren mehr neue Füllungsmaterialen auf den Markt gebracht, als zuvor
in der gesamten Geschichte der Zahnmedizin.

Amalgame werden seit über 150 Jahren eingesetzt. 1826 in Paris durch
Jacques Taveau entwickelt, haben sie eine recht wechselvolle Geschichte der
Nutzung und Ächtung hinter sich. 1840 beispielsweise wurde ein Amalgamver-
bot wegen der dabei auftretenden Quecksilberdampfvergiftung erlassen. Dieses
Verbot wurde nach Fortschritten bei der Verarbeitung im Jahre 1855 wieder
aufgehoben. 1926 jedoch warnte der Chemiker Alfred Stock aus dem Kaiser–
Wilhelm–Institut erneut vor Quecksilberamalgam und beschrieb 1939 chroni-
sche Vergiftungen infolge der Instabilität des Materials.

Damals wie heute war der Auslöser der Diskussionen um das allgegenwärtige
Material die Vermutung, daß sich aus den Plomben ständig Spuren von Quecksilber lösen und vom Körper aufgenommen werden könnten. Manche Fachleute
und Patienten möchten die quecksilberhaltigen Legierungen daher aus dem
Mund verbannen. Andere Experten hingegen loben die hohe Belastbarkeit und
Abriebfestigkeit der Amalgame. In der Tat müßte ein geeignetes Ersatzmaterial
schon eine Reihe beträchtlicher Vorteile in sich vereinen, denn Amalgame sind
für den Zahnarzt denkbar praktisch. Als frisch angerührte Pasten lassen sie
sich leicht und schnell in jedes Zahnloch verfüllen. Einmal zur festen Legierung
erstarrt, sind sie abriebfest und hart.

Bezüglich der Festigkeit des Materials ist die entscheidende Hürde für Amalgam–Nachfolger der Einsatz in größeren Löchern auf der Kaufläche der Backenzähne. Hier muß die Füllung bei einem Anpreßdruck von bis zu 70 Kilogramm
pro Quadratzentimeter enorme Kräfte aushalten, darf dabei nicht brechen und

Bild 7.12: Gold wurde ab etwa 700 v. Chr. bei den Etruskern in der Zahnmedizin verwendet. Das Bild zeigt einen Brückenapparat zum Stützen eines eingesetzten oberen Mittelschneidezahns (links) sowie eine antike griechische Zahnbrücke aus reinem Golddraht zum Befestigen von wackeligen Schneidezähnen am Unterkiefer (rechts).

muß jahrelang dicht und abriebfest bleiben. Darüber hinaus hat die ungeliebte Legierung auch noch eine lokal schützende Wirkung. Wenn der Zahnarzt versehentlich einen Spalt zwischen Füllung und Zahn freiläßt, hemmen die aus der Plombe freigesetzten Metallspuren das Bakterienwachstum und damit den erneuten Ausbruch von Karies an dieser Stelle. Zu guter Letzt ist Amalgam auch ein billiger Werkstoff. Dies hat eine beträchtliche Bedeutung bei immerhin fast 60 Millionen Füllungen, die den Patienten allein in Deutschland von den Krankenkassen pro Jahr bezahlt werden. Der hohe Preis ist es auch, der viele Patienten vor den schon heute zur Verfügung stehenden Alternativen zurückschrecken läßt. Goldinlays halten mit 10 bis 15 Jahren doppelt so lange wie Amalgam–Füllungen, allerdings sind sie auch zehn– bis zwanzigmal so teuer. Als vergleichbar kostspielige Alternativen zu Gold kommen metallfreie Inlays aus Keramik und Kunststoff in Frage. Sie sind vor allem nützlich, um elektrische Wechselwirkungen verschiedener Metalle im Mund zu vermeiden.

7.10 Wenn Metalle vor Begeisterung schäumen

Leichtbaumethoden sind heute aus Energiespargründen in aller Munde. Eine der neuesten Ideen, mit innovativen Materialien Gewicht einzusparen, sind Schäume aus Metallen, eine völlig neue Werkstoffgruppe.

Vorbilder zur Verwendung hochporöser Materialien für Strukturbauteile, also Bauteile, die in einer Konstruktion große Lasten aushalten müssen, sind in der Natur vielfach vorhanden, zum Beispiel in Form von Knochen, Holz, Korallen und Bienenwaben. Dabei machen offene oder geschlossene Poren einen großen Teil des Volumens aus. Dieses grundlegende physikalische Bauprinzip wird nun auch für neue Werkstoffe wie etwa Schaumaluminium umgesetzt.

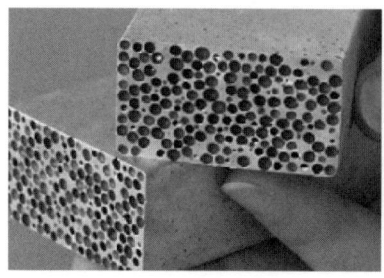 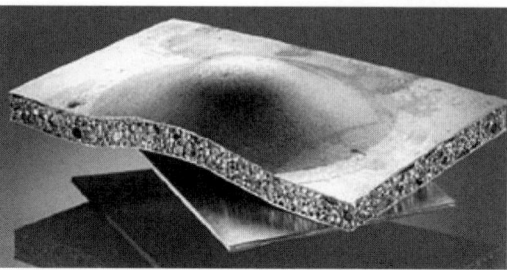

Bild 7.13: Metallischer Schaum aus Aluminium (links), ein Sandwich aus Stahlblechen und Aluminiumschaum hat gute Crash–Eigenschaften, da es sich gut verformen läßt und dabei viel Energie aufnimmt (rechts).

Schäume aus Metall sind extrem leicht. Durch die Poren läßt sich die Dichte beispielsweise von Aluminiumschäumen auf bis zu 10% der Dichte von massivem Aluminium bei nur geringen Einbußen hinsichtlich Festigkeit und Steifigkeit reduzieren. Bestimmte Sorten haben sogar eine Dichte unterhalb eines Kilogramms pro Liter und können somit schwimmen. Bei solchen Aluminiumlegierungen sind mehr als zwei Drittel des Volumens Poren unterschiedlicher Größe. Desweiteren können Metallschäume insbesondere bei Druckbeanspruchung durch plastische Verformung viel Energie aufnehmen. Aber sie sind nicht nur leicht, sondern verfügen auch über eine deutlich geringere Strom– und Wärmeleitfähigkeit als die Ausgangsmetalle.

Zur Produktion von metallischen Aluminiumschäumen sind derzeit zwei prinzipiell unterschiedliche Verfahren in der Erprobung. Bei pulvermetallurgischen Methoden wird beispielsweise handelsübliches Aluminiumpulver in einem ersten Schritt mit einem ebenfalls pulverförmigen Treibmittel vermischt. Anschließend wird die Pulvermischung zunächst zu einem festen, wenig porösen Vormaterial verdichtet. Dieses Halbzeug kann durch konventionelle Verfahren wie Schmieden oder Walzen zu Blechen oder Stäben weiterverarbeitet werden. Erst beim abschließenden Erwärmen auf Temperaturen oberhalb des Schmelzpunktes spaltet das Treibmittel Gasbläschen ab. Diese durchsetzen das aufschmelzende Metall, so daß nach der Abkühlung dieser Blasenschmelze die gewünschte Porenstruktur auftritt. Ein alternatives schmelzmetallurgisches Verfahren beruht auf dem Einleiten von Gas in eine erstarrende Schmelze.

Aufgrund seiner physikalischen Eigenschaften bietet sich geschäumtes Aluminium für diverse Einsatzgebiete an. Auf der Detroit Auto Show war 1997 ein Prototyp eines Geländewagens ausgestellt, der unter seiner Kohlefaserhaut aus geschäumtem Aluminium aufgebaut war. Durch die so erzielte Gewichtsreduzierung wies das Fahrzeug einen deutlich abgesenkten Treibstoffbedarf auf.

Desweiteren erscheint der Einsatz von geschäumten Metallen als Energieabsorber sinnvoll. Hier geht es darum, Elemente aus Aluminiumschaum so in die Autokarosserie einzubauen, daß sie im Fall eines Zusammenstoßes möglichst viel Verformungsenergie aufnehmen können.

7.11 Es ist nicht alles Schrott, was rostet — High–Tech aus Rost

Jeder Autofahrer weiß, daß Rost schadet. Dies wird immer wieder schmerzlich klar, wenn der TÜV Fahrer und Fahrzeug unsanft trennen möchte. Ursache dafür ist bekanntlich die Korrosion, die allmähliche Oxidation von Materialien durch elektrochemische Vorgänge, bei denen das Metall wieder seinem stabilen Zustand zustrebt. Doch Korrosion kann auch sehr nützlich sein. Materialforscher fanden heraus, daß sich der Prozeß des Korrodierens zur Herstellung neuer Materialien nutzen läßt, beispielsweise zur Fertigung extrem feinporiger Metallmembranen, die als hochwirksame Filter verwendbar sind.

An einer Legierung aus Gold und Silber, welche in ein Säurebad getaucht wurde, löste man mit einer elektrischen Spannung das chemisch weniger edle Silber heraus, bis eine Art Skelett aus Gold übrigblieb. Diese selektive Korrosion führte also zu einer extrem feinporigen Membran. Die Porengröße hängt von der Temperatur des Säurebades ab und läßt sich so hervorragend steuern. Der kleinste erreichbare Porendurchmesser liegt mit nur 70 Millionstel Millimetern mehr als zehnmal unter dem herkömmlicher Metallmembranen, die als Filter weniger wirksam sind, weil sie viele inaktive, allseitig dichte Poren enthalten. Für ultrafeine Membranen, die bislang vorwiegend aus Kunststoff gefertigt wurden, haben Chemiker, Biotechniker und Pharmazeuten vielfältige und zunehmende Verwendung, beispielsweise, um Öl oder Nahrungsmittel aufzubereiten, Medikamente herzustellen oder Gase zu reinigen. Besonders Goldmembranen sind chemisch und thermisch widerstandsfähiger als bisher verwendete Feinstfilter und lassen sich zudem wiederum mit Hilfe elektrischer Ströme leichter reinigen. Ganz ähnlich läuft der Korrosionsprozeß auch in Stahl ab, der ebenfalls mehrere Komponenten enthält: Eisen sowie Nickel, Chrom und Kohlenstoff. Im Verlauf des Prozesses lösen sich Eisenatome aus der Verbindung, der Stahl wird porös und brüchig. Bei ihren Experimenten mit der Gold–Silber–Legierung interessierten sich die Forscher insbesondere dafür, was mit den Löchern passiert, die herausgelöste Silberatome in der Probe hinterlassen. Zu ihrer Überraschung wandern die Löcher, solange das Metall im Säurebad liegt, und neigen dazu, sich zu immer größer werdenden Lochverbänden zusammenzuschließen. Löcher in korrodierendem Stahl wandern ganz ähnlich. Bei anderen Legierungen wiederum bleiben sie an Ort und Stelle und wachsen deshalb auch kaum. Solche Metallverbindungen zerbrechen bei Belastung zwar durchweg weniger rasch, dafür aber zerbröselt ihre Oberfläche und blättert Schicht um Schicht ab. Dank dieser Erkenntnisse lassen sich womöglich neue Verfahren zur Vermeidung von Rost und Materialermüdung entwickeln.

Kapitel 8

Herrscher über Gold und Stahl

8.1 Das Gold der Pharaonen

Selten wurden Herrscherdynastien über Jahrhunderte hinweg so eng mit sagenhaftem Goldreichtum in Verbindung gebracht, wie die der Pharaonen. Der Goldreichtum Ägyptens war bereits im Altertum berühmt. Oft haben ausländische Herrscher versucht, dort Gold zu leihen, das ja, wie es etwa aus Briefen an die Pharaonen Amenophis III. und IV. (14. Jahrhundert v. Chr.) belegt ist, in Ägypten wie *Staub auf den Wegen* herumlag. Phantasiebegabte griechische Autoren behaupteten später sogar, selbst die Ketten von äthiopischen Gefangenen in Ägypten seien aus Gold gewesen.

Im alten Ägypten war Gold das göttliche Metall, das seinem Besitzer nicht nur einen exquisiten Lebensstandard, sondern auch Unsterblichkeit verleihen sollte. Der Pharao führte daher auch den Titel eines Gold–Horus[1]. Gottheiten und Königsstatuen wurden üblicherweise mit Gold überzogen. Die Himmels- und Liebesgöttin Hathor galt als die Verkörperung des Goldes. Ihr waren zahlreiche Heiligtümer geweiht. Neben ihren vielfältigen anderen Funktionen wurde sie auch als Herrin der ägyptischen Bergwerksgebiete auf dem Sinai verehrt.

Die unglaublichen Mengen Goldes flossen den Tempeln sozusagen durch die Kirchensteuer zu. Pharao Sethos I. beispielsweise bezeichnete das begehrte Metall in einer Widmung, in der er die gesamten Erträge seiner weit vom

---

[1] Horus war der Schutzgott der Ägypter, zunächst nur im Nordreich, später auch im Südreich. Als Unter– und Oberägypten vereint wurden, wurde Horus zum Hauptgott. Seine heiligen Tiere waren Sperber und Falke, deshalb findet man ihn oft als Mensch mit Falken– oder Sperberkopf dargestellt. Viele Pharaonen identifizierten sich bereits zu Lebzeiten mit dem Gott.

Niltal entfernten Goldgruben vom Djebel Zabara dem Osiristempel von Aby-
dos für alle Ewigkeit zusprach, als den *„Leib der Götter, der den gewöhnlichen
Sterblichen nicht zusteht. "*

Somit kamen als Abnehmer für das Edelmetall natürlich nur noch Pharao
und seine Priester in den Tempeln in Frage. Vielfach waren die Tempel wiederum durch den Pharao von Steuern befreit und erhielten auch reiche Goldgaben.
So schenkte Thutmosis III. dem Amuntempel umgerechnet über drei Tonnen
Elektron, eine Gold–Silber–Legierung mit einem Goldgehalt von bis zu 80%.
Dabei ist zu berücksichtigen, daß Silber im alten Ägypten selten und bis zur
12. Dynastie wertvoller als Gold war. Zur Regierungszeit von Thutmosis III.
waren beide Metalle vermutlich gleichermaßen wertvoll. Erst in den letzten
vorchristlichen Jahrhunderten stieg der Wert des Goldes stark an. Der Vorzug
von Gold–Silber–Legierungen liegt in ihrer verglichen mit den reinen Metallen
höheren Härte.

Bild 8.1: Der Sarg und die Gesichtsmaske des Pharao Tut–Ench–Amun.

Besonders die Auffindung des Grabes des politisch eher weniger bedeutenden Pharaos Tut–Ench–Amun im Jahre 1922 bestätigte den unwahrscheinlichen
Goldreichtum der Ägypter. Tut–Ench–Amun war der 12. Pharao der 18. Dynastie der altägyptischen Kultur. Seine Abstammung gab den Wissenschaftlern
lange Rätsel auf. In älteren Quellen wird vermutet, daß er ein Kind der Pharao-
nin Teje aus einer Liaison nach dem Tode ihres königlichen Gemahls Amenophis
III. war. Mittlerweile wurde jedoch durch neue Funde bewiesen, daß Echnaton
sein Vater und Prinzessin Kija, die bei seiner Geburt starb, seine Mutter war.

Als man das 1352 v. Chr. angelegte Grab des vermutlich achtzehnjährig
verstorbenen Pharaos öffnete, fand man eine Grabkammer mit vier ineinan-
dergeschachtelten, mit goldenem Stuck überzogenen Schreinen. Der äußere war
mit $5,1 \times 3,3 \times 3,6$ Kubikmetern fast so groß wie die Kammer selbst. Im
Innern des vierten Schreins befand sich der eigentliche Sarkophag aus Sand-
stein mit einer Decke aus Granit. Er enthielt wiederum drei Mumiensärge. Der

äußere war aus Holz, mit Stuck überzogen und reich vergoldet. Der mittlere war ebenfalls aus Holz, aber mit Gold– und Glaseinlagen sowie einer vergoldeten Fußplatte versehen. Der innere Sarg schließlich war aus massivem Gold von über einer Tonne Gewicht. Darin lag der König, reich geschmückt mit Gold und bekleidet mit den Gewändern des Herrschers. Auf seinem Gesicht trug er jene berühmte Maske aus massivem Gold, die auch heute noch als Sinnbild der Pharaonenpracht gilt.

Woher kam all dieses Gold? Alte Darstellungen aus Ägypten geben verschiedene Hinweise auf die Gewinnungsmethoden. Dabei zeigt sich, daß das Goldwaschen auf schrägen Steinplatten bereits im alten Reich bekannt war. Allerdings wurde das Metall anfänglich nicht vor Ort in den Schürfgebieten aufbereitet und erschmolzen, sondern zu den Werkstätten des Pharao gebracht. Die dortigen Metallurgen schmolzen dann den goldhaltigen Quarzsand in flachen Öfen mit Hilfe von Blasebälgen auf und gossen das vermutlich noch recht unreine Gold in becherförmige Tiegel ab.

Bild 8.2: Der Thron des Pharao Tut–Ench–Amun, rechts ein Detail.

Seit der 18. Dynastie (1551–1306 v. Chr.) kam der größte Teil des ägyptischen Goldes aus Nubien, dessen Name von der ägyptischen Bezeichnung *Nub* für Gold abgeleitet ist. Zu Nubien gehörten damals alle Gebiete südlich des ersten Nil–Kataraktes. Weitere Mengen des begehrten Edelmetalls holten sich die Ägypter aus dem sagenhaften Goldland Punt im Südosten Afrikas. Punt soll zwischen Sambesi und Sabi gelegen haben. Von dort sollen im Laufe der Jahrhunderte fast zwei Millionen Kilogramm Gold an die Pharaonen geliefert worden sein. Bereits um 2500 v. Chr. entstand um die Stadt Kerma in Obernubien ein Königreich, das den ägyptischen Pharaonen als Handelspartner, aber auch als Konkurrent um die Herrschaft am Nil entgegentrat. Was den Fürsten aus Kerma noch nicht gelingen sollte, erreichten ihre Nachfolger aus der Stadt Napata. Von 713 bis 702 v. Chr. herrschte der napatanische König Schabaqa über Ägypten. Er hatte sich den Thron der Pharaonen durch geschickte Politik erobert und gebot nun über ein Reich, das sich vom Zusammenfluß des Weißen und des Blauen Nil bis zum Mittelmeer erstreckte. Als 25. Dynastie gingen die Pharaonen aus Nubien somit in die Geschichtsschreibung Ägyptens ein.

Im Wadi Esuranib an einer Stelle, die heute Eschuranib heißt, ist noch heute eine sehr gut erhaltene Gewinnungsstätte für Gold zu besichtigen. Lange Schächte führen dort tief in den Berg. Zisternen sammeln bis heute das Wasser der Winterregen. Auch schräge Steintische stehen an den Brunnen. So konnte das Wasser damals direkt zum Waschen des gemahlenem Goldstaubes verwendet werden. Etwa 300 Steinhütten liegen im Tal. In fast jeder Hütte findet sich eine Art Handmühle aus Granit, auf der einst der goldhaltige Quarzstaub zermahlen wurde.

Forscher zeichnen heute ein sehr düsteres Bild der Verhältnisse in diesen Bergwerken. Deren Anblick allein läßt schon ahnen, welche Qualen Menschen in diesen Stollen erleiden mußten, um die Goldgier der Herrscher am Nil zu befriedigen. Aus den Reiseberichten des Ptolemäers Agatharchides ist überliefert, daß in den Bergwerken hauptsächlich Verbrecher und Kriegsgefangene arbeiten mußten. Dabei wurde bei bestimmten Delikten auch gleich die ganze Verwandtschaft mit in die Stollen geschickt. Nach den Schilderungen des Ptolemäers waren die Bergarbeiter völlig nackt, an den Füßen gefesselt und mußten Tag und Nacht in den Minen bleiben. Fluchtversuche wurden dadurch erschwert, daß die Wachsoldaten aus fremdsprachigen Nationen stammten und somit nur schwer bestochen werden konnten. Jüngere Männer mußten den abgebauten Quarz mit eisernen Stempeln in Steinmörsern zerstoßen. Frauen und Greise mußten ihn dann zermahlen und auf schrägen Steinplatten waschen, wobei das Wasser die leichteren Bestandteile wegschwemmte und die Goldflitter zurückließ. Unter Zusatz von Blei, Salz, Zinn und Gerstenkleie wurden diese Goldteilchen dann fünf Tage lang in abgeschlossenen, tönernen Pfannen geschmolzen. Die Metallurgen hatten zu dieser Zeit bereits durch Versuche herausgefunden, daß sich das im Gold enthaltene Silber mit dem Chlor des Kochsalzes zu Silberchlorid vereint und aus dem Gold verflüchtigt. Darüber hinaus wußten sie, daß Blei und Zinn schmelzpunktabsenkend wirken und die durch den Glühprozeß zu Kohle verwandelte Gerstenkleie die Oxidation des Bleis und Zinns verhindert.

Die Ägypter unterschieden eine Reihe von Goldsorten, etwa solches aus der Wüste von Koptos, nubisches, asiatisches sowie weißes Gold. Auch stuften sie das Metall in drei Güteklassen ein. Das massenhaft gewonnene nubische Gold war keineswegs reiner als das der oberägyptischen Minen, da es mit Silber vermischt war. Bis ins Neue Reich hinein wurde das silberreiche, dadurch helle, messingfarbene Gold als Weißgold, Blaßgold oder Elektron bezeichnet. Seit dem 14. vorchristlichen Jahrhundert stellten die Ägypter selbst gezielt Elektronlegierungen durch Zugabe eines Silberanteils von bis zu 20% her.

8.2 Bin ich etwa Krösus?

Auch Krösus, oder richtiger *Kroisos*, gehört in die Rubrik der Superreichen. Der griechische Historiker Herodot berichtet ausführlich über seine Regierungszeit und seinen Edelmetallbesitz. Kroisos war der letzte lydische König und herrschte von 561–546 v. Chr. Sein Besitz war von solchem Umfang, daß sein Name auch heute noch sprichwörtlich für reiche Menschen in Gebrauch ist.

Der enorme Reichtum des Kroisos ist nicht allein der Vorreiterrolle der Lydier bei der Einführung des Münzgeldes zuzuschreiben (siehe auch Seite 111). Vielmehr kontrollierten die Lydier unter Kroisos gewinnbringende Verkehrsadern zwischen Europa und Asien. Darüber hinaus war ihr Land mit reichen Gold- und Silbervorkommen gesegnet, insbesondere aus dem Fluß Paktolos. Große Bewunderung brachte Herodot der Hauptstadt Sardes entgegen. Diese wurde aufgrund ihres Reichtums auch *Goldene Stadt* genannt. Kroisos gebot über ein Reich, das sein Vater Alyattes über die gesamte westliche Hälfte der anatolischen Halbinsel ausgedehnt hatte. Im Osten grenzte es an das persische Reich von Kyros II. (dem Großen).

Reichtum war damals wie heute eine wichtige Voraussetzung für politische Bündnisfähigkeit. Kroisos, auf Verträge mit Babylon, Ägypten und Sparta gestützt, fühlte sich durch sein Gold mächtig genug, den nach Kappadokien vorgedrungenen persischen König anzugreifen. Blind für die Warnung des delphischen Orakels, das ihm mit den Worten *„Wenn du den Halys[2] überschreitest, wirst du ein großes Reich zerstören"* die Vernichtung seines eigenen Reiches vorausgesagt hatte, erklärte er Kyros den Krieg.

Nach einer vernichtenden Niederlage bei Pteria wurde Kroisos in seiner Hauptstadt Sardes eingeschlossen und nach deren Fall von den Persern gefangengesetzt. Kyros schenkte ihm zwar großmütig das Leben, aber Lydien wurde dem persischen Großreich als Provinz einverleibt. Die Gunst der Götter, die Kroisos durch großzügige Schenkungen hatte gefügig machen wollen, war ihm

---

[2] Der Halys war der damalige Grenzfluß zwischen Lydien und Persien.

versagt geblieben. Dem Apollo–Tempel von Delphi hatte er unter anderem vergoldete und versilberte Bettgestelle, umfangreiches goldenes Geschirr, mehrere tausend Opfertiere und wertvolle Kleidungsstücke vermacht. Zusätzlich waren über hundert Barren Gold von je etwa 50 kg Gewicht von reichen Lydiern gestiftet worden.

8.3   Der Wunsch des Midas

Die griechische Mythologie kennt zahlreiche Beispiele dafür, daß Goldgier den Geist trübt. So geschehen auch bei König Midas von Phrygien: Bauern fanden eines Tages am Flußufer einen alten, im Weinrausch umhertaumelnden Satyr[3]. Sie brachten ihn vor König Midas. Dieser erkannte in dem verwirrten Satyr einen von ihm lange gesuchten Erzieher und Weggefährten des Weingottes Bakchos[4]. Midas nahm den Satyr freundschaftlich im Palast auf und führte ihn nach dessen Ausnüchterung zum Gefolge des Bakchos zurück, von dem er sich in seinem Rausch entfernt hatte.

Bild 8.3: König Midas und der Weingott Bakchos (Dionysos, Bachus).

---

[3]*Satyrn* und *Silenen* waren mischgestaltige, lüsterne Fruchtbarkeitsdämonen, ursprünglich auf der Peloponnes beheimatet, im Gefolge des Bakchos.

[4]Bei den Griechen wurde Bakchos auch Dionysos genannt. Bei den Römern hieß er Bachus.

Zum Dank stellte Bakchos dem König einen Wunsch frei. Midas wünschte sich, daß alles, was er berühre, zu Gold werde. Bakchos entfernte sich mit einem geheimnisvollen Lächeln und versprach, sich der Sache anzunehmen. Midas ging glücklich davon, und als er auf dem Heimweg einen Zweig streifte, einen Stein in die Hand nahm und ein paar Kornähren pflückte, wurden diese allesamt zu reinem Gold. Das gleiche geschah mit dem Brot, wenn er sich an den gedeckten Tisch setzte. Auch die Getränke und das mit Wein vermischte Wasser, das er sich in den Hals goß, wurden zu Gold. Midas lief Gefahr, vor Hunger und Durst zu sterben, so daß er schließlich Bakchos anflehte, die verhängnisvolle Gabe zurückzunehmen. Der Gott ging auf den Wunsch ein und befreite Midas durch ein Bad im Fluß Paktolos an der Grenze zwischen Phrygien und Lydien von dem Zauber. Dieser führte seitdem Goldsand. Auch bei seinen folgenden Abenteuern stellte der phrygische König sich nicht viel klüger an: Von Apollon wurde er mit Eselsohren (Midasohren) bestraft, weil er in einem Wettstreit zwischen dem Kithara spielenden Apollon und dem Flöte spielenden Pan diesen für den Letzten entschieden hatte.

8.4 Der Stahl der deutschen Gründerzeit

In seiner langen Geschichte stand und steht der Name Krupp als Synonym für den deutschen Stahl. Vor einigen Jahren wurde das Unternehmen zunächst mit Hoesch und später mit Thyssen verschmolzen. Friedrich Krupp gründete 1811 mit zwei Teilhabern in Essen eine Fabrik *„...zum Zweck der Verfertigung des englischen Gußstahls und aller daraus resultierenden Fabrikate."* Eine wichtige Voraussetzung für den raschen wirtschaftlichen Erfolg des Unternehmens war die Kontinentalsperre Napoleons gegen England. Diese Maßnahme verhinderte den Import der zu dieser Zeit technisch führenden englischen Eisen– und Stahlprodukte nach Deutschland.

1816 gelang es Friedrich Krupp, inzwischen Alleininhaber der Firma, ein wichtiges metallurgisches Problem auf dem Weg zur Massenproduktion von Stahl zu lösen. Er entwickelte ein Verfahren für die fabrikmäßige Herstellung von qualitativ hochwertigem Tiegelgußstahl. Erste Produkte waren einfache Werkzeuge und Gußstahl in Stangen. Später kamen Münzstempel und Walzenrohlinge hinzu. Hohe Investitionen und Erkrankungen des Inhabers führten allerdings zu finanziellen Schwierigkeiten. Als Friedrich Krupp 1826 starb, war seine Firma stark verschuldet.

Alfred Krupp, der älteste Sohn, war erst 14 Jahre alt, als er die Leitung des kleinen Betriebes mit 7 Mitarbeitern übernahm. Er führte die Gußstahlerzeugung fort und ging bald auch zur Herstellung von Endprodukten über. Darunter waren insbesondere Walzanlagen für Gold– und Silberschmiede sowie Eßbestecke. Der um diese Zeit einsetzende starke Ausbau des Eisenbahnverkehrs

eröffnete neue Anwendungsbereiche für den strapazierfähigen Kruppschen Gußstahl. Wichtigstes Produkt wurde hier neben Achsen und Federn der 1852 von
Alfred Krupp entwickelte nahtlos geschmiedete und gewalzte Eisenbahnradreifen, der sich bei den wachsenden Geschwindigkeiten des neuen Verkehrsmittels
als bruchsicher erwies. Die Eisenbahnradreifen waren seinerzeit ein Meilenstein
in der Entwicklung der Produktpalette der Firma. Verewigt wurden sie in Form
der drei berühmten Ringe, die ineinandergeschlungen das Firmensymbol von
Krupp ausmachten. Sie finden sich auch heute noch im Logo der neuen Firma
Thyssen–Krupp–Stahl.

Bild 8.4: Theresia und Friedrich Krupp (links); Bertha und Alfred Krupp (rechts).

Zur Absatzsicherung erschloß das Unternehmen weit über Deutschland hinaus Märkte. Dies geschah durch die Einrichtung von Auslandsbüros und durch
die Teilnahme an den seit 1851 stattfindenden Weltausstellungen. Alfred Krupp
bemühte sich früh um die Einführung neuer Stahlgewinnungsverfahren. Seit
1862 kam in seiner Fabrik das Bessemer–Verfahren[5] und seit 1869 das Siemens–
Martin–Verfahren[6] zum Einsatz. Gleichzeitig begann Krupp, den wachsenden
Rohstoffbedarf seiner Hüttenwerke durch Erwerb von Erzlagerstätten und Koh-
lezechen zu sichern.

Den mit der Industrialisierung wachsenden sozialen Problemen begegnete
Krupp durch betriebliche Sozialleistungen. Bereits im Jahr 1836 wurde eine
Hilfskasse für Krankheits– und Todesfälle gegründet. 1855 rief Alfred Krupp
eine Pensionskasse und 1858 eine werkseigene Bäckerei ins Leben. Für ledige

---

[5]Der 1813 geborene Bessemer war der erfolgreichste Erfinder unter den damaligen Stahl–
Forschern. Er entdeckte beispielsweise, daß flüssiges Roheisen durch Lufteinblasen, Oxidation und
Ausblasen unerwünschter Bestandteile gereinigt werden kann. Damit war die Möglichkeit gegeben, schnell und massenhaft Stahl zu produzieren. Das Blaskonverter–Verfahren in der kippbaren
Bessemer–Birne konnte später so verbessert werden, daß es auch für phosphorhaltiges Eisen an-
wendbar wurde. Als Inhaber von über 100 Patenten starb Bessemer im Jahre 1859 in London.
[6]Friedrich und Wilhelm Siemens hatten die Vision, aus dem Stahlschrott, der sich im 19. Jahrhundert zunehmend ansammelte, wieder neuen Stahl zu erschmelzen. Pierre und Emile Martin aus
Frankreich entwickelten um 1864 ein entsprechendes Verfahren, bei dem durch Gas als Brennstoff
so hohe Temperaturen erreicht werden konnten, daß der Stahl wieder schmolz. Das Verfahren ist
auch unter dem Namen *Herdfrischverfahren* bekannt. Recycling hat in der Stahlbranche also schon
seit fast anderthalb Jahrhunderten Tradition.

Arbeiter wurden Wohnheime eingerichtet. Ihnen folgten ganze Arbeitersiedlungen mit Schulen, Geschäften und Krankenhaus. Im Todesjahr Alfred Krupps 1887 zählte das Unternehmen etwa 20.000 Beschäftigte.

Friedrich Alfred Krupp setzte den Ausbau des Unternehmens in großem Stil fort. Der Betriebsüberlassungsvertrag 1896 mit der Germaniawerft in Kiel brachte Krupp den Zugang zum Schiffbau. Hier wurde auch der Bau von Dieselmotoren aufgenommen, nachdem Rudolf Diesel 1897 gemeinsam mit Krupp und der Maschinenfabrik Augsburg den ersten Dieselmotor entwickelt hatte. Die Stahlproduktion wurde durch das neue Hüttenwerk in Rheinhausen mit Inbetriebnahme der ersten Hochöfen im Jahre 1897 beträchtlich erweitert. Zur Sicherung des technologischen Vorsprungs seiner Stähle gründete Krupp in Essen ein Institut, welches sich der Forschung an Stahl widmete. Insbesondere die erfolgreichen Arbeiten an Edelstählen machten diese Institution weltberühmt. Als Friedrich Alfred Krupp im Jahre 1902 starb, war die Firma auf 43.000 Mitarbeiter angewachsen. Bertha Krupp, die Tochter von Friedrich Alfred Krupp, war die Erbin des Unternehmens, das gemäß testamentarischer Empfehlung 1903 in eine Aktiengesellschaft umgewandelt wurde. Dabei verblieben die Aktien bis auf vier im Besitz der Erbin. Gustav Krupp von Bohlen und Halbach war seit seiner Heirat mit Bertha Krupp 1906 Mitglied, von 1909 bis 1943 Vorsitzender des Aufsichtsrates der Friedrich Krupp Hüttenwerke AG. Der Erste Weltkrieg führte zur Ausweitung der Produktion von Rüstungsgütern. Nach Kriegsende untersagte der Versailler Vertrag Krupp das Geschäft mit der Wehrtechnik. Demontagen und Produktionsumstellungen brachten das Unternehmen in ernste Schwierigkeiten, die durch die Ruhrbesetzung Frankreichs und die Inflation noch verstärkt wurden. Erst langsam zeigten sich im Lokomotiv- und Lastwagenbau neue Erfolge. Die Edel- und Sonderstahlsparte erwies sich ebenfalls als rettendes Element. Die von Strauss und Maurer im Jahre 1912 entdeckten nichtrostenden und säurebeständigen Edelstähle wurden weltweit ein Begriff für Innovation und Qualität. Sie fanden schnell vielfältige Anwendung vor allem in der rasch wachsenden Chemie- und Nahrungsmittelindustrie sowie in der Medizintechnik.

In steigendem Umfang griff der Staat vor allem während des Zweiten Weltkriegs in das Firmengeschick ein. Ende 1943 wurde Krupp wieder in eine Einzelfirma umgewandelt und auf Alfried Krupp von Bohlen und Halbach, dem ältesten Sohn von Bertha und Gustav Krupp von Bohlen und Halbach, als Alleininhaber übertragen. Bei Kriegsende waren große Teile der Werksanlagen zerstört, andere wurden demontiert. Alfried Krupp von Bohlen und Halbach wurde von einem amerikanischen Militärgericht angeklagt und verurteilt, 1951 aber vorzeitig aus der Haft entlassen. 1953 konnte er die Leitung der zunächst unter alliierte Kontrolle gestellten Werke wieder übernehmen. Er berief Ende 1953 Berthold Beitz zu seinem persönlichen Generalbevollmächtigten. In den folgenden Jahren fusionierte das Unternehmen mit dem Bochumer Verein für Gußstahlfabrikation, mit dem Dortmunder Traditionsunternehmen Hoesch und schließlich mit Thyssen.

Ein ähnliches Schicksal durchlebte die Firma Thyssen. Allerdings kam der Gründer des Stahlimperiums aus etwas besseren Verhältnissen als die Krupp–Dynastie. August Thyssen wurde 1842 als eines von sechs Geschwistern in einer katholischen Aachener Bauern– und Handwerkerfamilie geboren. Sein Vater leitete bereits ein Drahtwalzwerk. Später gründete er auch noch eine Bank. Nachdem August Thyssen Schulen in Eschweiler, Aachen, Karlsruhe und Antwerpen besucht hatte, arbeitete er in der Bank seines Vaters.

Bild 8.5: August Thyssen vor und nach einer Grubenfahrt im Jahr 1911.

Thyssen gründete mehrere Stahlwerke und Zechen. In seiner ersten Stahl– und Eisenfabrik, die er nach dem Krieg zwischen Deutschland und Frankreich 1870–1871 in Mülheim an der Ruhr errichtete, beschäftigte er 70 Arbeiter. Er selber fungierte gleichzeitig als Unternehmer, Ingenieur, Manager, Buchhalter und Verkäufer. Innerhalb von acht Jahren erhöhte sich die Zahl seiner Arbeiter und Angestellten auf 665. Zusätzlich stiegen die Gewinne durch massive Börsenspekulationen. Bereits um 1875 gehörten Thyssen immerhin 10% aller Zechen im rheinisch–westfälischen Raum. Von 1892 bis 1900 verpfändete er das Bergwerk *Deutscher Kaiser* in Duisburg, um das seinerzeit modernste Hochofenwerk in Duisburg–Bruckhausen zu bauen. Thyssens Vorbild war der Amerikaner Andrew Carnegie[7]. Nach seinem Beispiel versuchte Thyssen, von den

---

[7]Der schottisch–stämmige Andrew Carnegie (1835–1919) war der damals wichtigste Magnat der amerikanischen Stahlszene. Carnegie, der sich laut eigener Angaben auf seinem Grabstein als ein Mann sah, „...der es verstand, sich mit weit klügeren Leuten zu umgeben, als er selbst einer war“, galt als der *self–made man* der amerikanischen Stahlindustrie schlechthin. Mit seinem Reichtum gründete der Philanthrop nach 1901 Stiftungen zur Förderung von Kunst, Bildung und Forschung. Er gab Millionen für den Bau von Krankenhäusern, Schulen und Universitäten aus.

Rohstoffen bis zu den Fertigwaren alles in einer Hand zu vereinigen. Aufgrund der Ähnlichkeit mit seinem Vorbild galt Thyssen daher auch als der *Amerikaner* und *Trustmaker* der Deutschen Schwerindustrie. Für August Thyssen war es wichtig, der Herr im Hause zu sein. Sein Verhalten an der Börse hatte großen Einfluß: Was er kaufte, kauften die anderen auch. Bereits 1904 erzeugten die Thyssen–Werke mehr Stahl als der Konkurrent Krupp. Eine große Rolle spielte Thyssen als Waffenproduzent im Ersten Weltkrieg. Während des Krieges stieg die Zahl der Arbeiter in seinen Betrieben von 3500 auf etwa 24.000, darunter ungefähr 8.000 Arbeiterinnen. August Thyssen, der immer einfach gelebt hatte, starb 1820. Sein zweiter Sohn Fritz trat die Nachfolge des Vaters an.

Bild 8.6: Der Transrapid: ein heutiges Produkt der deutschen Stahlindustrie.

Auch Berlin hatte mit Johann Friedrich Borsig bereits zu Beginn der Gründerzeit einen eigenen Schwerindustriellen. Borsig wurde 1804 in Breslau geboren. Nachdem er zunächst eine Lehre als Zimmermann absolviert hatte, sattelte er in Berlin auf den gerade aufkommenden Maschinenbau um. Im Dezember 1836 gründete er in Berlin–Tempelhof eine Eisengießerei in unmittelbarer Nähe zum gerade im Bau befindlichen Bahnhof der Berlin–Potsdamer Eisenbahn. Für diese wurden in Borsigs Betrieben schon 1839 die ersten Reparaturen an Lokomotiven durchgeführt. Nach eigenen Konstruktionsplänen fertigte Borsig dann ab 1841 selbst Lokomotiven. Schon 1875 zählte er neben Baldwin in den USA zu den größten Lokomotivenherstellern der Welt. Sehr früh wurde das Unternehmen auch im Ausland tätig. Beliefert wurden hauptsächlich Staatsbahnen. Ab etwa 1900 wurden auch in großem Umfang schmalspurige Werkbahn– sowie Druckluft– und Straßenbahnlokomotiven ausgeliefert. Zu diesem Zeitpunkt ging

auch ein neues Werk in Berlin–Tegel in Betrieb. Die *Lokomotiv– und Maschinenfabrik A. Borsig* entwickelte sich rasch zum größten europäischen Hersteller
auf diesem Sektor. Im Jahre 1854 rollte die 500. Zugmaschine aus der Halle.
Borsig, der im gleichen Jahre jung verstarb, genoß als Produzent von Lokomotiven internationales Ansehen, leistete aber ebenso Bedeutendes auf dem
Gebiet des Werkzeugmaschinenbaus, der Verbesserung von Werkstoffen und
der Betriebsorganisation.

Kapitel 9

Von Rittern und Rächern

Metalle für Krieg und Frieden

9.1 Die Entstehung des Schwertes

Die Schwerter und ihre Schöpfer, die Schmiede, waren in den meisten Epochen und Ländern von einem besonderen Nimbus umgeben. Die Beherrschung der Metallurgie, insbesondere der des Stahls, war stets von zentraler Bedeutung für die Qualität und den Mythos einer Waffe. Die Schmiedekunst war das einzige technische Handwerk, welches bei den alten Griechen, Römern und Germanen durch eine eigene Gottheit vertreten wurde (siehe auch Seite 149).

Die Kunst der Herstellung von Schwertwaffen bestand insbesondere darin, möglichst hohe Härte der Klinge mit ausreichender Zähigkeit des Grundmaterials zu verknüpfen. Nur eine solche Kombination der Eigenschaften gewährleistete eine dauerhaft hohe Schärfe bei gleichzeitigem Widerstand gegen sprödes Versagen der Waffe im Kampf. Metallurgen und Schmiede mit entsprechendem Wissen standen zu allen Zeiten hoch im Kurs. Die Militärgeschichte berichtet von zahlreichen Beispielen, in denen Kriegsherren zwar die Soldaten der unterlegenen Gegner töten ließen, deren Schmiede aber verschonten und unter vergleichsweise guten Bedingungen in ihre Dienste stellten.

Das Schwert erfuhr im Lauf der Geschichte zahlreiche Veränderungen. In der Bronzezeit entwickelte es sich mit zunehmender Qualität der Legierungen aus dem Dolch und unterschied sich von diesem nur in der Länge, war also nach wie vor für den Stich und nicht für den Hieb bestimmt[1]. In der Bronze–

---

[1] Bis zu einer Länge von 40 Zentimetern wird eine blanke Langwaffe im allgemeinen als Dolch, darüber als Schwert bezeichnet.

und frühen Eisenzeit waren Schwerter noch keine alltäglichen Gebrauchswaffen, sondern dienten eher als Statussymbol wohlhabender Krieger. Mit der stärkeren Verbreitung des preiswerten Rohstoffs Eisen im Verlauf der Eisenzeit (die in den unterschiedlichen Regionen Europas zu verschiedenen Zeiten stattfand) gelangten eiserne Kurzschwerter zunehmend auch in den Besitz einfacher Leute. Das Langschwert blieb aber nach wie vor die bevorzugte Waffe der vornehmen Krieger. Während nämlich für die Herstellung eines Streitkolbens, Dolches oder Kurzschwertes schon einfaches Roheisen aus dem Rennofen (Eisen mit bis zu 4,3% Kohlenstoff) ausreichte, erforderte die Fertigung eines kampftauglichen Langschwertes die Herstellung von Stahl (in Form von Eisen mit weniger als 2% Kohlenstoff oder als Damaststahl).

Gegen Ende der Eisenzeit entstanden nicht nur immer bessere Waffen, sie wurden auch in immer größeren Stückzahlen hergestellt. Im römischen Reich gab es eine regelrechte Rüstungsindustrie. Nun erst wurde das Schwert zur allgemein verbreiteten Waffe. Jeder der zeitweise bis zu 900.000 römischen Legionäre besaß ein Kurzschwert, das *gladius*. Das wesentlich aufwendiger herzustellende Langschwert, *spatha* genannt, blieb allerdings nach wie vor den Offizieren und Elitetruppen vorbehalten.

Das Schwert der Zeitenwende bestand meist aus einer breiten, geraden und zweischneidigen Klinge. Eine scharfe Spitze erlaubte den doppelten Gebrauch als Hieb– und Stichwaffe. Waffen mit Abrundungen der Spitze wiesen ein Schwert als einfache Hiebwaffe aus. Der Hohlschliff (Hohlkehle), bisweilen fälschlich als *Blutrinne* bezeichnet, reduzierte das Gewicht der Waffe auf weniger als anderthalb Kilogramm und erhöhte seine Steifigkeit.

Die frühesten Schriftzeugnisse über die Zunft der Waffenschmiede zu jener Zeit sind die Bibel sowie die Bücher von Plinius dem Älteren. Beispielsweise heißt es im ersten Buch Samuel (Kap. 13, Vers 19): *„Und es war kein Schmied im ganzen Land Israel zu finden. Denn die Philister dachten: Wir wollen nicht, daß die Hebräer sich Schwert oder Speer machen."*

An einer anderen Stelle in der Bibel wird aber auch die Zwiespältigkeit dieses Berufes angesprochen. Schließlich wurde das Schmiedehandwerk auch im heiligen Land nicht nur zu friedlichen Zwecken, sondern auch zur Waffenherstellung und damit zum Töten von Mitmenschen genutzt. Bei Jesaja (Kap. 54, Vers 16) ist zu diesem Punkt zu lesen: *„Siehe, ich selbst habe den Schmied geschaffen, der das Kohlenfeuer anbläst und die Waffe hervorbringt als sein Werk; und ich selbst habe den Verderber geschaffen, um zugrundezurichten."*

In der von Kelten dominierten Eisenzeit in Mitteleuropa entwickelte sich ein regelrechter Schwertkult. Obwohl die Kelten große Teile Europas beherrschten, entstanden bis zum Einfall der Römer keine keltischen Staatsgebilde. Vielmehr dominierten kleine, sich gegenseitig bekriegende Stämme das politische System. In solch einer Kultur der dauernden Kleinkriege hatte der mutige Einzelkämpfer eine größere Bedeutung als in den Massenheeren der Griechen, Perser oder Römer. Der Kriegerkult und der Mythos der Waffen solcher Helden gewannen vor diesem Hintergrund an Bedeutung. Wer ein Schwert trug, demonstrierte damit, daß er sein eigener Herr war. Das Schwert war das Symbol von Freiheit und individueller Macht. Schwerter wurden oft ihrem Besitzer mit ins Grab gelegt. Manche wertvollen Schwerter hingegen galten als Familieneigentum und wurden vom Vater an den Sohn weitergegeben. Aber auch die Kriegerin tritt in der keltischen und germanischen Kultur bisweilen in Erscheinung. So wurden vereinzelt Gräber gefunden, in denen sich schwerbewaffnete Frauen mit betont kriegerischen Grabbeigaben befanden (siehe auch Seite 67).

Das Schwert des frühen Mittelalters, oft *Wikinger-* oder *Normannenschwert* genannt, hatte eine spitze, breite Klinge, eine scharfe Schneide, einen kurzen Griff für eine Hand und eine kurze Parierstange. Um das Gewicht der Klinge auszugleichen, besaß es meist einen dem Besitzer angepaßten, verzierten, schweren Knauf. Im Hochmittelalter erhielt das Schwert immer mehr das Aussehen eines Kreuzes. Die Parierstange und der Griff wurden länger, die noch immer breite Klinge stumpfer.

Das große Interesse an der jeweils besten Waffentechnologie zu dieser Zeit belegt auch eine Begebenheit zwischen Sultan Saladin I. und seinem Gegenspieler, dem Kreuzfahrer König Löwenherz. Bei einem Treffen beider Feldherren anläßlich ihres Friedensschlusses schlug Richard Löwenherz dem Sultan vor, als Zeichen des gegenseitigen Respekts die Schwerter zu tauschen. Natürlich ging es Löwenherz dabei darum, die berühmte Damaszener-Schmiedekunst der Araber am Schwert des Sultans von seinen eignen Metallurgen untersuchen und nachahmen zu lassen. Saladin ging allerdings nicht auf den Tausch ein.

Im 14. Jahrhundert, mit dem Aufkommen der wiederstandsfähigen Plattenrüstungen in Europa, wurden die Griffe zum *Anderthalbhänder* verlängert, und die Klingen wurden schlanker und spitzer. Diese Klingenform war hauptsächlich für das Stechen ausgelegt. Schwerter dieser Bauart konnten leichter zwischen die Eisenplatten der feindlichen Rüstungen geschoben werden als die älteren Breitschwerter. Eine scharfe Schneide war dabei weniger von Nutzen. In der Renaissance entwickelte sich aus dieser Form schließlich der Degen.

9.2 Von Balmung und Excalibur — Helden und ihre Schwerter

Genau wie sich zu allen Zeiten gefürchtete Krieger aus dem Heer der namenlosen Klingenschwinger hervorgetan haben, so gibt es auch eine Reihe von sagenumwobenen Schwertern. Alle großen Legenden in diesem Genre spielen zur Zeit der Völkerwanderung, also zur Übergangszeit zwischen Antike und Mittelalter.

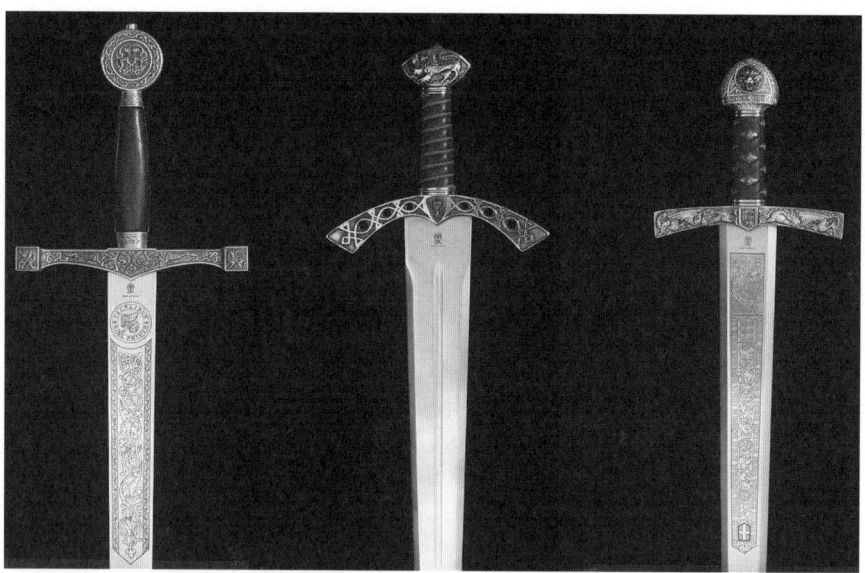

Bild 9.1: Nachbildungen der Schwerter von Artus, Siegfried und Richard Löwenherz.

Das Nibelungenlied, die Gudrunssaga, das Dietrichslied aber auch die Geschichten um den Britenkönig Artus gehen auf teilweise historische Begebenheiten zurück, die von der Forschung zwischen 300 und 600 n. Chr. angesiedelt werden. Das Fehlen von zuverlässigen Quellen begünstigte die Legendenbildung dabei genauso wie die weitreichenden historischen Folgen der damaligen Ereignisse. Der permanente Kriegszustand während der Völkerwanderungszeit führte dazu, daß sich eine Kriegeraristokratie herausbildete, die ihre Heldentaten in Liedern verherrlichen ließ. Als diese Sagen nach Jahrhunderten der mündlichen Überlieferung im Hochmittelalter niedergeschrieben wurden, mischte sich ihr historischer Kern mit älterem Sagenmaterial. So ging die Sage um Sigurd, den Drachentöter, in die Nibelungensage ein, und keltische Überlieferungen hinterließen ihre Spuren in der Artussage. Außerdem übertrugen die mittelalterlichen Dichter Anschauungen ihrer Zeit, wie zum Beispiel die Ideale der Ritterlichkeit und Elemente der christlichen Religion, auf die längst vergangenen Ereignisse. Der typische Protagonist solcher Sagengewebe ist der mutige Krieger, der aus unterschiedlichen Epochen stammende, zum Teil widersprüchliche Eigenschaften in sich vereint. So tritt ein und derselbe Held durchaus als skrupelloser Eroberer, brutaler Streithahn, Beschützer der Schwachen und Verteidiger des Glaubens in einer Person auf. Immer jedoch hat er ein Schwert bei sich. Einige dieser Waffen wollen wir hier näher betrachten.

Eine berühmte Waffe ist zweifellos das Schwert des Burgunders Siegfried aus der Nibelungensage. Es hatte, wie alle berühmten Waffen großer Helden, einen Namen, und zwar *Balmung* (auch *Notung* oder *Nothung*). Balmung gehörte der Sage nach ursprünglich dem germanischen Göttervater Wotan. Siegfrieds Vater Siegmund, ein unehelicher Sohn Wotans, hatte es zuvor in seinen Besitz gebracht, indem er es heimlich aus der Esche *Yggdrasil* herauszog. Eine solche Heldentat wird in der Mythologie als Schwertprobe bezeichnet. Eine ähnliche Probe mußte bekanntlich auch König Artus bestehen; doch dazu später.

Siegmund hatte nicht lange Freude an seinem Schwert. Auf der Flucht geriet der Heimatvertriebene in die Wohnung des Riesen Hunding. Dessen Gattin Sieglinde erkannte in Siegmund ihren verschollenen Zwillingsbruder wieder. Während der Riese seinen Schwager für den folgenden Tag zum Zweikampf forderte, ergriff diesen, der nahen Verwandtschaft ungeachtet, zur Hausfrau eine höchst erotische Neigung, die nicht ohne Folgen blieb. Wotan, ursprünglich gesonnen, seinem illegitimen Sohn zum Sieg zu verhelfen, wurde von seiner Gemahlin Fricka umgestimmt und ließ Siegmund durch dessen gleichfalls außerehelich zur Welt gekommene Halbschwester Brünnhilde das Todesurteil verkünden. Durch den Anblick des Geschwisterpaares gerührt, trotzte Brünnhilde jedoch der göttlich–väterlichen Weisung, so daß Wotan selbst eingriff und Siegmunds Schwert zerbrach. Hunding tötete den Wehrlosen und wurde seinerseits gleich darauf von Wotan niedergestreckt. Aus der Liebesnacht der Zwillingsgeschwister ging Siegfried hervor. Er wuchs bei dem zwielichtigen Zwerg Mime auf, der zwar Tarnkappen und ähnliche Dinge schmieden konnte, aber die Stücke des von Wotan zerbrochenen Götterschwertes nicht wieder zusammenzufügen vermochte. Das tat Siegfried dann selbst. Dabei arbeitete er sowohl in der Legende als auch in Wagners Libretto alle wesentlichen Arbeitsschritte des Schmiedens ab: Er glühte die Waffe, schreckte sie in Wasser ab, ließ sie wieder an (d.h. er glühte sie nach dem Abschrecken erneut) und verformte sie bei hohen und niedrigen Temperaturen. Solchermaßen neu bewaffnet, machte Siegfried dann dem Drachen Fafner den Garaus. Anschließend tötete er seinen Ziehvater Mime, der seinerseits versucht hatte, Siegfried umzubringen.

Auch nach Siegfrieds Tod kam Balmung wieder zum Einsatz. Nachdem Hagen Siegfried auf einem Jagdausflug ermordet hatte, ging das Schwert in den Besitz seiner Witwe Kriemhild über. Bekanntermaßen sann diese auf Rache, als sie vom Tod ihres Gatten und vom Komplott Hagens und ihres Bruders Gunther, dem König der Burgunder, erfuhr. Während einer großen Versöhnungsfeier auf der Burg ihres neuen Gemahls, des Hunnenkönigs Etzel, kam es zum Kampf zwischen den Burgundern und den Mannen des Gotenkönigs Dietrich von Bern (siehe auch Seite 205). Nachdem Dietrich Hagen und Gunther bezwungen hatte, übergab er sie als Gefangene an Kriemhild. Diese wollte nicht nur Rache für den Tod Siegfrieds üben, sondern auch den Ort des Nibelun-

Bild 9.2: Wotan stößt Balmung in die Esche (links); Brünnhilde (rechts).

genschatzes von Hagen erfahren. Trotz der zugesicherten Schonung tötete sie Hagen und Gunther mit Siegfrieds Schwert Balmung und wurde anschließend selbst von Dietrichs Waffenmeister Hildebrandt getötet.

Doch nun zu einem anderen berühmten Helden, König Artus von England. Auch seine Geschichte ist rasch erzählt: Er war der Sohn von König Uther Pendragon und Herzogin Ygerna. Uther hatte sich so sehr in Ygerna verliebt, daß er den Zauberer Merlin dazu überredete, ihm die Gestalt ihres Ehemannes, des Herzogs von Cornwall zu geben. So hatte er Zugang zum Schloß Tintagel und zum Bett der Ygerna. Aus dieser Nacht ging ein Kind hervor. Nach der Geburt mußte Uther seinen Sohn an Zauberer Merlin übergeben, da dieser ihn damals als Unterpfand für seine Hilfe bei der Verführung der Ygerna verlangt hatte. Merlin vertraute das Kind dem Ritter Sir Ector an, der es auf den Namen Artus (Arthur) taufte und aufzog.

Nach Uthers Tod sollte derjenige rechtmäßiger König von Britannien werden, der sein Zauberschwert Excalibur (ursprünglich *Caliburn*) aus einem Fels, dem berühmten Marmelstein, ziehen konnte. Dort hatte es Uther kurz vor seinem Tode eingerammt. Bei einem Turnier konnte der jugendliche Artus als einziger aus einer großen Schar ausgewählter Ritter das Schwert aus dem Stein herausziehen und wurde nach der Niederschlagung einer anfänglichen Rebellion gegen ihn zum König gekürt. In zweiter Ehe freite er die schöne Genevra und gründete die bekannte schlag– und redegewandte Tafelrunde. In einem seiner ersten größeren Kämpfe brach das Schwert Excalibur allerdings wegen der Eitelkeit des jungen Recken auseinander. Merlin führte ihn an einen einsamen See, um dem jungen König eine zweite Chance zu geben. Aus dem See erschien eine Hand, die Artus ein neues Schwert reichte. Die Herrin des Sees belehrte den Recken, daß er das Schwert behalten dürfe, aber weniger Hochmut zeigen solle. Es hieß wiederum Excalibur und war eine Zauberwaffe, die Artus bei der Verteidigung seines Königreichs und bei der Niederschlagung der Heiden stets zu Siegen verhalf. In seiner letzten Schlacht gegen seinen mit der eigenen Schwester gezeugten Sohn Mordred wurde Artus tödlich verwundet. Im Sterben befahl er seinem treuen Ritter Bedivere, Excalibur in den nahen See zu werfen. Dieser tat, wie ihm geheißen. Als das Schwert auf die dunkle Wasseroberfläche auftraf, erschien eine Hand aus dem Wasser, ergriff Excalibur, schwang es dreimal und verschwand auf Nimmerwiedersehen im See.

Auch das Rolandslied weiß einiges vom Schwert und seinem Mythos zu berichten. Ritter Roland, der treuste Paladin Kaiser Karls, wollte in seinen letzten Atemzügen am Ende der verlorenen Schlacht von Roncevalles sein berühmtes Schwert *Durendal* dem Zugriff der anrennenden Mauren entziehen. Er schlug die Waffe gegen eine Felswand, um sie zu zerstören. Durendal trug allerdings nicht die geringste Scharte davon, sondern spaltete seinerseits den gesamten Felsen. Mit letzter Kraft drückte Roland dann sein Schwert bis über den Knauf in die Erde, wo es bis zum heutigen Tage ruht.

Auch Dietrich von Bern[2] hatte so manche Heldenklinge in der Hand. In jungen Jahren waren Kraft und Geschick des Goten bereits berühmt. Mit seinem Ausbilder Hildebrandt zog der junge Recke raufend durch die Lande, um seinen Ruhm zu mehren. In einem Kampf besiegte er Grim und Hilde, ein räuberisches Riesenpaar, das im Lande ringsum Angst und Schrecken verbreitet hatte. Als unüberwindliche Waffe trug der junge Held seither das von ihnen erbeutete herrliche Schwert *Nagelring*, welches ursprünglich aus einer Zwergenwerkstatt stammte. Eines Tages tauchte in Person des riesenhaften Helden Ecke ein wahrhaft ehrfurchtgebietender Gegner vor Dietrichs Schloß auf und forderte diesen zum Kampf. Dietrich weigerte sich zunächst trotz aller Provokation, gegen den Herausforderer anzutreten. Laut der Dietrichssage sprach der König ganz gemäß dem ritterlich–heldischen Ehrenkodex: *„Du hast mir Laides niht getan."* Auch die verlockende Aussicht auf Beute, immerhin der berühmte Harnisch von König Ortnits und das Schwert *Sachs* (*Eckesachs*), beides im Besitz Eckes, war für Dietrich keine ausreichende Motivation. Ecke aber zwang den Kampf herbei, unterlag, verweigerte aus Schmach die ritterliche Gnade, und Dietrich versetzte ihm schließlich widerwillig den Todesstoß. Dietrich beklagte

---

[2]Dietrich von Bern ist identisch mit dem Gotenkönig Theoderich.

seinen gefallenen Gegner mit den Worten: *„wan ich nie degen han gesehen, sus nach dem tode loufen, verflucht sich selbst um dieses Mordes willen, nennt sich geschlagen von der unsaelde, will sich einmauern lassen."* Nach diesem Kampf wider Willen tauschte Dietrich sein Schwert Nagelring gegen das Schwert Eckesachs ein. Später wurde mit dieser berühmten Waffe die im Blutrausch rasende, den Tod Siegfrieds rächende Witwe Kriemhild gestoppt.

Eine weitere Geschichte in dieser Reihe wird von Wittich (Witege), dem Sohn von Wieland dem Schmied, berichtet. Wittich war ein Gefolgsmann des Dietrich von Bern. Er wollte sein Schwert *Mimung*, welches als Meisterstück seines Vaters Wieland galt, nicht in die Hände nahender Feinde fallen lassen und stürzte sich mit ihm von einer Klippe hinab ins Meer. Das Schwert war allein deshalb schon so berühmt, weil Wittich der einzige von Dietrichs Rittern war, der sich damit jemals stärker als der König selbst erwiesen hatte. Es gibt noch diverse weitere Beispiele in dieser Rubrik, die allerdings meist Variationen ähnlicher Geschichten im Gewande unterschiedlicher Legenden sind. So etwa die Sage von Sigurd. Dieser war Siegfrieds ursprüngliches Vorbild und Heldenkollege aus den älteren germanischen und nordischen Sagas. Er unterstützte den Schmied Regin dabei, das drachentötende Schwert *Gram* zu schmieden. Im Drachenblute härtete dann Sigurd selbst die Klinge seines Schwertes. Dies ist weitgehend identisch mit der später entstandenen Nibelungensage.

Ähnliche Varianten tauchen auch in der irischen Heldensage in Form des Helden Cuchulainn auf, der ebenfalls mit einem mit übernatürlichen Kräften ausgerüsteten Schmied zusammenarbeitete. Aber auch der moslemische Kulturkreis kennt derartige Geschichten. Eine der heiligsten Reliquien des Islam war das Schwert des Propheten Mohammed. Diese Waffe trug den Namen *Dzulfaqar*. Das Schwert mit zweigespitzter Klinge fungierte auch als Hauptmotiv auf Janitscharenfahnen und Schilden der Delibasch in den Balkankriegen zwischen dem 16. und 18. Jahrhundert.

9.3   Justitia und die Waffe der Scharfrichter

Warum trägt die Schutzpatronin des Rechtsprechung, Justitia, neben der Waage eigentlich noch ein Schwert? Die Waffe repräsentiert die strafende Macht des Gerichtes. Wie die Waage als Attribut der Göttin die Gerechtigkeit das Fällen des Urteils nach dem Abwägen der Standpunkte streitender Parteien oder der Schuld eines Angeklagten ausdrückt, so symbolisiert das Schwert in erster Linie den Vollzug des gefundenen Rechts.

Die Waffe als Symbol für die Vollstreckung eines Urteils stammt noch aus Zeiten, in denen die Richter ein Schwert als Teil ihrer Alltagskleidung trugen. Das Schwert der Justitia weist darauf hin, daß auf dem Thingplatz oder unter der Gerichtslinde der Richter allein das Recht hatte, Waffen zu tragen.

Alle anderen hatten das gewohnte Schwert abzulegen, um die Rechtsfindung in befriedeter Umgebung zu ermöglichen. So stand das Schwert auch für den Anspruch der Gemeinschaft, die Durchsetzung des Rechts allein durch die Justiz zu dulden und Selbstjustiz zu unterbinden.

Was aber hatte es noch mit diesem Richtschwert auf sich? Schon seine Gestalt unterschied es von allen anderen Waffen. Es war in Form und Beschaffenheit nicht auf typische Kampfsituationen, sondern nur auf einzelne, schwere Hiebe abgestimmt. Aus diesem Grund fehlte dem Richtschwert fast immer die Klingenspitze, manchmal auch die Parierstange. Man konnte also nicht damit zustechen wie mit einem gewöhnlichen Schwert. Die Klinge war hingegen meist aus bestem Stahl und die Schneide sorgfältig scharf geschliffen.

Viel Glaube und Aberglaube umgab dieses Schwert des Todes. Ein typischer Mythos entstand im Mittelalter aus der Furcht, daß ein Schwert, das Zeit seiner Existenz nichts tut als Gefesselte zu enthaupten, allmählich Gefallen daran findet und vom Bösen der Verbrecher beseelt wird. Schließlich dürstete es dann womöglich selbst nach Mord und Tot. Richtschwerter waren oft altehrwürdige Waffen, die sich seit Generationen im Besitz einer Familie befanden. Auf ihren Klingen waren bisweilen düstere Sinnsprüche eingraviert, und manches Schwert umgab sich mit finsteren Legenden.

Die Träger der Richtschwerter, die Scharfrichter, standen im Mittelalter in geringem Ansehen. Sie galten als unrein und gefährlich. Im täglichen Leben wurden sie oft gemieden und diffamiert. Sie durften kein städtisches Amt ausüben, keinen Grund erwerben und wurden auch nicht in Zünfte aufgenommen. Diese niedrige soziale Position wurde auch auf die Kinder übertragen, so daß sich die Henkertätigkeit oft von einer Generation zur nächsten vererbte: Kinder von Henkern konnten ihrerseits auch nur Henker werden, andere Berufe standen ihnen nicht offen. Auch in der Wahl seiner Frau wurden dem Henker Beschränkungen auferlegt; ihnen war es nur erlaubt, in andere Henkersfamilien einzuheiraten. So entstanden regelrechte Henkersdynastien. Die berühmtesten Sippen waren die Sansons in Frankreich, welche auch König Ludwig XVI. und Marie Antoinette guillotinierten, oder die Deibles in Deutschland.

Neben den Hinrichtungen hatte der Scharfrichter weitere Aufgaben zu erfüllen, die kein vermeintlich anständiger Bürger erledigen wollte. Dazu zählten Folterungen, die Säuberung der Kloaken, das Vergraben verendeten Viehs, die Zurschaustellung von Delinquenten am Pranger und die Aufsicht über die Prostituierten. Im römischen Reich mußte der Henker sogar außerhalb der Stadt wohnen. Innerhalb der Stadt mußte er andere mit einer Glocke vor sich warnen. Im Mittelalter hauste der Henker in einem Verschlag in der Stadtmauer und mußte in der Öffentlichkeit auffällige Kleidung tragen. Es fand sich kaum jemand, der freiwillig dazu bereit war, diesen blutigen Beruf auszuüben. Deshalb wurden anfangs nur solche Leute zum Scharfrichter ernannt, die dazu gezwungen werden konnten. Im römischen Reich waren das hauptsächlich Sklaven und Legionäre. Bis ins vorige Jahrhundert hinein schrieb der Volksglaube dem Blut von Enthaupteten Heilkräfte zu. Deshalb drängten sich stets Menschenmassen um ein Schafott, um das Blut aufzufangen. Blutgetränkte Tücher von zwei enthaupteten Mördern wurden noch 1864 von den Henkersknechten für zwei Taler das Stück verkauft. Ein Knöchelchen eines Gehängten in der Brieftasche hingegen sollte vor Geldsorgen schützen. Splitter vom Galgen oder Schwert wurden als Glücksbringer im Volk hoch gehandelt.

Die Verurteilungs– und Hinrichtungsriten trieben bisweilen seltsame Blüten im Mittelalter. Nachdem der Richter das Urteil gesprochen hatte, wurden dem Angeklagten in der Regel diverse Vergünstigungen zuteil. Er konnte den Massenkerker gegen eine Einzelzelle tauschen, sich zu Essen und zu Trinken bestellen, was das Herz begehrte, und selbst der Wunsch nach weiblicher Gesellschaft wurde bisweilen erfüllt. Der Grund waren aber nicht etwa humanitäre Überlegungen, dem Verurteilten sein bevorstehendes Schicksal zu erleichtern, sondern vielmehr Aberglaube. Die Menschen dachten, daß bei einer Hinrichtung nur der Körper stirbt, aber nicht die Seele. Sah der Delinquent dem Tod gefaßt ins Auge, so glaubte man, fand seine Seele Ruhe und ging direkt in das Reich der Seelen über. Starb ein Verurteilter jedoch im Zorn, blieb seine Seele womöglich auf der Erde um Rache zu üben. Besonders starke Seelen wie beispielsweise Verbrecherseelen konnten dabei schwere Schäden anrichten. Daher tat man alles, um den Verurteilten zu besänftigen. Ebenso versuchten alle am Tode eines Verbrechers beteiligten Personen, die Verantwortung von sich zu weisen. Der Richter übergab den zum Tod Verurteilten an einen Nachrichter und entledigte sich so der unmittelbaren Verantwortung. Dieser wiederum beschuldigte den Henker, welcher sich selbst bei seinem Opfer entschuldigte und dem Richter die Schuld gab. Im alten Athen wurde sogar nach der Tat das Beil vor Gericht gestellt, für schuldig befunden und anschließend verbrannt oder im Meer versenkt. Die Angst vor der Rache des Toten war auch der Grund dafür, daß Henker bevorzugt während des letzten Gebets des Angeklagten zuschlugen. Denn wer betet, kann nicht gleichzeitig zornig sein.

Fast alle Henker trugen bei der Ausübung ihres Berufes eine Kapuze. Dies taten sie aber nicht etwa, um anonym zu bleiben, da sie in der Regel ohnehin stadtbekannte Persönlichkeiten waren. Vielmehr versuchten sie sich durch diese Maßnahme vor einem Fluch oder dem bösen Blick des Delinquenten zu schützen. Eine berühmte Hinrichtung, allerdings durch das Beil und nicht durch das Schwert, war die der Maria Stuart am 8. Februar 1587. Die erst 44jährige ehemalige Königin von Schottland wurde nach 18 Jahren Gefangenschaft auf Befehl der englischen Regentin Elisabeth I. hingerichtet. Maria Stuart wurde auf das Schafott geführt, wobei sie vollkommen ruhig war. Sie trug dabei ein purpurnes Unterkleid, die Farbe des Märtyrertums. Auf dem Schafott bat der Henker die ehemalige Herrscherin nach alter Sitte um Verzeihung. Danach wurden dieser die Augen verbunden und die Verurteilte beugte sich über den Holzklotz. Nach einem kurzen Gebet gab sie dem Henker ein Zeichen, daß sie bereit sei. Der Henker schlug zu, traf aber nur den Hinterkopf. Dieser Schlag reichte nicht aus, um die Delinquentin zu töten. Der Henker schlug erneut zu. Dieser Schlag traf zwar den Hals, trennte ihn aber nicht vom Rumpf. Erst durch das Zerschneiden der letzten Muskelstränge fiel der Kopf der Königin zu Boden. Mit den Worten *„Es lebe die Königin"* hob der Henker den Kopf der Enthaupteten an den Haaren empor, um ihn der Menge zu präsentieren. Doch dieser polterte mit Getöse zu Boden, da Maria Stuart bei der Hinrichtung eine Perücke getragen hatte.

Eine andere, besonders in unseren Breiten oft zitierte Hinrichtung war die des Viktualienbruders Klaus Störtebeker (Klaus Stürz–den–Becher) und seiner Gefährten am 20. Oktober 1401. Nach dessen Ergreifung gab sich die Hansestadt Hamburg den Beinamen *Domitrix piratarum* (Bändigerin der Piraten). Die Stadt machte den Piraten innerhalb von sechs Monaten den Prozeß. Das Urteil lautete *„schuldig"* und die Strafe konnte deshalb nur lauten *„Halsgericht"*, also Tod durch Enthauptung mit dem Richtschwert. Scharfrichter Rosenfeld und Abdecker Knoker hatten am Hinrichtungstag mehr als 70 Enthauptungen durchzuführen. Sie erhielten mit zwölf Mark für den Henker und drei Mark für den Abdecker eine stattliche Entlohnung. Für eine Mark konnten damals immerhin vier Kühe oder drei Fässer Bier gekauft werden. Einen Tag zuvor wurde ein großes Viereck eingezäunt, das als Richtstätte dienen sollte. Am Tag der Hinrichtung bewegte sich ein langer Zug auf diesen Platz zu, an der Spitze Rosenfeld mit seinem furchtbaren Schwert, gefolgt von einem Pater und einem Gerichtsangestellten, dahinter die aneinandergefesselten 73 Piraten. Einige letzte Wünsche soll Klaus Störtebeker den Hamburgern abgerungen haben, nachdem jeder Versuch seinerseits gescheitert war, sich freizukaufen. Unter anderem bot er ihnen an, all jene Schiffe auszuliefern, deren Masten mit Gold und Edelsteinen gefüllt seien. Die Masten waren in der Tat das Lieblingsversteck von Störtebeker für seine Beute gewesen. Abenteurer suchen noch heute an den Klippen diverser Ostseeinseln nach den Schatz–Masten des Viktualienbruders. Außerdem wollte Störtebeker für seine Freilassung die gesamte Hansestadt mit einer Goldkette umlegen. Die Hamburger ließen sich auf solche Händel nicht ein, gewährten dem Piraten aber zwei Wünsche. Einerseits wurde Klaus und seinen Mannen gestattet, in schönsten Gewändern vor das Schafott treten zu dürfen. Andererseits soll ihm die Stadt zugesagt haben, all jene seiner Kollegen zu begnadigen, an denen er nach seiner Enthauptung noch vorbeischreiten könne. Scharfrichter Rosenfeld machte kurzen Prozeß und trennte mit seinem Schwert Störtebekers Kopf vom Rumpf. Doch dann passierte das Unvorstellbare. Der kopflose Klaus stand angeblich auf und schritt die Reihen seiner Leidensgenossen ab, gelangte so bis zum elften Mann, bevor der Henker, der um seine Entlohnung bangte, dem Enthaupteten den Richtblock vor die Beine warf (alternative Version: ein Bein stellte) und Störtebeker stürzte. Dennoch wurden alle Piraten an diesem Tag hingerichtet, das Versprechen also nicht eingehalten. Die Köpfe der Viktualienbrüder wurden zur Abschreckung auf Holzpflöcke aufgespießt. Scharfrichter Rosenfeld selbst soll es übrigens nicht besser ergangen sein als seinen Kunden. Nachdem er seine Arbeit verrichtet hatte, soll er von einem Ratsherrn gefragt worden sein, ob er denn nun müde sei. Rosenfeld soll geantwortet haben, er wäre keineswegs müde und hätte sogar noch Kraft genug, den kompletten Rat der Stadt zu enthaupten. Diese Äußerung soll ihn seinerseits den Kopf gekostet haben.

9.4   Männer in Metall — Die Ritter

Ritter waren mittelalterliche Krieger, die zu Pferd kämpften und – zumindest in der Theorie – einen Ehrenkodex bei der Ausübung ihres Waffendienstes befolgten. Ab dem 11. Jahrhundert wurden Ritter mit der Lehnsfähigkeit belohnt, das heißt, sie durften selbst Land verpachten. Das erhaltene Lehen bedeutete einen sozialen Aufstieg. Ritter wohnten in festen Burgen und verpflichteten sich mit einem Schwur zur Treue gegenüber ihrem Lehnsherren. Neben der in Feudalgesellschaften üblichen Loyalität enthielt der Ehrenkodex der Ritter auch den Schutz der Kirche, der Schwachen und der Witwen und Waisen.

Im Krieg, dem eigentlichen *Arbeitsplatz* des Ritters, blieb dieser in der Schlacht stets in der Nähe seines Königs oder Fürsten, um ihm in schwierigen Situationen zur Seite zu stehen. Für einen Ritter bestand die Kriegskunst in direktem Angriff und im offenen Kampf Mann gegen Mann. Wohlüberlegte Aufstellung der Truppen, Einkesselung, gar eine Falle, ein Hinterhalt oder ähnliche strategische Tricks lehnte ein *wahrer* Ritter als unehrenhaft ab.

Die Rüstung des Ritters war eine Vorrichtung zum Schutz des Körpers im Kampf. Sie bestand aus unterschiedlichen Materialien, meist jedoch aus Metall. Die älteste Schutzvorrichtung ist das Schild, die älteste am Körper getragene Rüstung ein breiter Gürtel zum Schutz des Unterleibs sowie einfache Schuppenpanzer. Im frühen Mittelalter hatte die Rüstung noch einen ähnlichen Aufbau wie bei den Römern. Im 11. Jahrhundert bestand sie aus einem bis zu den Oberschenkeln reichenden Kettenhemd mit halblangen Ärmeln und einem konischen Helm mit Nasenschutz. Im 12. Jahrhundert erhielt das Kettenhemd eine Kapuze, die Ärmel wurden länger und endeten in Fausthandschuhen. Kettenstrümpfe schützten die Beine. Kettenpanzer gab es schon lange vor dem europäischen Mittelalter in anderen Kulturen. Im nahen Osten wurden Kettenpanzer bereits vor der Zeitenwende getragen. Auch die Römer und später die Wikinger kannten Kettenpanzer mit vernieteten Ringen.

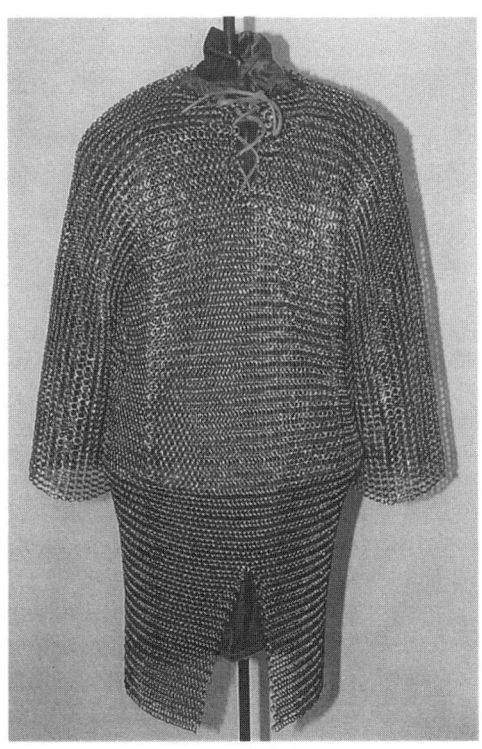

Bild 9.3: Nachbildung eines langen mittelalterlichen Kettenhemdes mit einem Gewicht von etwa 12 kg. Die Ringdurchmesser betragen 9 Millimeter.

Ein Kettenhemd, das aus immerhin bis zu 250.000 einzelnen Metallringen bestand, wog ohne weiteres mehr als 10 Kilogramm. Zur Fertigung wurde etwa ein Kilometer Draht verbraucht. Er mußte von Hand gewickelt und geschnitten werden. Bisweilen wurden die Ringe vernietet. Das heißt, daß jeder Ring, nachdem er eingeflochten wurde, mit einer oder zwei kleinen Nieten geschlossen wurde. Dazu gehörten wieder viele Arbeitsschritte. Aber nicht nur die Drahtverarbeitung war aufwendig, auch die Herstellung eines guten Drahtes selbst war ein schwieriges Geschäft. Eisen wurde im Mittelalter in Europa in ein bis zwei Meter hohen Rennöfen gewonnen (siehe dazu Seite 74). Aus den erzeugten Luppen mußte der Draht geschmiedet werden. Dazu wurde das Stück auf einem Amboß angeflacht, um 90 Grad gedreht und wieder angeflacht. Dieser Vorgang wurde oft wiederholt, so daß das Stück immer länger und dünner wurde. Im Hochmittelalter wurde schließlich das Drahtziehen erfunden. Dabei zog

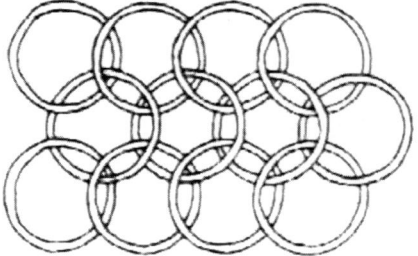 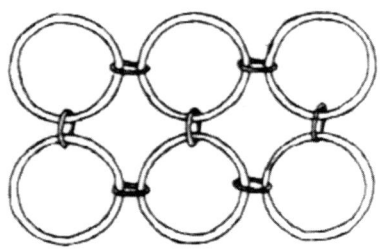

Bild 9.4: Ringgeflecht beim Kettenhemd, links: europäisch, rechts: persisch.

man ein lang und dünn ausgeschmiedetes Stück Eisen durch ein Loch in einem Stahlblock, wodurch das Stück etwas dünner und länger wurde. Dieser Vorgang wurde mit immer kleineren Löchern wiederholt, bis eine Dicke erreicht wurde, die für Kettenhemden geeignet war. Erst diese Fertigungstechnik erleichterte die Herstellung von Kettenpanzern in einem Maße, daß sich das Kettenhemd auch als Rüstung für gemeine Soldaten durchsetzte.

Insbesondere ein vernietetes Kettenhemd konnte sich also vor der Erfindung und Verbreitung des Drahtziehens nur jemand leisten, der sehr wohlhabend war. Kettenhemden widerstanden zwar Schwerthieben, boten aber keinen Schutz gegen Speerspitzen, Pfeile und gewaltige Hiebe. Eine gepolsterte Kleidung unter der Kettenrüstung und ein Schild waren daher außerdem nötig. Im 11. Jahrhundert bestand die angesehenste Kampftechnik darin, mit der Lanze unter der rechten Achsel anzugreifen. Die linke oder Schildseite des Ritters war immer dem Feind zugewandt. Das ovale Schild wurde deshalb verlängert und lief unten spitz zu, so daß es den Reiter von den Augen bis zu den Knien schützen konnte. Dieser Schutz zwang den Kämpfer jedoch in eine sehr starre Haltung. Nachdem die Helme ein Visier erhalten hatten, wurde das Schild oben gerade ausgebildet. Nach der Einführung eines stabilen Knie– und Schienbeinschutzes wurde die untere Spitze des Schildes verkürzt.

Da das Gesicht des Ritters wegen des Visiers nicht zu erkennen war, wurden Erkennungsmerkmale auf Schild, Waffenrock, Wimpel und der Pferdedecke angebracht. Dies war der Ursprung der Heraldik. Die Kreuzritter trugen einen ärmellosen Mantel als Schutz gegen die Sonne über ihrem Kettenhemd. Die Mäntel waren mit Emblemen von Wappen verziert.

Bolzen, die von den zu Beginn des 14. Jahrhunderts eingeführten Armbrüsten abgeschossen wurden, konnten Kettenhemden leicht durchdringen. Daher wurden Vorrichtungen notwendig, die Geschosse abhalten konnten. Diese standen um 1350 zur Verfügung, als starre Rüstungen für Arme und Beine entwickelt und kleine Schutzplatten an der Innenseite der Mäntel angebracht wur-

Bild 9.5: Der Ritter und sein Handwerkszeug. Von links: italienisches Breitschwert, schottisches Schwert, italienisches mittelalterliches Schwert, normannisches Schwert, hochmittelalterliches Breitschwert.

den, die man als Panzermantel oder Schuppenpanzer bezeichnete. Das locker sitzende Kettenhemd wurde über den Kopf gezogen, der Panzermantel, der eng anliegen mußte, war vorne zu öffnen.

Die vollständige Rüstung, die Anfang des 15. Jahrhunderts, also im Spätmittelalter, aus festen Platten entwickelt wurde, wird auch als gotisch bezeichnet. Sie betont die vertikalen Linien und hat einen Umriß, der an die gotische Architektur erinnert. Auf dieser Stufe war vom ursprünglichen Kettenhemd nur noch ein Halskragen übriggeblieben, der bis zum Helm hinaufreichte. Dieser war nach wie vor geschlossen, hatte jetzt aber eine elegantere Form als der traditionelle Topfhelm und konnte durch ein aufklappbares Visier vor dem Gesicht geöffnet werden. Um etwa 1.500 änderten sich die Rüstungen, wobei die runderen Formen, die für die Renaissance typisch waren, dominierten. Eine Variante, die in Deutschland wegen ihrer größeren Festigkeit bevorzugt wurde, hatte gewellte Oberflächen. Das entscheidende Problem bei der Fertigung von Rüstungen war das Gewicht. Eine vollständige kampftaugliche Ausstattung sollte nicht mehr als 30 Kilogramm wiegen und einem Ritter volle Beweglichkeit garantieren, so daß er im Notfall ohne Steigbügel auf ein Pferd aufsitzen konnte.

Bild 9.6: Die mittelalterliche Kopfbedeckung. Von links: prunkvoller Spangenhelm, mittelalterlicher Turnierhelm, normannischer Helm, Kreuzritterhelm.

Für ihre Kampfspiele hatten die Ritter spezielle Turnier-Rüstungen. Diese waren bis zu doppelt so schwer, da bei ihnen die Sicherheit eine größere Rolle spielte als die Beweglichkeit der Ritter. Turniere waren eine spannende und ruinöse Inszenierung des ritterlichen Zweikampfes als Schauspiel, bei dem es reichlich Tote und Verletzte gab. Der Ritter starrte vor Waffen, die er in verschiedenen Arten des Kampfes einsetzte. Dazu gehörten beispielsweise der *Runddolch* und der *Stilettdolch*, die im Nahkampf dazu dienten, seinem Gegner mit gezielten Stichen zu verletzen. Die *Lanze* diente dazu, im Falle eines Aufpralls den Gegner als erster zu erreichen. Mit dem *Stoßschwert* konnte man schlitzen sowie Rüstungen durchstoßen. Das *Falchion* war eine Säbelwaffe, mit der man eine Rüstung mit einem Schlag einschneiden konnte. Der *Bidenhänder* war eine Standardwaffe zum Austeilen gewaltiger Hiebe. Mit der Reiteraxt, einer Schlagwaffe, fügte man dem Gegner tiefe Wunden zu. Der *Streitkolben* wurde meistens im Nahkampf benutzt. Der *Kriegshammer* diente dazu, dem Gegner Löcher in den Kopf zu hauen.

Zwei weitere wirkungsvolle Waffen, Wurfspeer und Bogen, beherrschte ein Ritter zwar, benutzte sie aber nur auf der Jagd. Im Kampf gegen andere Ritter galten diese Distanzwaffen als unehrenhaft. Nach dem Kodex der Ritter ging der Kämpfer mit ihrer Benutzung dem ritterlichen Zweikampf aus dem Weg und entlarvte sich somit als Feigling.

Eindrucksvolle Beispiele zur Bedeutung des Rittertums und ihrer Waffen an kriegsentscheidenden Stellen gibt es insbesondere aus dem hundertjährigen Krieg zwischen England und Frankreich. In diesem längsten aller europäischen Kriege (1337–1453) gab es zwei entscheidende Entwicklungen in der mittelalterlichen Kriegsführung. Zum einen setzten sich die zuvor als unritterlich verachteten Waffengattungen der Langbögen und Kanonen durch. Zum anderen wurde erstmals im Mittelalter ein stehendes Heer aufgestellt, und zwar von König Karl VII. von Frankreich. Seine sogenannte Ordonnanz–Kompanie bestand aus insgesamt 1.500 Rittern mit je 5 Gefolgsleuten.

Es gab in dieser Zeit zwei besonders wichtige Schlachten, für deren Ausgang die Benutzung des englischen Langbogens gegen feindliche Ritter entscheidend war. Die französischen Ritter lehnten, anders als ihre Kollegen jenseits des Kanals, die Benutzung des Bogens gegen Ritter bis zum Ende des Krieges ab. Um diesen unter militärischen Gesichtspunkten völlig unvernünftigen Hochmut zu verstehen, muß man sich ein genaueres Bild von jener Zeit machen. Frankreich hatte zu Beginn des hundertjährigen Kriegs etwa fünfmal so viele Einwohner wie England und verfügte über eine riesige Schar von Rittern. Französisch waren Sprache und Erziehung des gesamten europäischen Adels, übrigens auch des englischen. Selbst am Hof des Papstes, der seit 1346 in Avignon residierte, wurde Französisch anstatt Lateinisch gesprochen.

Wer sich im 14. Jahrhundert also mit der Großmacht Frankreich anlegen wollte, brauchte sich über die Größe und Macht dieses Gegners keine Illusionen zu machen. Dies war die Situation zur Zeit der Schlacht von Crécy bei Abbeville im Jahre 1346. Die 20.000 Mann starke Truppe der eindringenden Engländer sah sich einem stolzen Heer von 68.000 Mann gegenüber, darunter tausende gepanzerte, schwer bewaffnete Ritter auf prächtigen Pferden und mit wehenden Bannern. Frankreichs berufliche Schwertträger waren zu jener Zeit hochmotiviert und kampferprobt. Aber die ritterlichen Techniken laufen ins Leere, wenn der Gegner die Spielregeln ändert. Die englischen Ritter kämpften nämlich in dieser Schlacht erstmals nicht mehr standesgemäß hoch zu Pferd mit dem Schwert Mann gegen Mann, sondern ließen den niederen Bogenschützen mit ihren neu entwickelten Langbögen den Vortritt. Diese zielten auf die Pferde und dezimierten das zahlenmäßig weit überlegene französische Ritterheer. Mit Spießen und langen Messern machte sich das Fußvolk dann recht unritterlich wie mit Dosenöffnern über die gestürzten Ritter her. In der Schlacht starben 4.000 Franzosen, darunter die edelsten der heimischen Ritter. Dies war für damalige Zeiten eine erschreckend hohe Zahl. Damit bedeutete die Schlacht von Crécy nicht nur eine Niederlage für das prächtige französische Heer, sondern auch den beginnenden Niedergang des Rittertums und seiner veralteten, formalisierten und überaus unpraktischen Kampftechniken. Nicht Schlachtroß, Lanze und Schwert, sondern der Langbogen erwies sich hernach als wichtigste Heereswaffe des Jahrhunderts. An der Schlacht von Crécy nahm auch der 16jährige Sohn von König Edward III. teil. Dieser trug auch die Beinamen *Schwarzer Prinz* und *Blume der Ritterschaft*. Er wurde in den folgenden Jahren einer der gefürchtetsten Heerführer auf englischer Seite. Mit nur 1.000 Rittern zog er verwüstend und brandschatzend durch französisches Land. Er führte dabei nicht nur Knappen und walisisches Fußvolk, sondern auch 2.000 Bogenschützen mit, doppelt so viele wie Ritter.

Im gleichen Krieg, allerdings fast 60 Jahre später im Jahre 1415, wurde mit der Inthronisierung des legendären Soldatenkönigs Heinrich V. der Hundertjährige Krieg von englischer Seite erneut angefacht. Heinrich schlug in der Schlacht von Azincourt mit seinen Langbogenschützen das fünffach überlegene Heer Frankreichs vernichtend. Ein Großteil Frankreichs inklusive der Hauptstadt Paris wurde in der Folge von den Engländern besetzt und König Heinrich V. im Jahr 1416 von Burgund als König von Frankreich anerkannt.

Auch aus finanzieller Hinsicht war die Einführung des Langbogens und die abnehmende Bedeutung des Schwertes eine wichtige Entwicklung. Einen Ritter in Schlachtenlaune zu halten, kostete zur Zeit des hundertjährigen Krieges pro Tag immerhin so viel wie der Sold für vier Bogenschützen oder die Miete für einen Ochsenkarren für 20 Tage. Ein Bauer mußte dafür etwa zwei Jahre lang hart arbeiten. Aber nicht nur Waffen und Rüstung des Ritters waren aus Metall, auch das eine oder andere Körperteil mußte nach einer Schlacht vom Schmied ersetzt werden. Berühmtes Beispiel ist Ritter Götz von Berlichingen. Dieser hatte 1504 im Kampf vor Landshut seine rechte Hand verloren. Er ließ sich im folgenden Jahr vom Dorfschmied zu Oinhausen eine eiserne Hand anfertigen. Die Hand war roh gearbeitet, und die vier Finger waren nur zusammenhängend beweglich. Später ließ sich Ritter Götz eine zweite, kunstvoller gearbeitete Eisenhand herstellen. Sie befindet sich heute auf der Burg Jagsthausen. Das Handgelenk, der Daumen und alle Fingerglieder sind in dieser Version einzeln beweglich und bleiben auch in jeder Stellung stehen. Durch drei Druckknöpfe kann man das Handgelenk, den Daumen und die Fingergelenke wieder zurück in Streckstellung springen lassen.

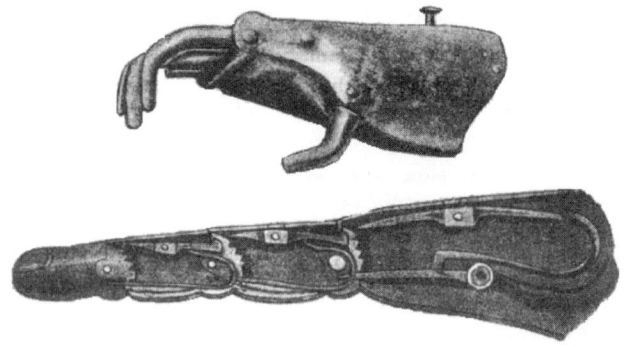

Bild 9.7: Die beiden Eisenhände des Götz von Berlichingen.

9.5   Waffen aus Damaszener Stahl

Damaszener Stahl, kurz auch als Damast–Stahl bezeichnet, ist ein Eisen–Verbundwerkstoff, bei dem zwei in ihrer Zusammensetzung unterschiedliche Stahlsorten so verschweißt werden, daß die ausgeschmiedete Klinge eine feine vielschichtige Lagenstruktur beider Ausgangsmaterialien aufweist. Seit frühester Zeit wurden Waffen aus Damaszener Stahl wegen ihrer bleibenden Schärfe, Härte und Zähigkeit geschätzt. Auch heute noch ist Damast–Stahl ein gefragter Werkstoff für wertvolle Messer, Schwerter und Dolche.

Damast von guter Qualität ist bis heute nur durch Handarbeit herzustellen. Aus diesem Grund ist keine Klinge wie die andere, jede besitzt ein anderes Muster und unterschiedliche mechanische Eigenschaften. Das auffälligste Merkmal aller nicht–japanischen Damastsorten ist die außen nach Anätzen sichtbare gemusterte Oberfläche, die den inneren Schichtaufbau des Materials erahnen läßt. Diese Oberflächenstruktur ist für den jeweiligen Damast charakteristisch und unterscheidet sich stets von Klinge zu Klinge.

Der Name des Damaszenerstahls geht vermutlich auf die syrische Stadt Damaskus zurück, die seit der Antike einer der wichtigsten Handelsplätze des alten Orient nicht nur für Stähle war. Schon der römische Kaiser Diocletian ließ zwischen den Jahren 284 und 305 n. Chr. Waffenfabriken in Damaskus erbauen. Bis zur Einnahme der Stadt durch den afghanisch–mongolischen Eroberer Timor 1401 stand dort die Kunst des Damaststahlschmiedens und der Stahlhandel in Blüte. Die überlebenden Waffenschmiede wurden vom Sieger nach Samarkand verschleppt. Eine alternative Erklärung der Herkunft des Wortes bezieht sich auf das arabische Wort *damas*, was soviel bedeutet wie wäßrig oder fließend. Dies könnte die feinen Linien auf dem fertigen Schwert andeuten.

Wegen der regionalen Unterschiede der Verbundstahltechnik war der Name Damaszenerstahl auch im Orient selbst nicht als Sammelbegriff gebräuchlich und wurde erst in jüngerer Zeit geprägt. Im Orient kursierten statt dessen speziellere Begriffe für bestimmte Schmiedeschulen und Damastsorten wie *Fulat*, *Bulat*, *Kara Taban*, *Kara Khorassan* oder *Hindi*.

Bereits in frühen Zeiten erkannten Schmiede und Metallurgen, daß sie entweder hartes und sprödes oder aber weiches und zähes Eisen herstellen konnten. Ein zu hartes Schwert würde im Kampf beim ersten Hieb zerbrechen. Eine zu weiche Waffe würde im Kampf stumpf werden und sich verbiegen. Eine für den Kampf taugliche Waffe mußte also eine optimale Verbindung beider Eigenschaften aufweisen. Die ersten Versuche, diese Forderung zu erfüllen, sind vermutlich älter als zweieinhalb Jahrtausende.

Die Lösung gelang den Metallurgen mit der Herstellung des Damaszenerstahls. Bei diesem Verfahren wurden harte und weiche Eisenbarren (Luppen, Seite 74) aufeinandergelegt und dieses Paket bis zur Weißglut erhitzt. Die verschieden harten Stücke stammten dabei sicherlich von reduzierten Eisenerzen

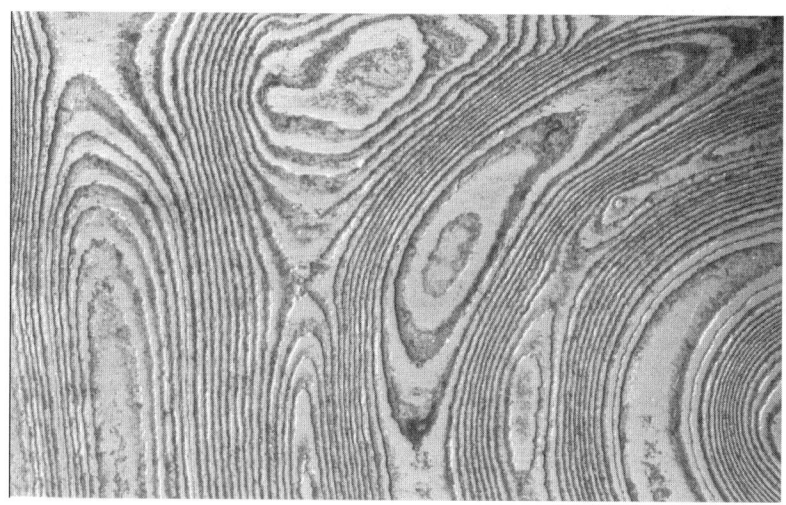

Bild 9.8: Durch Ätzung sichtbar gemachtes Muster eines Damaststahls.

mit unterschiedlichen Gehalten an Begleitelementen, insbesondere Kohlenstoff. In einigen Fällen ist sogar vorstellbar, daß Meteoreisen als weiches Material Verwendung fand. Diese Verbundpakete wurden flachgehämmert, abgeschreckt und in Längs– oder Querrichtung geteilt. Die beiden Hälften legte man dann erneut im Verbund aufeinander. Dieser Vorgang mußte mehrfach wiederholt werden. Schmiede bezeichnen diesen Arbeitsgang als *Falten* oder *Feuerverschweißen*. In Europa waren bei guten Stücken 300 bis 400 Lagen üblich. Gute japanische Klingen weisen bis zu 1.000 Lagen auf. Dies entspricht etwa 8 bis 9 Faltungen. Die besten Klingen mit über einer Millionen Lagen wurden über 18mal gefaltet. Aufgrund der unterschiedlichen Anätzbarkeit durch Säuren läßt sich die Anzahl der Lagen durch chemische Methoden gut sichtbar machen und am Mikroskop bestimmen.

Es gibt zwei Grundtypen von Damaszenerstahl, die sich in Herstellung, Aussehen und Eigenschaften unterscheiden. Der eine ist der *Schweißdamast* (auch *Schweißverbundstahl* genannt), der andere der *Wootz–Stahl* (auch *Tiegelschmelzdamast* bzw. *Kristallisationsdamast* genannt). Es war lange umstritten, welcher wohl der *echte* Damaststahl ist, der Schweißdamast oder der gemusterte Wootz–Stahl. Eine zweite Frage war auch, welche wohl die ältere dieser beiden Sorten ist. Heute ist bekannt, daß der Schweißdamast der ältere und auch der häufiger anzutreffende Damaststahl ist. Die Schwerter unserer Vorfahren, der Normannen, Alemannen und Franken waren aus diesem Schweißverbundstahl, ebenso die Klingen der Samurai und die Krise der Indonesier.

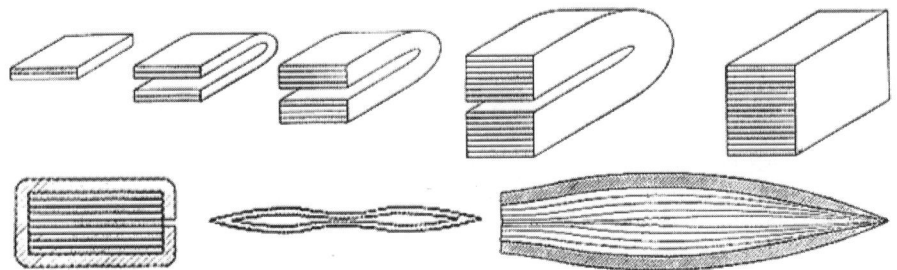

Bild 9.9: Arbeitsschritte bei der Fertigung eines Schwertes aus Damastverbundstahl.

Auch orientalische Feuerwaffenläufe und viele Blankwaffen sind aus geschweiß-
tem Damaszenerstahl, ebenso wie die Läufe zahlreicher Jagd– und Prunkwaffen
des 19. Jahrhunderts. Dagegen sind zum Beispiel die indisch–persischen Blankwaffen der Mogul–Zeit überwiegend aus Wootz.

Der Wootz–Stahl ist ein seit den frühen Zeiten der Damastherstellung meist
aus Indien bekannter Rohstahl mit sehr hohem Kohlenstoffanteil von bis zu 2%.
Das Rezept dieses Stahls hielten die Inder lange Zeit erfolgreich geheim. Viele Meisterschmiede des Mittelmeerraumes hingen von den Wootz–Lieferungen
aus dem fernen Indien ab, ohne das Material selbst herstellen zu können. Heute weiß man, daß diese Ausgangsstähle durch eine Mischung kleiner Stücke
Schmiedeeisen mit Holzstücken und bestimmten Blättern hergestellt wurden.
Dabei ging eine komplizierte Wärmebehandlung dieser Mixtur in einem Ton-
topf dem eigentlichen Schmiedevorgang voraus.

Die sachgerechte Damastherstellung war zu allen Zeiten eine hohe Kunst.
Insbesondere die Anzahl der Faltungen ist dabei bis heute ein wichtiges Merkmal des Damaststahles, obwohl sie nicht notwendigerweise die Qualität des
Schwertes bestimmt. Wenn nämlich zu viele Lagen ausgeschmiedet werden
und das gesamte Stück immer wieder erhitzt wird, verbinden sich die beiden Eisensorten zu sehr miteinander und gleichen sich in ihren Eigenschaften
zu stark an. Wissenschaftlich gesprochen führt die Diffusion (atomare Wan-
derung) durch die Grenzfläche zwischen den beiden Ausgangsmaterialien zu
einem Ausgleich der Eigenschaften, bis sich die ursprünglichen Unterschiede
zwischen beiden Eisensorten kaum mehr feststellen lassen. Die Grenzflächen
verlieren ihre festigkeits– und zähigkeitssteigernde Wirkung, und das Schmiedestück verhält sich nicht mehr wie ein Verbundwerkstoff, sondern eher so, als
hätte man beide Stahlsorten vor dem Schmieden in einem Tiegel zusammen erschmolzen und zu einem Stück vergossen. Ist die Temperatur bei der Glühung
des Stahles zu gering, wird das Eisen für das Schmieden nicht weich genug

und die Luppen können sich nicht gut verbinden. Bei zu großer Hitze wird der im Eisen befindliche und die große Härte hervorrufende Kohlenstoff reduziert und die Härte nimmt ab. Durch zu hohe Glühtemperaturen kann auch der Abbrand und die Verzunderung an der Probenoberfläche zu groß werden. Diese Vorgänge bei der Umformung von Eisen in heißem Zustand, die auf die Bildung von Eisenoxidschichten und deren ungünstige Eigenschaften zurückgehen, führt wegen Abplatzens zu Materialverlust und zu schlechter Haftung zwischen den benachbarten Eisenstücken.

Die oben erwähnte Ätztechnik, bei der die gefalteten ehemaligen Eisenstücke farbig hervorgehoben werden können, wird auch gezielt zu dekorativen Zwecken eingesetzt. Die abwechselnden dunklen und hellen Linien und Flächen bilden Muster, die den entsprechenden Schmiedestücken und der Art der Technik dann den Namen verleihen, so wie etwa *Rosendamast* oder *Banddamast*. Bei japanischen Klingen sind diese Ätztechniken nicht anzutreffen, da die aufeinanderliegenden Schichten aufgrund der häufigen Faltung viel zu fein und nach dem Ätzen mit dem bloßen Auge kaum mehr erkennbar sind.

9.6   Der Samurai und sein Schwert

Das japanische Schwert, das *Katana*, ist für seine Schärfe und Schönheit in der ganzen Welt berühmt. Es zu tragen, war lange Zeit das Vorrecht der japanischen Kriegerklasse der Samurai. Die Kaste entwickelte sich während der Heian–Periode (794–1185), als die Krieger von den mächtigen Landbesitzern zur Verteidigung ihrer Grundstücke angestellt wurden. In der späteren Phase der Heian–Periode übernahmen die zwei mächtigsten Familien, die Minamoto und Taira, die Kontrolle über Japan und führten Kriege gegeneinander. Im Jahre 1192 gründete Minamoto Yoritomo in Kamakura eine neue Regierung mit dem Shogun als höchstem militärischen Offizier und mächtigstem Mann. Die Samurai standen an der Spitze der sozialen Hierarchie und genossen viele Privilegien. Andererseits wurde von ihnen erwartet, ein gutes Vorbild für die übrigen Bürger zu sein und die Prinzipien des *Bushido* zu befolgen. Das Bushido war ein Regelwerk, welches die Lebensweise und Ethik des japanischen Kriegers beschrieb. Danach waren die wichtigsten Grundsätze eines Samurai uneingeschränkte Loyalität zu seinem Meister, strenge Selbstdisziplin und selbstloses, mutiges Verhalten. Viele Samurai folgten den Lehren des Zen–Buddhismus. Während der weitgehend friedlichen Edo–Periode (1603–1867) hatten die Samurai nur wenige kriegerische Aufgaben und verlegten sich zeitweise auf unblutige Dinge wie Dichtung und die Teezeremonie. In dieser Zeit bereiteten Samurai, die ihre Herren verloren, sich aber nicht das Leben genommen hatten, der Regierung als Unruhepotential beträchtliche Schwierigkeiten. Diese herrenlo-

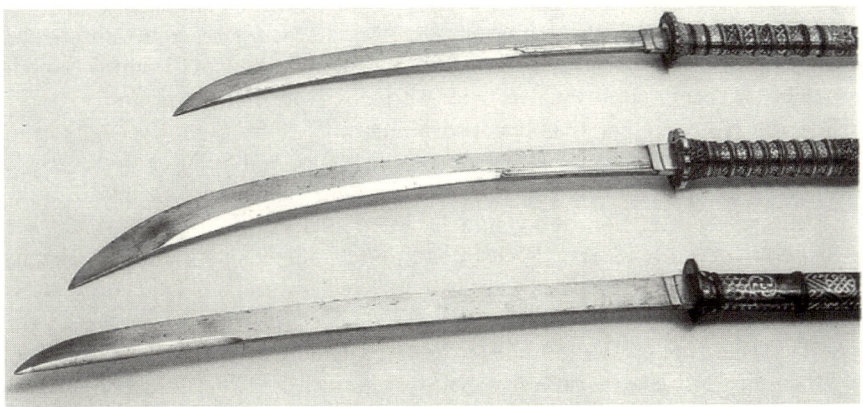

Bild 9.10: Das japanische Schwert *Katana*.

sen Samurai wurden als Ronin bezeichnet. Nach der Meiji–Restauration (1868) wurde das Führen des Schwertes in Japan verboten, und die einst so mächtige Klasse der Samurai verschwand.

Das Katana des Samurai war weit mehr als eine Waffe. Es war Ausdruck der Kultur der Samuraiklasse, auch besonderes Instrument ihrer Ausbildung und Symbol ihres Lebensgefühls. Da ein echtes Katana außerordentlich scharf ist, darf es in Japan ohne Waffenschein auch heute nicht erworben werden. Dazu paßt die Sage der beiden berühmten Schwertschmiede Muramasa und Masamune (um 1290 n. Chr.). Diese trugen einen Wettbewerb um die Herstellung des besten Schwertes aus. Muramasa, der ehemalige Schüler des Masamune, hielt seine Klinge in ein fließendes Wasser und ließ ein Ahornblatt dagegentreiben, das mittendurch geschnitten wurde. Bei Masamune aber zuckte das Blatt beiseite, noch ehe es die Schneide berührte, weil es deren Schärfe spürte und sich fürchtete.

Das im Falt– oder Damastschmiedeverfahren hergestellte Katana war ein Symbol für die Würde und Kraft seines Trägers. Ein Samurai trug sein Schwert immer bei sich, auch während der Nacht. Das wichtigste am Schwert war seine Klinge, die ein handwerkliches Kunstwerk war. Die Klinge, und somit das ganze Schwert, hatte eine Seele. Davon war jeder Samurai überzeugt. Der Samurai trug drei Waffen: das lange *Katana*–Schwert (Klinge 99 cm), das mittellange *Wakizashi*–Schwert (Klinge 69 cm) und den kurzen *Tanto*–Dolch (Klinge 45 cm). Der berühmte Samurai Miyamoto Musashi gilt als der Erfinder der Kampfmethode mit zwei Schwertern. Mit den beiden Schwertern kämpfte man, der Dolch war für das Selbsttötungsritual *Harakiri* vorgesehen.

Der japanische Schwertschmied war ein Künstler und seine Werkstatt hatte den Stellenwert eines heiligen Ortes. Bevor der Meister seine Arbeit begann, fastete er einige Tage, wusch sich und zog weiße Kleider an. Dann schmiedete er manchmal tagelang ein Schwert, wobei jeder Hammerschlag und jedes Eintauchen ins Wasser einer rituellen Handlung entsprach. Seine Arbeit war eine Kunst, die geheimgehalten und nur vom Meister an den Schüler weitergegeben wurde. Weil die Klinge das Produkt einer geheimen Kunst war, glaubte man, dem Schwert sei eine Seele eingehaucht worden. Ein wichtiger Test des fertigen Schwertes lag im *Kogesa*–Ritus, das Spalten des Schädels und gleichzeitige Abtrennen der linken Schulter. Der Test wurde meistens an Leichen, bisweilen aber auch an Hinzurichtenden vorgenommen.

An der Bauart der Waffe und den japanischen Lehren des Schwertkampfes erkennt man, daß ein Katana ein Schwert ausschließlich für den spaltenden Hieb ist. Für eine europäische Fechtweise ist ein solches Schwert gänzlich ungeeignet. Die japanische Schwertkampfweise zielte darauf ab, durch geschickte Finten einen wuchtigen, teilenden Hieb am Gegner anzubringen. Neben dem oben genannten Kogesa–Schlag waren noch weitere Hiebe in der klassischen Kampftechnik vorgesehen. Zum Beispiel teilte der *Tai–Tai* Hieb den Körper horizontal unterhalb der Achseln. Der *Okesa* war ein spaltender Schlag von der rechten Schulterseite zur linken Hälfte. Alle senkrechten, waagerechten und diagonalen Durchtrennungen hatten ihre besondere Bezeichnung.

Die Qualität der Samurai–Waffen unterteilte der Waffenmeister Yamada Asaemon Yoshimutsu in vier Kategorien: *Waza mono* (Gebrauchs–Schwerter), *yoi waza mono* (gute Gebrauchs–Schwerter), *o waza mono* (große Gebrauchs–Schwerter) und *saijo o waza mono* (größte Gebrauchs–Schwerter).

Um die besten Klingen der letztgenannten Kategorie entwickelte sich mit der Zeit ein regelrechter Kult. Eine Form der Schwertehrung war auch die Namensgebung: Wie Menschen oder vertraute Tiere bekamen die Waffen einen eigenen Namen. Dabei fällt auf, daß einige auf die japanische Silben *-maru* enden. Dies bedeutet soviel wie *absolut rein* im Sinne einer reinen Seele. Dieser Zuname war in Japan einzig und allein Schwertern, Schiffen und Kindern vorbehalten, also unschuldigen Geschöpfen oder solchen, denen man sein Leben bedingungslos anvertraut. Eine berühmte Klinge dieser Art ist z.B. die *Kogaratsu maru* (Kleine Krähe), eine Tachi–Klinge aus dem 9. Jahrhundert.

Die Klinge *Kura giri* (Sattelschneider) soll ihren Namen von den Taten ihres Besitzers Date Masamune bekommen haben. Von diesem wird berichtet, er habe mit dieser Waffe einen berittenen Feind mit einem einzigen Hieb vom Scheitel bis zum Sattel gespalten. Berühmt wurden in diesem Zusammenhang auch zwei *No dachi* (Moorschwerter), welche der Krieger Makara Jurozaemon und sein Sohn in der Schlacht von Anegawa führten. Beide Männer waren von so großer Stärke, daß sie diese eigentliche Fußvolkwaffe vom Pferd aus, wie ein normales Schwert, handhaben konnten. Makaras Klinge nannte sich *Tairo dachi* (älteres Schwert) und das seines Sohnes, etwas kürzer, *Jiro dachi* (Zweitältestes Schwert). Die bekannteste aller japanischen Klingen war das Schwert *Kusanagi* (Grasmäher). Der legendäre Prinz Yamato Takeru, Sohn des vorzeitlichen Kaisers Kageyuki, rettete einst sein Leben, indem er von Feinden umzingelt, das Gras um sich abmähte, welches seine Gegner angezündet hatten, um ihn zu verbrennen. Zuvor erhielt der erste japanische Kaiser Jimmu tenno diese Waffe von der Göttin Amaterasu zum Geschenk. Die Klinge zählt neben dem heiligen Spiegel und dem Diamanten zu den drei Reichsinsignien Japans.

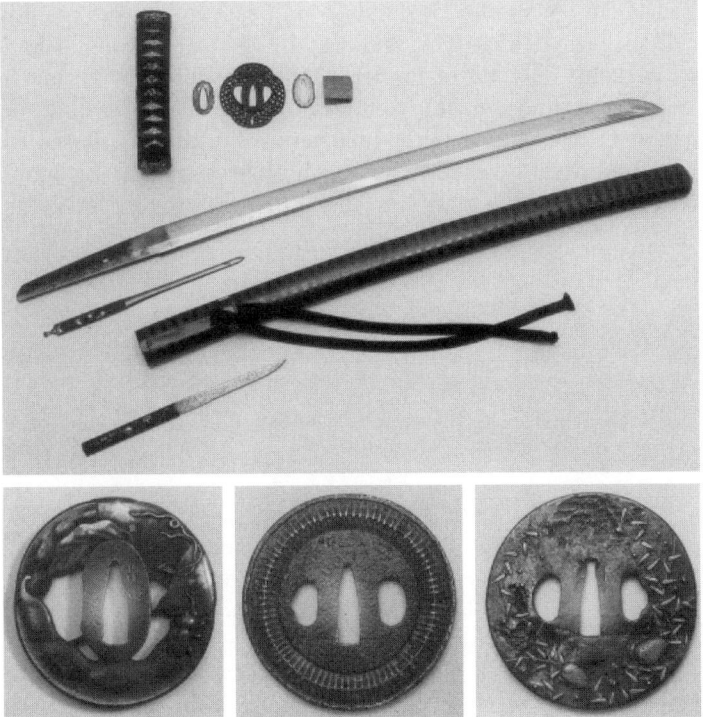

Bild 9.11: Details japanischer Schwertschmiedekunst.

Der japanische Kult um das Schwert drückt sich auch darin aus, daß Fürsten und Kaiser sich höchstselbst mit dem Schmieden von Klingen befaßten. So wird berichtet, daß Kaiser Gotoba im Jahre 1206 jeden Monat einen der besten Klingenschmiede an den Hof holte, um jeweils ein Schwert zu schmieden. Im Laufe des Jahres kamen 12 Schmiede, und es entstanden 12 berühmte Klingen, die zum Teil heute noch im Nationalmuseum in Tokio gezeigt werden.

Auch bei den Selbstmordriten zeigt sich ein besonderes Verhältnis des japanischen Kriegers zu seiner Waffe. Wenn ein Samurai seine Ehre oder seinen Lehnsherrn verlor, brachte er sich oft selbst um, indem er sich mit seinem Schwert den Bauch aufschlitzte. Diese Art von Selbstmord, der gegenüber einem Leben ohne Würde bevorzugt wurde, wird *Seppuku* oder auch *Harakiri* (Bauch aufschneiden) genannt. Nach dem Bushido dichtete der Samurai vor dem Harakiri den Abgesang zu seinem Ausscheiden aus dem Leben. Nach der Shinto–Religion glaubte er, daß sich die Seele im Bauch (Hara) befinde. Um zu beweisen, daß die eigene Seele rein war, schlitzte man sich den Bauch auf. Die Selbsttötung war eine Zeremonie, die meist vor Zeugen unternommen wurde. Man zog sich dazu ein weißes Gewand an und setzte sich auf einen roten Teppich. Um die scharfe Klinge des Wakizashi–Schwertes in den Händen halten zu können, wickelte man sie in Papier. Daneben stand ein Freund mit einem Schwert, der dem Samurai nach dem Harakiri den Kopf abschlug, um ihn von den Schmerzen zu erlösen. Im Jahre 1663 verbot der Shogun diesen Ritus. Doch auch danach fuhren viele Samurai fort, sich ohne staatliche Erlaubnis in ihren Häusern zu töten, wenn sie glaubten, ihre Ehre verloren zu haben.

Kapitel 10

Schrifttum

G. Agricola *De re metallica Libri XII – Zwölf Bücher vom Berg- und Hüttenwesen, Originalausgabe erschienen in Basilae (Basel) 1556, Neuausgabe von der Agricola-Gesellschaft des deutschen Museums, Neubearbeitung durch Carl Schiffner, 5. Auflage* **1978** Verlag des Vereins Deutscher Ingenieure, Düsseldorf

L. Aicheson *A History of Metals* **1960** Interscience, New York

A. Antkowiak *Die Suche nach dem Goldland* **1975** Verlag Volk und Welt, Berlin

I. Asimov *Kleine Geschichte der Chemie – Vom Feuerstein bis zur Kernspaltung* **1965** Wilhelm Goldmann Verlag, München

R.D. Ballard *Das Geheimnis der Titanic — 3800 Meter unter Wasser* **1987** Ullstein Verlag, Berlin

V. Biringguccio *De la Pirotechnia* **1540** Venedig

H. Birkan *Die Kelten* **1997** Verlag der Östrreichischen Akademie der Wissenschaften, Wien

R. Boyle *The Sceptical Chymist, London* **1661**

D. Cardwell *Viewegs Geschichte der Technik* **1997** Vieweg–Verlag, Wiesbaden

R.T. Dodd *Thunderstones and Shooting Stars* **1986** Harvard University Press, Cambridge

D. Edge, J. M. Paddock *Arms and armour of the medieval knight* **1996** Saturn Books, London

T. Einfeldt *Störtebekers Gold* **1999** Piper Verlag, München

G. Eisenbrand, M. Metzler *Toxikologie für Chemiker* **1994** Georg Thieme Verlag, Stuttgart

M. Eissler *The Metallurgy Of Gold* **1896** Crosbay Verlag, London

G. Embleton, J. How *Söldnerleben im Mittelalter* **1996** Motorbuch Verlag, Stuttgart

G. Fellenberg *Chemie der Umweltbelastung* **1990** Teubner Studienbücher, Stuttgart

R.L. Fox *Im Anfang war das Wort – Legende und Wahrheit der Bibel* **1995** Bertelsmann Verlag, Gütersloh

C. Friedrich *Geschichte der Hethiter* **1996** Wissenschaftliche Buchgesellschaft, Darmstadt

F. Fühmann *Das Nibelungenlied* **1983** Ernst Klett Verlag, Stuttgart

G. Gottstein *Physikalische Grundlagen der Materialkunde* **1998** Springer Verlag, Berlin

C. Gravett, B. Breckon *Die Welt der Ritter* **1996** Carlsen Verlag, Hamburg

N.N. Greenwood, A. Earnshaw *Chemie der Elemente* **1990** VCH, Weinheim

B.D. Haage *Alchemie im Mittelalter* **2000** Artemis Patmos Verlag, Düsseldorf

P. Haasen *Physikalische Metallkunde* **1984** Springer Verlag, Berlin

F. Habashi *Principles of Extractive Metallurgy* **1960** Gordon and Breach, Science Publishers, Inc., New York

J. Helmond *Die entschleierte Alchemie* **1994** Rohm Karl Verlag, Bietigheim

E. Houdremont *Handbuch der Sonderstahlkunde* **1956** Springer Verlag, Heidelberg

E. Hornbogen, H. Warlimont *Metallkunde* **1991** Springer Verlag, Berlin

C. Howgego *Geld in der Antiken Welt* **2000** Theiss Konrad Verlag, Stuttgart

R.E. Hummel *Understanding Material Science – History, Properties, Applications* **1991** Springer Verlag, Heidelberg

A.J. Ihde *The Development of Modern Chemistry* **1964** Harper and Row ,New York

K. Jaeger *Die deutschen Münzen seit 1871* **2000** Gietl Verlag, Regenstauf

O. Johannsen *Biringguccios Pirotechnia, Buch zum Original: De la Pirochia von Biringguccio, Venedig 1540* **1925** Verlag Friedrich Vieweg und Sohn, Braunschweig

F. Klemm *Geschichte der Technik* **1999** Teubner Verlag, Stuttgart

U. Lehnart *Kleidung und Waffen der Früh– und Hochgotik* **1998** Karfunkel Verlag, Wald–Michelbach

K.-D. Lietzmann, J. Schlegel, A. Hensel *Metallformung, Geschichte, Kunst, Technik* **1984** VEB Deutscher Verlag für Grundstoffindustrie, Leipzig

K.-D. Lietzmann, J. Schlegel *Schmiede, Eisen, Geschichte, Kunst, Technik* **1992** VEB Deutscher Verlag für Grundstoffindustrie, Leipzig

W. Maser *Am Anfang war der Stein* **1984** Droemer Knaur, München

H.E. Mayer *Geschichte der Kreuzzüge, 8. Auflage* **1995** Verlag Kohlhammer, Stuttgart

E. Mircea *Schmiede und Alchemisten* **1980** Verlag Klett Cotta, Stuttgart

H. Müller, H. Kölling *Europäische Hieb– und Stichwaffen* **1990** Brandenburgisches Verlagshaus, Berlin

W. Nitobe *Bushido, die innere Kraft der Samurai* **1985** Ansata Verlag, Interlaken

O.R. Norton *Rocks from Space* **1994** Mountain Press Publishing Company, Missoula, Montana

R. Ostler *Handbuch für Unterwasser–Schatzsucher* **1995** Pietsch Verlag, Stuttgart

R. Ostler *Das neue Handbuch für Schatzsucher* **1996** Pietsch Verlag, Stuttgart

J.R. Partington *A History of Chemistry, Vols. I–IV* **1986** St. Martin's Press, New York

F. Pfister *Götter– und Heldensagen der Griechen* **1995** Universitätsverlag C. Winter, Heidelberg

R. Pörtner *Die Erben Roms* **1964** Econ Verlag, Düsseldorf

V. Poschenburg *Die Schutz– und Trutzwaffen des Mittelalters* **1936** Saturn Verlag, Wien

H. Prescher *Georgius Agricola, Persönlichkeit und Wirken für den Bergbau und das Hüttenwesen des 16. Jahrhunderts* **1985** VEB Deutscher Verlag für Grundstoffindustrie, Leipzig

J. Ramsay *Alchimie* **1997** Moderne Verlagsgesellschaft, Landsberg

E. Rauch *Geschichte der Hüttenaluminiumindustrie in der westlichen Welt* **1962** Aluminium–Verlag, Düsseldorf

W. Rings *Raubgold aus Deutschland* **1996** Chronos Verlag, Zürich

G. Ritzau *Zauber des Metalls* **1947** Franck'sche Verlagshandlung, Stuttgart

J. Rohbeck *Technik, Kultur, Geschichte* **2000** Suhrkamp Verlag, Frankfurt

J. Römpp *Chemielexikon, 9. Auflage, Hrsg. Falbe, Regitz* **1995** Thieme Verlag, Stuttgart

M. Sachse *Damaszener Stahl* **1993** Verlag Stahl und Eisen, Düsseldorf

C.–W. Sames *Die Zukunft der Metalle* **1974** Suhrkamp Taschenbuch, Frankfurt am Main

I. Schneider, H. Trischler, U. Wengenroth *Akteure aus Naturwissenschaft und Technik* **2000** Oldenbourg Verlag, München

H. Schumann *Metallographie, 13. Auflage* **1990** VEB Deutscher Verlag für Grundstoffindustrie, Leipzig

G. Spackeler, R. Wendler *Georgius Agricola 1494–1955 zu seinem 400. Todestag* **1955** Akademie–Verlag, Berlin

H. Steinert *Goldsucher unseres Jahrhunderts – Die Jagd nach den Metallen unserer Zeit* **1957** Econ–Verlag, Düsseldorf

W. Strube *Der historische Weg der Chemie* **1981** VEB Deutscher Verlag für Grundstoffindustrie, Leipzig

K. von Kramer *Glocken in Geschichte und Gegenwart* **1997** Badenia Verlag, Karlsruhe

W. Walther *Kulturgeschichte des alten Ägypten* **1977** Kröner Verlag, Stuttgart

M.M. Weidner *Versunkenen Schätzen auf der Spur* **1998** Pietsch Verlag, Stuttgart

H.A. Wessel *Kontinuität im Wandel – 100 Jahre Mannesmann* **1990** Mannesmann AG, Düsseldorf

M.J. Yumoto *Das Samuraischwert* **1995** Ordonnanz–Verlag, Freiburg im Breisgau

Stichwortverzeichnis

Moe